# Gwangju Architecture

# 광주 건축사

Gwangju Architecture

# 광주 건축사

천득염 · 신태양 · 한승훈 공저

전남대학교출판부

**머리말**

# 도시공간에서 지역의 정체성을 찾다

흔히 광주를 예향이라고 하는 말을 부정할 사람은 없는 것 같다. 더욱이 근래에는 불의에 저항하여 의롭게 살고, 음식 맛이 빼어난 고장이라는 의미로 의향과 미향을 첨가하기도 한다. 의롭다는 것은 조선조이래부터 동학농민운동, 광주학생운동과 5월 항쟁으로 이어지는 지역적 이미지이고, 먹을거리가 풍부하고 별나게 맛이 있어 의향과 미향이라는 별칭은 쉽게 받아들여진다.

그렇다면 광주가 예향이라는 구체적인 모습을 어디에서 찾을 수 있을까? 사람들이 살기에 적합한 자연환경에 물산이 풍부하고, 예술적 토양위에서 여유롭게 살아 왔으며 더불어서 창작활동을 하고 이를 즐기는 일상의 삶이 예향의 근간이 될 것이다. 남도의 향기가 물씬한 소리, 신명나는 춤사위, 필묵으로 휘갈긴 서화, 창작의 혼이 가득한 수많은 문인들, 이러한 총체적인 모습은 결국 장구한 세월동안 농축된 문예적 전통에서 비롯되었을 것이다.

그러나 이러한 진부한 의미가 아닌, 새롭고 참신한 광주만의 고유한 지역적 정체성은 없을까? 또한 포괄적인 의미가 아닌 광주라는 도시공간을 형성하는 자연물이나 물리적 공간에서 광주의 정체성을 보여주는 의미 있는 대상은 무언가?

광주는 통일신라시대 9주5소경의 하나인 무진주의 옛터로 풍요로운 문화유산의 흔적들이 많이 있었다. 무진주를 에워 쌓은 성과 그 가운데를 관통하는 넓은 주작도로, 동서남북의 성문, 우물터와 집터는 고대사회 읍성의 모습과 주민들의 생활상을 짐작케 한다. 통일신라시대 석탑인 동오층석탑이 있는 백천사지, 구도청 주변으로 짐작되는 고려시대의 대황사지를 비롯하여 구농고자리에 있었던 고려시대의 십신사지, 서오층석탑이 있는 고려시대의 성거사지. 만약 이들이 광주에 있다면 천년고도의 도시공간은 얼마나 멋있을까?

계림동 구시청 터에는 광주사람들의 추억이 서린 경양방죽이 있었다. 지금부터 약 570년 전쯤 김방이라는 사람이 해마다 반복되는 가뭄에 대처하기 위하여 무등산에서 내려오는 물을 모아 메마른 땅을 옥토로 만들고자 조성하였다고 한다. 그러나 아쉽게도 시청사건립과 택지조성을 위해 1967년에는 완전히 매립되고 말았다. 시내 한가운데 숲으로 둘러싸인 아름다운 연못이 있다면 얼마나 풍요로운 도시공간이 되었을까?

과거 양림천이었던 광주천은 그야말로 광주의 젖줄이었다. 꾸불꾸불했던 광주천에서 아낙들은 빨래를 하였고 어린이들은 멱 감았는데, 아름다운 양파정은 지금은 뭍이 되었고, 광주천의 백사장인 장터, 조선시대 경승지였던 석서정 등은 일제가 천을 직강화 하면서 사라지게 되었다. 만약 광주천이 옛 모습으로 살아난다면 문화적 서사로 가득하지 않을까?

목포항이 개항되자 서양의 선교사들이 광주로 들어오게 되었고 이듬해 광주천 건너편 한적한 양림산 자락에는 선교와 교육, 의료봉사를 위한 시설들이 하나씩 들어서게 되었다. 배유지목사가 한옥을 개조하여 사용하였던 최초의 교회, 기독병원의 전신인 제중원, 광주 최초의 신식학교였던 수피아학교와 숭일학교가 자리하게 되었다. 이뿐만 아니라 선교사들의 숙소를 비롯하여 그들의 기념관이 건립되었는데 이들은 현재도 잘 남아 있다. 이들 근대문화적 자산을 활용할 대안은 없는 것일까?

그간 남광주 역사가 사라지고 YMCA 옆의 일본식 김용덕가옥이 헐렸으며, 기생들의 기숙소인 권번이 소리 없이 자취를 감추었다. 세계에서 그 유례를 보기 힘든 학동팔거리도 헐리고 그 자리에 고층아파트가 들어섰다.

문화의 시대, 광주는 아시아적 가치를 구현하는 문화중심도시가 되고자 우여곡절 속에서 지혜를 모으고 있다. 예향광주에서 추구하여야 할 우리의 가치는 무언가? 민주와 인권, 평화, 교류, 창조, 연구, 교육, 향유, 문화산업 등 너무 많은 의미들이 나열된다.

그러나 무엇보다도 우선하여야 할 것은 자꾸만 낮은 가치로 인식되는 전통과 사라져만 가는 우리의 흔적을 어떻게 현대도시공간속에 자리하게 하는 것이다. 이들이 없다면 아시아문화중심도시 광주는 그 지역성과 정체성을 어디에서 찾을 수 있을까?

현대도시는 지역성에 자유로울 수 없다. 우리가 얘기하고자 하는 건축의 지역성은 어떤 것인가? 지역성은 토속성, 풍토성과 상응하는 보편적 개념으로 이해된다. 지역주의적 입장은 모더니즘의 이념적 변종인 국제주의의 획일성에 저항하여 1950년대부터 견지되어 온 자존적 태도이다. 또한 지역주의의 속성은 지역의 전통성향을 바탕으로 이루어지는 가치체계로서 다른 여타의 사조에 대해 개방적인 태도를 취하는 것이라 할 수 있다. 즉 지역주의는 자신의 고유한 토대 위에 보편적 문화를 재해석하여 수용할 수 있다는 뜻이며 이러할 경우 지역주의자의 원리는 오직 장소성의 추구로서 변별될 수 있다는 의미가 된다.

해방이후 우리의 현대건축이 시작되면서 세계건축의 근저를 이루는 기능주의적 모더니즘과 우리의 전통적 건축문화라는 두개의 명제가 겪은 갈등과 조화가 결국은 우리의 건축적 지역성을 배태시키는 출발이 아니었나 생각된다. 이는 다시 산업화가 추진되고 지방건축이 활기를 띠게 되자 점차 서울과 지방, 혹은 지역이라는 대응적 개념에서 상위와 하위의 대비로 지역건축 혹은 지방건축이 대두되었을 것이다. 의미상 지역은 지방과 구분되어야 한다. 그러나 우리에게 있어서 지역건축은 있는가? 유감스럽게도 아직은 서울건축에 상대적 의미로 이해되는 지방건축은 있으나 지역건축은 없는 것 같다.

지역성은 자존과 자긍에 바탕을 둔 문화적 토양에서 도출된 결과들이 있어야 가능하다. 만약 없다면 나타날 가능성이라도 보여야 할 것이다. 값싼 상업주의적 이상들이 판을 치는 풍토에서 언제 우리를 살피고 주변을 돌아볼 여유가 있었겠는가? 자기가 서있는 땅과 문화와 사람을 이해하여야 하는데 이는 한낮 사치에 불과한 것이 아니었던가? 즉 자연과 문화와 가치관을 이해하기에는 너무나 바빴고 전통성을 논하기에는 역부족이었지 않았나?

그렇다면 세계 어디를 보아도 똑 같은 무국적성의 공간에서 살고 있는 현대도시에 비하면 미래 도시공간은 어떤 모습이어야 할까? 근자에 현대도시들은 거의 대부분 문화와 생태

환경, 전통과 미래지향성을 경쟁적으로 표방하고 있다. 어떻게 하면 도시의 지속가능한 이미지 브랜딩을 통하여 독자적이고 창의적인 아이디어를 모을 것인가 고민하고 있는 것이다. 현대인들은 옛날에 대한 호기심을 간직한 곳, 골목길, 실개천, 극장, 광장, 카페, 공방, 식당, 신성한 장소, 훼손되지 않은 경관, 매력적인 장인들이 사람들의 기호, 취미, 건강 등을 고려한 제품을 만드는 그런 마을을 바란다.

놀라울 정도로 빨리만 변하고 있는 도시공간에서 우리에게 허름한 골목길은 더 이상 어려웠던 모습이 아니라 일상의 기억이 담겨있는 아름다운 추억이 되기도 한다. 골목에서 뛰놀던 아이들과 엿장수의 가위소리, 희미한 전등, 매캐한 연탄 냄새, 낙서 가득한 담벼락, 이제는 볼 수 없는 기억속의 풍경이다. 해방이후에는 이러한 마을이 소박한 소시민들의 일상과 그들의 삶을 담는 도시공간이 되었다. 산업화와 도시화의 소용돌이에서 경제 사회적으로 자꾸만 소외되어 소시민이 되어 버린 이들의 공간인 것이다.

한없이 높고 넓으며 새롭고 세련되기만은 욕심내는 현대도시 안에 낯선 이방인처럼 살아남아 있는 공간을 찾아보는 것은 우리가 당연히 하여야 할 명제이다. 헐리고 난 후에 흔적으로 남아 있는 아쉬움 속에서 우리의 미래를 위해 광주다움, 광주의 얼과 숨결이 깃들어 있는 것들을 천착하듯이 찾고, 이를 널리 알리며 이를 통해 우리의 정체성을 탐미하는 시도를 하나씩 전개하고자 한다.

본서는 지난 2005년 〈광주건축100년〉이라는 책을 새롭게 꾸민 것이다. 본서에서 다룬 통시적 기간은 광주지방에서 사람이 살기 시작한 고대사회에서부터 시작하여 목포항의 개항(1897)과 일제강점기를 거쳐 해방과 산업화, 그리고 현대화되어 가는 과정에 나타나는 광주지방의 건축에 대하여 그 출발과 발전으로 이어지는 과정을 살핀 것이다. 즉 광주지역건축에서 나타나는 건축적 의미를 찾는 논리적 연구라기보다는 과거부터 현재까지 변화된 양상의 모습에 보다 중점을 두고 역사적 사실을 충실히 나타내 보이는 기록이다. 따라서 광주지방건축의 본질인 지역성이나 기능, 의장성의 추구라기보다는 건축적 사실을 찾아보고자 노력한 결과이다. 고대에서 대한제국말까지는 천득염, 일제강점기는 한승훈, 해방에서 현재까지는 신태양이 담당하여 집필하였다.

자기가 태어나서 자란 곳이나 자기가 현재 살고 있는 곳을 바라보는 살핌은 감성적으로 두 가지 상반된 입장에서 출발할 가능성이 많다. 즉 객관성이 결여된 상태에서 긍정적이거나 부정적인 관점이 대비적으로 나타날 수 있다는 것이다. 이는 다소 편향된 입장에서 애증이 함께 할 수 있기 때문이고 자기지역을 결국 아끼고 사랑한다는 공통적 심성에서 출발하기 때문이라고 하겠다. 이를 자기가 소속된 지역에 대한 사랑과 관심이라고 하여도 좋을 것이다. 문화를 높은 지향점에 두고 열심히 자료를 모아 감히 책이라는 이름으로 용기를 내어 출간하는 것은 이 책이 더불어 찾고자 하는 가치와 의미이다.

그러나 한편으로는 우리의 것을 우리가 살피는 입장이 얼마나 균형감각이 있을까 하는 우려도 생긴다. 즉 객관성이 결여된 상태에서 긍정과 부정이 대비적으로 나타날 수 있기 때문이다. 이는 다소 편향된 입장에서 애증이 함께 할 수 있기 때문인데 결국 아끼고 사랑한다는 공통적 심성에서 출발할 수 있다고 이해하길 바란다.

요즘 문화중심도시, 광주를 향한 여러 가지 과업들이 하나, 둘씩 전개되면서 우리에게 많은 의미를 던져 주고 있다. 문화수도가 될 만한 자산 중에 가장 쉽게 접근 할 수 있는 것은 무언가? 점적으로는 사람과 건축이고 선적으로는 가로이며 면적으로는 도시이다. 여기에 엄청난 규모의 아시아문화전당이 들어서고, 향후 수십년간 종합적인 문화관련 과업들이 추진된다. 건축적인 기대와 염려가 함께 있을 수밖에 없다.

미래는 우리에게 희망과 가능성을 예견한다. 다소는 비판적인 현상인식 속에서도 건축인들에게는 다양한 기회와 가능성을 느끼며 기대를 크게 한다. 이제까지 소홀히 했던 우리건축과 주변문화에 대한 살핌이 있어야 하고 현재 우리의 위치를 확인하는 작업이 무엇보다도 필요하다. 자기비판적 자세로 이제까지의 우리를 돌아보아야 한다. 이제 광주건축을 바라보는 장을 마련함은 미래건축을 기대하는 우리들이 되기 위함이다.

이 부족한 책이 과거로부터 현재까지 광주의 건축적 흔적들을 정리하는 밑그림이 되었으면 하는 바람이다. 몇 차례나 출판을 시도하다 포기하기를 반복하여 나온 결과인 〈광주건축100년, 2005년 출간〉이라는 책을 다시 보강하고 정리하는 의도는 새롭게 전개되는 건축과 도시공간이 너무 많기 때문이다. 이 책은 무엇보다도 박선홍선생의 〈광주 100년〉이 커다란 도움이 되었고, 많은 사진을 〈사진으로 본 광주 100년〉에서 재인용하였다. 필자들이 소장하고 있는 사진이 없어 과거의 모습을 기존의 책자에서 인용할 수 밖에 없었음을 아쉽게 생각한다. 이 과정에서 광주민속박물관에 계시는 조광철 님께서 교정과 사진제공 등으로 큰 도움을 주셨음을 감사드린다. 또한 아울러 한국전통건축 발전연구비를 지원하여 이 연구를 가능하게 해주신 청도건설 이승룡 사장님을 비롯하여 조사에 수고가 컸던 전남대학교 건축사 연구실 대학원생들과 참여하신 호남대학교 신태양교수님, 전남대학교 한승훈교수님 등 집필자 여러분들께도 감사의 말씀을 전한다. 특히 편집을 도와주었던 정지윤, 김용균 군에게도 감사의 뜻을 전한다.

2011년 10월 **천 득 염**

목차

## 제1편 광주의 어제와 오늘

1. 광주의 약사(略史) ..... 22
2. 광주행정구역의 변천 ..... 28
3. 광주읍성의 생성과 변모 ..... 33
1) 성내의 공간구조 ..... 37
2) 성외의 공간구조 ..... 40
4. 근대 도시로서 광주면 : 1896~1919년 ..... 44
1) 광주면의 성립 ..... 44
5. 광주면의 시가경영(1920-1930)과 도시발전 ..... 49

## 제2편 광주지역의 일제강점기 건축

1. 일제강점기의 광주 ..... 56
2. 양식건축의 도입과 한국근대건축의 출현 : 1896~1910 ..... 63
(1) 공공시설 ..... 68
(2) 교육시설 ..... 69
(3) 금융시설 ..... 70
(4) 종교시설 ..... 70
(5) 주거시설 ..... 70
(6) 광주읍성 ..... 71
3. 일제강점기 전후의 건축적 상황 ..... 72
4. 일제강점기 광주의 건축 : 1911~1945년 ..... 74
1) 일제강점기 광주지역의 건축적 상황 ..... 74
2) 학동 팔거리 갱생지구의 형성 ..... 77
(1) 행정 구역의 변천과 학동 ..... 77

(2) 갱생지구의 설치와 학동 팔거리 78
(3) 하천 관리 제도의 변화 79
3) 주요건축 82
(1) 공공시설 83
(2) 교육시설 84
(3) 금융시설 85
(4) 문화시설 85
(5) 사회단체시설 86
(6) 산업・상업시설 86
(7) 종교시설 86
(8) 주거시설 87
① 전통한식 주택 88
② 서양식 주택 88
③ 일본식 주택 89
(9) 학동 팔거리 주요시설 89
4) 해방이전 광주건축의 양식별 특성 90
(1) 공공시설 90
(2) 교육시설 90
(3) 금융시설 90
(4) 종교시설 91
(5) 주거시설 92
(6) 문화시설 92
(7) 산업・상업시설 93
(8) 학동 팔거리 주요시설 93
1) 상업시설 96
① 동광 정미소 96
2) 주거시설 97
① 신방규 가옥 97
② 강연순 가옥 98
③ 임수아 가옥 99
④ 김종호 가옥 99
⑤ 주광태 가옥 100

⑥ 고일옹 가옥 ······ 100
⑦ 신경애 가옥 ······ 101
5) 현존하는 건축물 ······ 102
(1) 공공시설 ······ 103
① 전남도청 본관 ······ 103
② 전남도청 민원실 ······ 104
③ 전남지방경찰청 민원실 ······ 105
(2) 교육시설 ······ 105
① 전남여고 (구)본관 ······ 105
② 중앙초등학교 본관 ······ 106
③ 서석초등학교 서석당(현 체육관) ······ 106
④ 서석초등학교 본관 ······ 107
⑤ 서석초등학교 별관 ······ 108
⑥ 수창초등학교 본관 ······ 109
⑦ 광주교육대학교 본관 ······ 110
⑧ 수피아 홀 ······ 110
⑨ 수피아여중 본관 ······ 111
⑩ 지성고시원 ······ 112
⑪ 수피아여고 소강당 ······ 112
(3) 종교시설 ······ 113
① 원각사 ······ 113
② 북동성당 ······ 114
③ 유진 벨 기념관 ······ 115
(4) 상업시설 ······ 116
① 지영정밀 ······ 116
② 일신당 ······ 116
③ 광주정밀 ······ 117
④ 현대비철금속 ······ 117
⑤ 미니스톱 송정역점 ······ 118
(5) 문화시설 ······ 118
① 광주극장 ······ 118
② 오웬기념관 ······ 120

③ 종합유통 ··· 121
(6) 주거시설 ··· 121
① 백동기 가옥 ··· 121
② 김유성 가옥 ··· 122
③ 전영동 가옥 ··· 122
④ 정계숙 가옥 ··· 123
⑤ 김미나 가옥 ··· 123
⑥ 오 용 가옥 ··· 124
⑦ 이국현 가옥 ··· 124
⑧ 이상근 가옥 ··· 124
⑨ 북동천주교회 사제관 ··· 125
⑩ 김성수 가옥 ··· 125
⑪ 한금석 가옥 ··· 126
⑫ 최승남 가옥 ··· 127
⑬ 우일선 선교사 사택 ··· 127
⑭ 최부자댁 ··· 128
(7) 산업시설 ··· 129
① 광주기계 ··· 129
6) 최초의 건축가 김순하와 전남도청 회의실 ··· 129
(1) 건축가 김순하의 생애 ··· 129
(2) 김순하의 작품 ··· 133
① 전라남도 회의실 ··· 133
② 전라남도 회의실 설계도 ··· 135

## 제3편 광주지역의 해방이후 건축

1. 해방이후의 광주 ··· 140
2. 해방이후 광주의 건축 ··· 146
1) 해방이후 건축물의 특징 ··· 147

(1) 공공시설 ···· 147
(2) 교육시설 ···· 148
(3) 금융시설 ···· 148
(4) 종교시설 ···· 148
(5) 주거시설 ···· 149
(6) 문화시설 ···· 149
(7) 산업 · 상업시설 ···· 150

3. 건축계의 혼돈과 여명 : 1946～1950 ···· 150
1) 건축개관 ···· 150
2) 건축계 동향 ···· 152
3) 주요건축 ···· 153
(1) 교육시설 ···· 154
4) 현존하는 건축물 ···· 156
(1) 교육시설 ···· 156
① 조선대학교 본관 ···· 156
(2) 상업시설 ···· 157
① 대우전기 ···· 157
(3) 문화시설 ···· 157
① 광주교육대학교 박물관 ···· 157
(4) 주거시설 ···· 158
① 김현수 가옥 ···· 158

4. 전쟁에 의한 파괴와 복구의 10년 : 1951～1960 ···· 159
1) 건축개관 ···· 159
2) 건축계 동향 ···· 162
3) 주요건축 ···· 163
(1) 공공시설 ···· 163
(2) 교육시설 ···· 164
(3) 상업시설 ···· 166
(4) 금융시설 ···· 166
4) 현존하는 건축물 ···· 167
(1) 공공시설 ···· 168

① 동부소방서(구 광주역사) ········· 168
② 전남지방경찰청 장비계사무실 ········· 168
(2) 교육시설 ········· 169
① 조선대학교 대학원 ········· 169
② 전남대학교 (구)의대본부 ········· 169
③ 조선대학교부속고등학교 본관 ········· 170
④ 지산초등학교 별관 ········· 171
⑤ 춘태고시원 ········· 171
⑥ 전남대학교 출판부 ········· 172
⑦ 전남대학교 학군단 본부 ········· 172
⑧ 전남대학교 인문대 1호관 ········· 173
⑨ 전남대학교 평생교육원(구 전남대학교 본관) ········· 173
⑩ 광주교육대학교 교육연수원 ········· 174
⑪ 광주교육대학교 원형화장실 ········· 175
⑫ 삼도초등학교 강당 ········· 175
(3) 종교시설 ········· 176
① 남동성당 ········· 176
② 첨단영락 교회 ········· 176
③ 양림교회 ········· 177
④ 원동성당 ········· 178
⑤ 비아동성당 ········· 178
⑥ 임곡동성당 ········· 179
⑦ 원동본당삼도공소 ········· 179
(4) 상업시설 ········· 180
① BYC광주센터 ········· 180
② 수정안경원 ········· 181
③ 임씨가구 ········· 181
④ 경도상회 ········· 182
(5) 문화시설 ········· 182
① 스카우트 광주・전남 연맹 ········· 182
② 계림극장 ········· 183
③ YMCA회관 ········· 184

④ 태평극장 ··· 185
⑤ 송정극장 ··· 185
(6) 주거시설 ··· 186
① 춘설헌 ··· 186
(7) 교통시설 ··· 186
① 극락강역 ··· 186
(8) 산업시설 ··· 187
① (주)전방 - (구) 전남방직 주식회사 ··· 187
② 일신방직 ··· 188
5. 행정주체에 의한 건축의 발흥기(發興期) : 1961～1970 ··· 188
1) 건축개관 ··· 188
2) 건축계 동향 ··· 191
3) 주요건축 ··· 193
(1) 공공시설 ··· 193
(2) 교육시설 ··· 194
(3) 문화시설 ··· 195
4) 현존하는 건축물 ··· 196
① 무등경기장 ··· 196
② 아세아극장 ··· 197
③ 제일극장 ··· 197
④ 미도아파트 (현 대지여관) ··· 198
⑤ 광천동 시민아파트 ··· 199
⑥ (구)제일은행 ··· 199
⑦ 광주은행 남부지점(구, 본점) ··· 200
6. 성장 속의 새로운 변화와 가능성 : 1970～1979 ··· 200
1) 건축개관 ··· 200
2) 건축계 동향 ··· 204
3) 주요건축 ··· 206
(1) 광주시민회관 ··· 206
(2) 전남대학교 의과대학 부속병원 ··· 207
(3) 全日빌딩 ··· 208

(4) 카톨릭센터 ········· 208
(5) 전남대학교 대강당 ········· 209
(6) 금남맨션 ········· 210
(7) 국립광주박물관 ········· 210
(8) 광주은행 (구)본점 (현 하나로 통신) ········· 211
(9) (구)KBS 방송국 ········· 211

7. 지속적인 발전과 개성의 건축 실현 : 1980년대 ········· 212
1) 건축개관 ········· 212
2) 건축계 동향 ········· 216
3) 주요건축 ········· 221
(1) 빛고을 시민문화관 별관((구)전남도체육회관) ········· 221
(2) 상록전시관((구)전남도지사 공관) ········· 222
(3) 교보생명 ········· 222
(4) 광주 MBC 사옥 ········· 223
(5) 도원빌딩 ········· 224
(6) 한국전력 전남지사 ········· 224
(7) 초원의 집 ········· 225

8. 정보화시대의 새로운 조형 탐구 : 1990년대 ········· 225
1) 건축개관 ········· 225
2) 건축계 동향 ········· 228
3) 광주시 건축상 수상작 및 주요건축 ········· 231
(1) 광주건축사회관 ········· 231
(2) 송암빌딩 ········· 232
(3) 오치동 천주교회 ········· 233
(4) 신안동 Y씨주택 ········· 233
(5) 소태동 K씨주택 ········· 234
(6) 광주문예회관 ········· 235
(7) 문주회관 ········· 235
(8) 광주시 교원연수원 ········· 236
(9) 동강빌딩 ········· 236
(10) CBS 광주방송국 ········· 237

(11) 금호유치원 238
(12) 광주은행 학동지점 238
(13) 신용협동조합 광주연합회관 239
(14) 광주230 239
(15) 엔터시네마빌딩 240
(16) 상무고등학교 241

## 제4편 광주지역의 2000년대 건축

1. 현재를 살아가는 오늘의 건축 : 2000년대 244
1) 건축개관 244
2) 건축계 동향 248
3) 오늘의 건축에 있어서 요구되는 공공성과 주민참여 255
4) 아시아문화전당 현상설계에 대한 단상 259
5) 광주시 건축상 수상작 및 주요건축 262
(1) 의재미술관 262
(2) 중소기업 제2연수원 265
(3) 전남대학교 용봉문화센터 266
(4) 엔젤산부인과 266
(5) 광주영락교회 267
(6) 북구 미래아동병원 268
(7) 구태림하우스 269
(8) 전남여고 교사 270
(9) 동구 벤처빌딩 270
(10) 남구 문화예술회관 271
(11) 광주광역시 치과의사회관 272
(12) 미래로21 병원 273
(13) 광주학생독립운동 기념회관 274
(14) 무지개마당 275

(15) 김대중컨벤션센터 ········ 276
(16) 광주 전천후 게이트볼경기장 ········ 277
(17) 광주디자인센터 ········ 277
(18) 미르치과병원 ········ 278
(19) GS빌딩 ········ 280
(20) LH 광주전남지역본부 ········ 280
(21) 광주시립미술관 ········ 281
(22) 5·18추모관 ········ 282
(23) Lee's House ········ 283
(24) 남도향토음식박물관 ········ 284
(25) 노블모터스 전시장 ········ 284
(26) 하이메디컬센터 ········ 285
(27) 세계광엑스포 주제관 ········ 286
(28) 문화여성병원 ········ 287
(29) 북구청소년수련관 별관 ········ 288
(30) 과학기술교류협력센터 ········ 288
(31) 빛고을노인건강타운 ········ 289
(32) 광주영상복합문화관 ········ 290
(33) 빛고을 시민문화관 ········ 291
(34) Turtle House ········ 291
(35) 양동문화센터 ········ 292
(36) 광주유아교육진흥원 ········ 294
(37) 전남대학교 첨단강의동 ········ 295
(38) 어비슨기념관 ········ 296

맺음말 ········ 297
참고문헌 ········ 301
그림목차 ········ 302

사진은 노지다리와 불로동 앞 작은 장이 보이는 1920년대 광주면의 모습 (광주민속박물관 사진)

제1편

# 광주의 어제와 오늘

# 1. 광주의 약사(略史)

광주는 한반도의 남서부를 차지하고 있는 전남북지역을 총괄하는 호남지방의 중심부에 위치한다. 고대사회에 있어 광주지역에 사람이 살기 시작한 시기는 언제부터일까? 후기 구석기 시대에 이미 원시적인 사람들이 살았을 가능성은 다분히 있으나 실증적인 흔적으로서는 신창동 유적에서 잘 나타나고 있는 바와 같이 청동기시대라 할 수 있다. 물론 문헌상의 기록으로는 마한(馬韓)을 그 상한으로 할 수 있다.

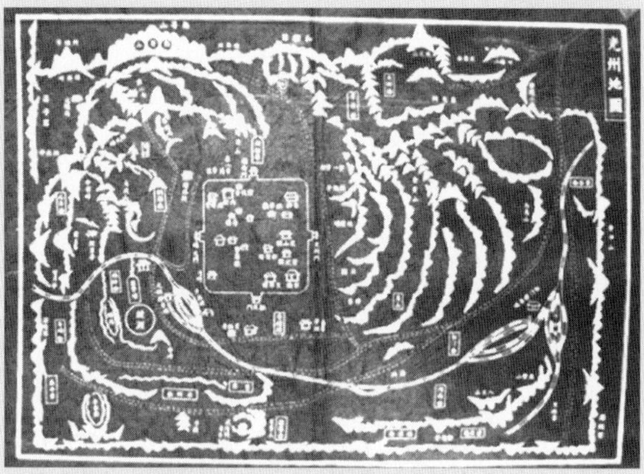

〈그림 1〉 1924년 광주읍지 지도

광주지역은 고대사회에서부터 사람이 살기에 적합한 곳이었다. 광주지역은 영산강의 지류인 극락강이 도시의 북서부를 관류하여 서남으로 흐르며 동쪽에는 무등산, 북쪽에는 병풍산과 삼각산, 남쪽에는 금당산, 서쪽에는 어등산과 용전산이 둘러싸고 있다. 이처럼 일종의 분지를 이룬 넓은 뜰에 영산강의 지류들이 흐르고 있어 주변에 비옥한 평야가 펼쳐져 있다.

광주의 지리적 위치는 한반도 서남부의 동경 127° 01' ~ 126° 49', 북위 35° 04' ~ 35° 16'에 위치하며 해발높이는 72.4m이다. 그러나 도심인 광주읍성지 주변이 해발고도 10m 이내의 거의 평지에 가까운 형태를 하고 있으며, 도심의 북부와 동부에는 해발고도 500m 내외의 산지지형이고 남부와 서부에는 평지 및 100m 내외의 구릉지가 산재하고 있다.

광주는 산간지대와 평야의 점이지대에 해당하면서도 광주천의 퇴적에 의한 비옥한 충적지가 발달하여 유사 이래로 적합한 농경지가 되어 왔다. 또 분지형의 지형은 방어에 유리하여 군사상·행정상 좋은 위치이기 때문에 일찍부터 사람이 살기 좋은 곳으로 알려지고 있다.

이와 같은 지리적 여건을 미루어 보면 극락강이 흐르는 서남쪽 일대의 평야지대가 일찍부터 인간의 생활장소로 이용되었으리라 짐작된다. 이는 현존하는 고인돌 등 선사시대의 고고학적 유적이 영산강 지류인 대촌천, 지석천의 인접지역에 산재하여 있는 것으로도 확인할 수 있다. 광주지역의 모태가 된 영산강은 담양군 용면 용연리 가마골 용추봉 남쪽에서 발원하여 극락강, 황룡강, 광주천, 지석천, 고막천 등을 지류로 삼아 목포 앞 바다로 흘러 내려간다. 영산강 유역은 비옥한 농경지가 형성되어 선사시대부터 자연이 베풀어 준 환경에 알맞게 교유한 문화를 발전시켜 왔다. 사람이 살기에 적합한 자연환경, 바다를 통한 외래문화의 교류, 다도해의 구성과 같은 해양문화를 포함한 지리적 배경은 일찍이 선사시대부터 문화가 꽃피어 왔으리라는 것을 쉽게 짐작하게 한다.

영산강유역에서는 광주 상무지구의 치평동, 첨단지구인 산월동, 광주철도 이설 구간인 매월동 등의 구릉상에서 뗀석기가 발견되었으며 최근 나주 동강과 공산면 등 저평한 구릉지대인 하류지역에서도 확인되고 있다. 이처럼 영산강 유역에서도 광범위하게 구석기인들이 살았음을 알 수 있다.[1)]

신석기에 이어 한반도의 청동기는 기원전 10세기경에 시작되었다. 영산강유역의 선사문화는 청동기에 들어와서야 본격적인 문화형성단계에 돌입하게 되고 어느 시기보다도 이 시대의 유적이 가장 많이 조사된 시대이다. 청동기시대 생활유적으로는 대표적으로 집자리를 들 수 있다. 영산강유역에서 조사확인 된 집자리는 광주 송암동과 영암 장천리가 있으며 집자리로 추정되는 유물 산포지는 담양 제월리 등 수십 곳에 이르고 있다. 이 시기의 집자리는 신석기시대에 비해 훨씬 밀집된 분포를 보인다. 이는 인구증가에 따른 취락의 대형화를 나타낸 것이다. 대규모의 취락이 형성되면서 주위에 방호나 방책시설을 하여 외부와의 경계를 삼았다. 이와 같은 대규모 취락의 형성배경은 채집경제에서 생산경제제제로 바뀌면서 생활이 안정되어 본격적인 정착생활이 이루어진 데 있었다고 본다.

청동기에 이어 나타난 서력기원 전후에서 기원후 300년경까지를 원삼국시기라고 한다. 고고학에서는 초기철기시기와 철기시기로 구분하고 있다. 영산강유역에서 발굴된 원삼국시기의 최대유적인 광주 신창동유적은 유아용 공동묘지, 토기요지, 밭, 소택지, 집자리 등 복합농경취락의 유구가 발견되었다. 여기에서는 다양한 목제 유물과 토기류, 생활용기 등이 출토되었다. 이 중에서 목제유물은 각종 농기구, 목공구, 생활용구, 직조용구, 악기, 의기류 등 다종다양하여 우리나라 고대 민속자료 뿐 아니라 목기문화를 한눈에 보여주는 유물이다. 당시의 목제 가공기술과 목기에 대한 의존도를 짐작할 수 있다. 그리고 곡식, 씨앗, 짐승과 물고기뼈, 민물어패류 등 당시의 식생활을 알 수 있는 유물, 다양한 토기의 종류와 칠기 제작과정을 추정할 수 있는 칠기용기, 완전한 인골, 장신에 쓰인 유리옥 등이 출토되

1) 광주역사, 광주광역시사편찬위원회, 1998, 35쪽.

어 다른 나라에서도 발견된 바 없는 유적이다. 실로 발굴역사상 최대의 고고학적 성과라 할만한 세계적인 선사유적으로 널리 알려졌다.[2)]

그후 영산강유역에서 이루어진 고대 사회의 공동체들은 문화의 발전과 더불어 점차 통합되어 조그마한 국가단위로 이행되었으며 결국은 마한이라는 소국가적인 집단으로 발전해갔다고 판단된다. 광주지방에 국가단위 사회가 발생한 시기는 마한시대로 추측된다. 위지 동이전한조(魏誌東夷傳韓條)에 의하면 마한지역 중 광주와 관련하여 구사오단국(臼斯烏旦國)과 불미지국(不彌支國)을 들 수 있는데 구사오단국은 장성군 진원면 일대로, 불미지국은 나주일대로 보고 있다.

불미지국의 경우 나주의 반남 · 덕산 · 대안 · 신촌에 소재한 30여기의 고분군으로 보아 나주일대로 추정이 가능하나 구사오단국의 경우 반남 등지에서 고분들이 발견되지 않고 있으며 마한의 성장기반인 선사시대의 지석묘군이 발견되지 않아 추정에 무리가 있다.

따라서 구사오단국(臼斯烏旦國)의 지역을 선사시대의 유적과 유물이 발견된 우치동 · 송암동 · 서창동 등 극락강 일대로 보는 견해도 있다. 결국 광주가 속한 구사오단국은 극락강 대촌 주변 일대로 보는 것이 타당하다. 마한시대 각국의 인구수는 약 5천~1만여명으로 추정된다. 마한의 상한년대는 지석묘중 개석식 지석묘의 하부로 보아 서력 기원전후가 되며 하한년대는 백제의 근초고왕때 마한 잔여세력을 토벌한 것으로 보아 AD 4세기 후반이 된다. 따라서 마한은 기원전후에서 4세기 후반까지 4 · 5백년간 지속된 것으로 본다.

한강 유역 일대를 지배하던 부족연맹체인 백제가 집권적 고대국가체제를 형성한 것은 근초고왕(346~375)때였으나 고구려의 남진정책으로 인하여 도읍을 웅진(현 공주), 사비(현 부여)으로 천도하고 나서야 확고한 행정구역제를 채택하였다.

삼국사기 지리지에 의하면 백제의 군현은 모두 147개소라 하고 있다. 전남지역의 군현은 중 · 동 · 남 · 서 · 북 오방의 하나인 남장 구화하성(久和下城, 장성 · 구례의 二說)에 속하였는데 이 무렵의 광주지역은 무진주(武珍州)이며 직할 3현인 미동부리현(未冬夫里縣, 남평), 복룡현(나주일대), 굴지현(창평)을 통치하였으며 전남지역에는 13군 42현이 있었다.

당시 백제의 해상세력을 형성한 중요한 거점이 된 무진주(武珍州, 광주), 발나(發羅, 나주), 월나(月奈, 영암)는 지정학상으로 볼 때 일본이나 중국과의 교류를 쉽게 할 수 있는 중요 교통로라는 점에서 무진(武珍)은 문물교역의 요지였을 것이라는 추론을 쉽게 할 수

2) 광주역사, 광주광역시사편찬위원회, 1998, 45쪽.

있다. 광주는 남방 밑에 무진군(武珍郡)이라 대동지지는 기록하고 있으나, 여타 기록은 무진주(武珍州)인데 일명 노지(奴只)라고도 기록한다. 이밖에 지금의 광주지역 안에 나주 노안면 일대에 복룡현(伏龍縣)과 현 광산구 본량, 임곡 일대에 수천현(水川縣)이 있었음을 알 수 있다. 광주는 백제시대에 남방(南方)의 관할인 무진주, 복룡현, 수천현의 행정구역에 속하였음을 알 수 있다. 무진군은 뒤에 무진주로 승격되었으며 일명 노지(奴只)라고도 하였다.

신라가 통일을 이루고 군현의 행정조직을 정비한 것은 경덕왕16년(757)의 일이며 이때에 전국을 광주지역인 무주(武州)를 포함하여 9州로 나누고 그 아래에 군현을 두었다. 즉 통일을 이루고 난 후 677년에 무진도독이라 하여 도독으로 천훈이 파견되었으며, 757년에 행정구역 개편에 따라 무진도독부라 하고 도독부 직할영현은 현웅현(玄雄縣)인 현 남평, 기양현(祈陽縣)인 현 창평, 용산현(龍山縣)인 현 평동, 본량, 삼도 등 3개현이었다. 당시 무주에 속한 군현은 1주 15군 43현으로 전라남도 전역에 해당된다.

광주가 무주(武州)라고 기록된 것은 「신라가 그 땅을 모두 합병하여 웅주, 전주, 무주 및 여러 군현을 설치하고 고구려의 남쪽경계 및 신라의 옛 땅을 합하여 9주를 만들었다」고 삼국사기 무진주조에 기록이 보이며 신라 신문왕 6년(686)에 그 이름이 나타난다.

지방조직의 핵을 이룬 9주를 살펴보면 상주, 양주, 강주, 한주, 삭주, 웅주, 연주, 전주, 무주로서 군현제는 피라미드형의 체제를 기본 골격으로 하고 있다.

혜공왕 12년에는 경덕왕 때에 개칭된 관제가 다시 옛날처럼 복구되어 지방군현의 명칭 역시 다시 복구되었을 법 하지만 기록이 없고, 다만 신라후기에 무주 · 무진주로 부른 예가 있고 보면 혜공왕 이후에는 무주가 다시 무진주로 호칭되었거나 아니면 함께 부르게 되었던 듯하다.

〈그림 2〉 광주의 상징인 무등산을 그린 무등산도
(19세기 중 · 후반 추정)
※ 원래 그림의 일부만 드러난 것임

통일신라시대에는 무진에 도독을 두었다가 다시 총관을 두었는데 경덕왕 때에 행정구역 개편에 의하여 무주(武州)로 고쳤다. 그리고 현 광주지역인 복용현은 용산현(龍山縣)으로 수천현은 여주황현(艅舟皇縣)으로 변경되었다.

무주는 근처 3현인 현웅현(玄雄縣, 남평), 용산현(나주일부), 기양현(창평)을 직할한 전남지역의 행정중심지였다. 이 당시 최소의 지방행정구역은 촌이었으므로 무주에도 몇 개의 촌이 있었을 것이다. 촌은 대략 10호 가량의 농업을 주업으로 하는 혈연집단이 거주하는 자연 부락을 기준으로 편성된 것이었다.

통일신라는 군사조직으로 도성을 호위하는 시위부(侍衛府)와 9서(誓)당의 중앙군 이외에도 5주서(州誓) 및 삼변수(三邊守), 그리고 지방군을 두었다.

십정(十停)이 바로 지방군을 뜻하며 정(停)은 군영의 의미를 갖는 것으로 각 지방요지에 설치한 지방군단이었다. 그 십정중의 하나가 미다부리정(未多夫里停)이고 무주에 직속되었던 현웅현에 있었으며 군단의 표지는 흑색금(黑色衿)이었다. 한편 무주의 전신은 미다부리정이 아니었나 하는 추론도 있다.

광주는 후백제 견훤정권의 출발지였으며 견훤의 아들들이 태어난 지역이었다. 따라서 서남해안 지역이 왕건에게 쉽게 융화되고 왕건의 편으로 돌아섰을 때도 광주는 견훤의 세력지로 굳건하게 자리 잡고 있었다. 더욱이 왕위 계승문제로 갈등이 야기되어 견훤이 금산사에 유폐되었다가 왕건에게 복속한 이후에도 광주는 견훤의 첫째 아들 신검의 세력지로 마지막까지 남아 있었다. 왕건이 신검 등을 물리치고 후백제를 멸망시킨 이후에야 광주도 고려의 세력 아래 들어가게 되었던 것이다. 진성여왕 6년(892)에 견훤이 지금의 광주지역인 무주를 기반으로 후백제를 건국하고 8년 후인 900년에 무주에서 전주로 도읍을 옮김에 따라 후백제의 지역에 속하였다. 이처럼 후백제의 전략상 중요한 지역이었던 광주는 936년에 견훤의 아들 신검이 왕건에 항복함으로써 후백제가 망하고, 왕건이 고려를 세운 후 23년이 지난 940년에 무주를 광주로 개칭하고 도독부를 두었다. 그러니까 이 때부터 광주라고 불렸다. 그리고 용산현이 다시 복룡현으로 바뀌고 여황현은 그대로 존속하였다. 그 후 고려 성종 14년(995)에 관제개혁이 있었는데 전국을 3경 · 4도호부 · 10도로 나누는 동시에 12주목을 12주절도사로 변경하였고 이 개혁으로 전라남도를 해양도라 했으며 도호부를 안남(현재 靈岩)에 설치하였고 광주에는 자사(刺史)를 두었다. 당시 해양도에는 1도호부에 14주 62현이 있었는데 전주 · 승주에서는 절도사가 있었고, 자사를 둔 곳은 담주(담양) · 패주(보성), 광주의 3주였다.

그러다가 현종 9년(1018)에 다시 행정구역을 재현하여 제도(諸道)의 안무사를 폐지하고 전국에 4대 도호부 · 8목 · 56지주군사 · 28진장 · 20현령을 두었다. 이때 광주는 강등되어 해양현(海陽縣)이 되었다가 1259년에 공신인 김인준의 외향이라 하여 주로 승격, 익주(翼州)라 하였으며 뒤에 다시 광주목으로 되었다. 또 1310년에는 광주목에서 화평부(化平府)로 강등되었다가 1362년(공민왕 11)에 고려 2대 임금인 혜종의 이름인 무(武)를 피하여 무진부(茂珍府)로 다시 개칭되었다가 1373년(공민왕 23)에 다시 광주목으로 되었다.

고려말에 이르러 불교는 심한 타락상을 나타내고 있었다. 사원이 불법적인 방법을 동원하여 많은 토지를 모아갔으며 많은 농민들을 노비로 소유하였다. 이는 백성들의 생활을 궁지로 몰아넣고 국가의 재정까지 위협하는 요인이 되어 사회적으로 큰 모순을 야기 시켰다. 따라서 조선시대에 이르러서는 불교가 배척되고 성리학이 국가경영의 통치이념이 됨과 아울러 백성을 교화하는 교육이념으로 자리 잡게 되었다.

조선시대의 광주는 1393년(태조 2)에 지금의 도와 같은 계수관(界首官)을 두게 되어 광주목은 2도호부(담양, 순천), 2군(보성, 낙안), 7현(고흥, 능성, 화순, 동복, 옥과, 진원, 창평)을 관할하게 되었다. 조선왕조의 행정조직은 고려시대의 것을 따라 1413년(太宗 13)에 전면적으로 개편되었는데, 이때에 8도제가 채택되었다. 즉 중앙직할지인 한성부(漢城府), 개성부(開城府), 수원부(水原府), 광주부(廣州府)의 4도(都)를 제외하고 전국을 경기도, 충청도, 경상노, 전라도, 황해도, 강원도, 함경도, 평안도의 8도로 나눈 것이다. 이 8도는 고려의 5도에다가 경기도와 양계인 동북면과 서북면을 함경도와 평안도로 개칭한 것으로서 결국 고려의 5도 양계제를 발전시킨 것이다. 특히 조선시대 전라도는 좌도 · 우도가 있었는데 광주는 좌도에 속해 있었다. 조선시대에는 무진부, 광산현(光山縣) 등으로 불리며 강등과 승격이라는 여러 번의 우여곡절을 겪은 끝에 광주목이 유지되었다. 1895년 전국이 23부제로 행정구역이 개편되면서 나주부 관할 광주군이 되었고, 1896년 13도제가 실시됨에 따라 전라남도라는 행정구역이 생겼으며 관찰부를 광주에 두게 되었다. 그러니까 조선시대의 광주라는 명칭의 변천은 광주→무진→광주→광산→광주→광산→광주→광산→광주→광산→광주(군)로 바뀌었고, 5회의 강등을 거듭하면서 광주, 무진, 광산의 3개 이름으로 바뀌었음을 알 수 있다.

근대기 들어서면 1894년 갑오개혁에 의해 근대적 행정체제로의 시발이라 할 수 있다. 조선은 왕조상으로 보면 한일합방 연도인 1910년까지 계속되었으나, 조선왕조는 사실상 갑오경장으로 끝났다고 볼 수 있다. 그것은 즉 중국식 가산국가체제가 서구식 근대국가 체제로 전환하는 계기가 이 시대에 마련되었다고 보기 때문이다. 이 지방제도의 개혁은 갑오개혁

최후의 사업으로 추진된 것이다. 내무아문(內務衙門)은 이 지방 제도 개혁안을 작성하기 위하여 전국적으로 조사에 착수 지방행정 구역을 근본적으로 개혁하는 사업으로 많은 문제점이 있었다. 1895년 1월에 제정한 홍범(洪範) 14조(條)에 지방관제를 개정하고 "지방관의 직권을 삭제한다."는 조항에 따라 개혁이 단행되어 같은 해 5월에 "도제 폐지 · 지방제도개혁 및 지방관제"가 공포되어 다음달 1일부터 시행했다. 그 후 한일합방이 되던 1910년에는 조선총독부 지방관제 발표로 광주는 면이 되고 1931년 지방제도 개정에 의하여 광주읍이 되었다가 1935년 광주부가 설치됨으로써 행정구역은 41정(町)으로 확대되었다.

1945년 8월 15일 일본이 연합국에 패망하자 주둔 미군에 의한 군정이 2년 11개월동안 실시되다 1947년 6월 3일부로 군정청이 폐지되고 1948년 8월 대한민국 정부 수립과 함께 광주부는 1949년 '광주시'라고 개칭되었고, 1973년 7월 1일 구제(區制)가 실시되었으며, 1986년 11월 1일 직할시로 승격되었다. 1991년 지방자치제 실시로 주민자치의 기틀을 마련하였고, 자치(自治)의 의미를 강조하기 위해 1995년에 광주직할시를 광주광역시로 명칭 변경하여 오늘에 이르고 있다.

## 2. 광주행정구역의 변천

〈그림 3〉 대동여지도 광주목

현 광주의 뿌리는 백제시대의 3州의 하나인 무진주에서 찾을 수 있겠다. 통일신라시대에도 9州의 하나인 무주로 행정 · 군사상의 중심지가 되었으며, 후백제 때의 견훤은 무주에 웅거한 적이 있었으나 그 기간이 짧아 40년에 불과하였다.

그러나 고려 태조 왕건이 나주인들의 도움을 많이 받았을 뿐 만 아니라 나주출신 장화왕후를 맞이하고 나서 나주가 중심이 되었으며 그때 처음으로 무주를 광주라 바꾸어 불렀다. 그

후 여러가지 역사적 사건 때문에 광주는 여러 종류의 이름으로 불리우게 되었으며 사실상 지금의 전남지역의 중심은 나주였으나 조선 왕조 말경인 고종 건양(建陽) 원년(1896)에 전국을 13도로 확정할 때 광주는 비로소 전남도청의 소재지로 되었다.

이상과 같이 광주는 나주, 전주와 함께 고대로부터 호남지방의 지방행정의 중심지로 발달한 역사가 오랜 도시이다. 1914년에 성내면(城內面), 기례방면(奇禮坊面), 공수방면(公須坊面), 부동방면(不動坊面) 등 4坊을 통합하여 광주면으로 하였다는 사실에서 볼 때, 그때까지도 옛날 중국의 대륙제도를 따라 방제(坊制)를 실시하였던 것 같다. 광주는 1914년 호남선 철도가 영산강 서안을 따라 부설되었기 때문에 철도에서 떨어져 있어 발전이 지체되어 소비도시화 되었는데, 면방직과 제사 등의 공장이 들어서면서부터 생산도시로 바뀌기 시작하였다.

광주는 1931년 邑으로 승격되었고 다시 1935년에는 府로 승격되었으며 1949년 市로 개칭되었으며 1957년에는 시역(市域)을 대확장하여 215㎢에 달하였다. 1963년에는 서창·대촌출장소가 다시 광산군에 환원되어 시 관할 구역은 214.92㎢로 좁아지고 6개 출장소와 45개동이 되었다. 1966년에는 계림1구·월산동·효죽동의 3개동을 분동하여 48개동으로 늘렸고, 1970년 다시 산수2동·서석2동·학3동 등 10개동을 분동하여 모두 58개동이 되었으며 당시 광주 인구는 50만2천명이었다.

〈그림 4〉 남구지역 (1956년)

〈그림 5〉 광산구지역 (1956년)

〈그림 6〉 동구지역 (1965년)

〈그림 7〉 서구지역 (1965년)

〈그림 8〉 광주시 전경 (1968년)

〈그림 9〉 북구지역 (1971년)

〈그림 10〉 금남로 (1968년)

〈그림 11〉 광주천 (1970년대)

〈그림 12〉 중앙대교 가설전 징검다리

〈그림 13〉 경양방죽에서 스케이트(1940년대)

1973년 7월 1일부터 종래의 4개 출장소를 폐지하고 석곡 · 지산의 2개 출장소만 존치시키는 한편 동구와 서구로 나누어 구제(區制)를 실시하게 되었으며, 1980년 4월 1일 석곡 · 지산 2개 출장소를 폐지하고 북구를 신설하여 3개구로 운영하다 1986년 11월 1일 "광주직할시 설치에 관한 법률"이 공포되어 부산 · 대구 · 인천에 이어 네 번째로 직할시로 승격되었다. 이때만 해도 3구 72동으로 행정구역 면적은 215.11㎢에 불과했으나 1988년 1월 1일 법률 제3963호 공포로 송정시와 광산군 전역이 다시 광주직할시에 편입됨으로써 면적은 501.44㎢로 크게 늘어나고 4구 83동 9출장소를 관할하는 서남권 중추관리기능도시로서의 발판을 마련하였다.

또한 광주에서 구제(區制)가 실시 된 것은 1973년으로, 당시에는 동구와 서구로만 나뉘어져 있다가 1980년에 북구가 신설되었으며, 1986년 직할시로 승격함에 따라 인근 송정읍과 광산군이 광산구로 광주에 흡수되었다. 1995년 3월 1일 서구에서 남구가 분구되었고 2003년 말 현재는 5구 90동으로 운영되고 있다. 1995년 3월 1일 서구에서 남구가 분구 되었고 2010년 말 현재 5개 자치구에 93개 행정동으로 운영되고 있다.

광주는 원래 호남지방의 중심적 도시였지만 조선시대말기까지만 하여도 전주, 나주, 남원 등지에 비하여 뚜렷한 특징이 없었으며 도시의 규모도 이들에 비해 미약하였다. 그러나 1896년 전라남도의 행정중심지가 되면서부터 빠른 속도로 발전하였는데 이는 우선 지형적으로 넓은 평야부에 위치하였으며, 생산 및 교역량이 전술한 타 도시들에 비하여 많았고, 또 넓은 농촌지대로부터 유입되는 재화와 용역이 풍부하였기 때문이다. 즉 경제나 교육, 인구와 경작지의 면적에서 전남이 전북에 비하여 더 우세하기 때문에 호남을 단위로 하는 중심은 언제나 나주와 광주에 있어 왔다.

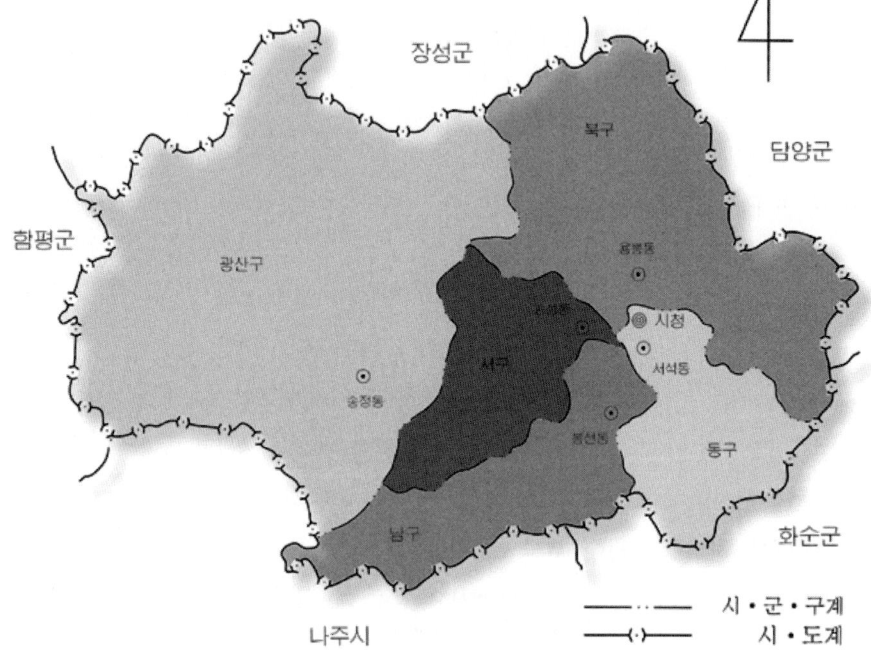


〈그림 14〉 현) 광주광역시 행정지도

현재 광주의 면적은 501.44㎢으로서 전 국토의 0.5%를 점유하고 있다. 광주는 1952년 상무대가 설치되면서 행정도시에 군사도시적 성격을 추가하게 되었고, 인구는 1942년 8만에서 1955년에 23만으로, 1966년에는 40만, 다시 10년 후인 1977년에 65만으로 비약적인 발전을 거듭하였으며, 2010년 말에는 540,875세대로 1,467,996만명에 이르고 있다.

〈표 1〉 광주광역시 인구구성

단위 : 명 (2010년 12월 31일 기준)

| 구 분 | 인 구 | | | |
|---|---|---|---|---|
| | 세 대 | 합 계 | | |
| | | 계 | 남 자 | 여 자 |
| | 540,875 | 1,467,996 | 728,892 | 739,104 |
| 동 구 | 46,449 | 105,483 | 52,705 | 52,778 |
| 서 구 | 111,381 | 304,417 | 149,792 | 154,625 |
| 남 구 | 81,316 | 217,844 | 105,930 | 111,914 |
| 북 구 | 174,151 | 470,407 | 233,830 | 236,577 |
| 광산구 | 127,578 | 369,845 | 186,635 | 183,210 |

## 3. 광주읍성의 생성과 변모

옛 광주의 모습을 가장 잘 보여주는 구체적이고 실증적인 예는 뭐라 해도 성의 흔적이라 하겠다. 영산강의 지류인 광주천 주변에 사람들이 모여 살고 나서부터 언젠가 방어적 필요에 의하여 성이 건립되었을 것인데 최초의 성이 통일신라의 9주5소경의 하나인 무진도독성(武珍都督城)인지 아니면 그 보다 앞선 성이 있었는지는 알 수 없다. 아마도 최초의 성은 언제 건립되었는지 알 수 없는 원시적인 것이었을 것이고 성다운 성을 이룬 것은 통일신라시대의 9주5소경이며, 일제강점기까지 남아 있는 것은 고려시대 초기에 건립된 것으로 추정되는 소위 광주읍성이 아닌가 하고 추정된다.

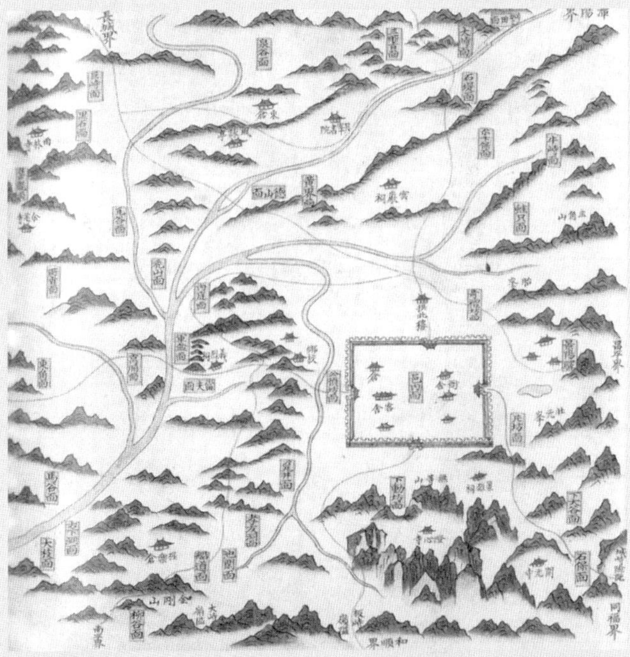

〈그림 15〉「전라남북도 여지도」 중 광주지도 일부 (18세기 후반)

현재까지의 연구성과에 의하면 광주읍성보다 그 범역이 넓은 통일신라시대의 무진도독성은 충장로와 금남로 사이를 주작대로(朱雀大路)로 하는 전형적인 중국의 성 형식을 모방한 모습이었을 것이라고 주장되고 있다. 이는 최근의 발굴에 의한 고고학적 자료에 의하여 확인되고 있는데[3], 통일신라시대의 건립이라고 생각되는 무진도독성이 현 광주 시내권에 나타나고 있으며, 이 보다는 조금 적은 규모인 광주읍성은 고려시대에 축조되어 현재도 그 흔적이 도청 주위에 남아 있다.

그러나 무진도독성에 대한 이견들은 아직도 확증되지 않은 상태이다. 김경수 향토문화진흥원장은 무진도독고성에 대한 여러 가지 의견들을 '전라도 역사이야기'에서 다음과 같이 정리하였다. 「백제 때 무진주도독은 신라 경덕왕 때 무주(武州)도독이 되었다. 세종실록지리지를 보면 무진도독 때 옛 토성(土城)은 둘레가 2천560보(步)다. 신증동국여지승람에 따르면 무진도독고성은 현의 북쪽 5리에 있고, 흙으로 쌓았으며, 주위가 3만2천448척이다. 무진도독고성은 지도상으로는 1682년께 동여비고에 처음 나타난다. 십신사(十信寺) 바로 서편에 무진도독고성이 있는 것으로 표기돼 있다. 신증동국여지승람에 기술된 내용을 그대로 반영하여 그렸음을 엿볼 수 있는 대목이 있다. 십신사가 현 북쪽 5리 평지에 있고, 범어(梵語)로 쓴 비가 있다는 기록을 주목하면 짐작이 간다. 문헌자료를 토대로 보면 무진도독고성은 둘레만 보아도 광주읍성의 4배다. 그 터는 누문동과 임동 일대로 추정된다. 고읍(古邑)은 무진도독고성이었을 개연성이 있다. 고읍에 관한 기록은 대동여지도와 동여도만 있다. 고산자(古山子)는 읍성 북쪽 냇가 건너편에 지도표와 함께 '고읍'을 표기했다. 아직도 그 터에 대한 유흔이 포착되지 않고 있다. 향토사단 일대로 보는 설이 있을 뿐이다. 전남대학교 임영진 교수는 금남로를 따라 조사된 우물지와 누문동 광주일고 운동장에서 통일신라 건물지를 찾았다. 2002년 광주읍성유허 지표조사보고서를 통해서는 광주시가지의 격자 가로망에 근거를 마련했다. 통일신라는 당(唐)나라 정전제(井田制) 도로망을 따랐다. 광주 가로망이 격자형인 것은 무진도독성과 관련될 수 있고, 조선시대 읍성은 그 도로망을 활용했을 가능성이 높다고 주장했다. 김광우 교수도 무진도독성의 160m 격자 시가지 일부에 석성을 쌓은 것이 광주읍성이라고 했다. 백제 때 무등산에 성을 쌓고 백성들이 믿고 평안히 살면서 무등산곡(無等山曲)을 불렀다고 한다. 고산자의 대동지지 성지편에는 무등산 고성이라는 백제 때 성이 있다는 기록이 있다. 1926년 일본인이 쓴 광주군사에는 척현성지(尺峴城趾)가 나온

---

3) 임영진, 광주읍성유허 문화재, 광주읍성유허 지표조사 보고서, 전남대학교 박물관, 2002.
임영진, 황호균, 서현주, 광주누문동 통일신라주거지 수습조사 보고, 1995, 호남고고학보 2.

다. 읍성이 아니고, 산성일 것으로 보고, 고려 건국 또는 그 이전에 축조한 것으로 보았다. 1989년 잣고개 일대 성터를 조사한 뒤, '무진고성'이라는 두 권의 보고서가 출간됐다. 지금까지도 이 성터의 성격이 시원하게 밝혀지지 않고 있다. 다만 '도독골'이라는 땅이름이 남아 있다. 생룡동 뒷산에는 우치산성(牛峙山城)으로 여겨지는 토성 흔적이 보인다.

〈그림 16〉 전라도지도 중 광주목 지도 (1872년)

광주라는 이름이 처음 나타나는 것은 고려 태조23년(940년)에 무주를 광주로 개칭하면서부터인데 이 때부터 광주읍성이 축조되어 있지 않았나 하고 여겨지며, 이를 근거로 몇몇의 책자에서는 '읍성이 축조되어 완벽한 지방 고을의 체제를 갖추고 있었다'[4]라고 표현되어 있다.

광주읍성에 관한 가장 오래된 문헌기록은 조선 초기 세종14년(1432)에 편찬되어 "세종실록"에 부록으로 편입된 "세종실록 지리지"에 보인다. 그 내용은 '읍성은 돌로 쌓았고 둘레가 972步이다' 라는 성의 현상에 관한 지극히 단편적인 언급에 그치고 있을 뿐 연혁에 대해서는 언급하고 있지 않다. 이후의 여러 지리지(地理誌)들, 예컨대 중종25년(1530)에 편찬된 "신증동국여지승람"이나 영조33년부터 41년 사이(1757-1765)에 편찬된 "여지도서", 고종 대(1879)에 이루어진 "광주읍지" 등 여러 지리지에서도 모두 비슷하게 '읍성은 돌로 쌓았는데 8,253척이고 문은 네 곳에 있는데 동은 서원문(瑞元門), 남은 진남문(鎭南門), 서는 광리문(光利門), 북은 공북문(拱北門)이라고 불렸고, 여장(女堞)과 못은 없고 우물은 100곳(또는 31곳)이다' 라는 내용만이 나올 뿐이다.[5] 특히 1924년 판인 "광주읍지"에는 둘레를 8,253步라고 기록되어 있어 步와 尺이 다르나 이는 尺의 혼돈이 아닌가 한다.

일반적으로 읍성의 구조물인 옹성이나 적대(敵臺), 치성(稚城), 포루(砲樓), 각루(角樓) 등에 대한 언급이 없는 것으로 보아 이 같은 시설물들은 없었던 것으로 여겨진다.

1872년에 제작된 "전라도지도"에 나타난 '광주목 지도'를 통해 확인할 수 있듯이, 성곽은 아사(衙舍)나 동헌(東軒)을 핵으로 하는 정방형 모양의 평면과 4개의 성문을 갖고, 그 외측은 해자로 둘러싸여 있었다. "광주읍지"에 의하면 4개의 성문 외에도 공북루라는 이름의 누문이 같은 이름의 북문(공북문) 밖 '二里' 지점에 있었고, 남문 밖 '300미터' 지점에 홍살문이 있었다고 한다. 북문 쪽의 해자는 농업용 관개수로와 연결되어 있었는데, 그 수원인 조참보[6](광주천)의 물을 읍성북쪽의 넓은 들로 끌어들이기 위한 것이었다.[7]

조참보[8]에는 천어(川魚)와 잉어 등 물고기가 많아 광주시민의 영양보급에 도움이 되었으며 이는 경양방죽과 함께 광주지역 농민의 생활의 원천이 되어 온 것이다. 이 조참보는 서쪽 성곽의 일부와 북문을 경유하는 북쪽 성곽을 완전히 싸고돌아 시민관 및 구역일대의 전

---

4) 건축문화의 해 기념 학술 심포지엄 "광주건축 100년의 회고와 전망", 김지민, 1999.
5) 김동수, 광주읍성의 연혁, 광주읍성유허 지표조사 보고서, 전남대학교 박물관, 2002.
6) 김광우, 광주읍성의 지적, 광주읍성유허 지표조사 보고서, 전남대학교 박물관, 2002. 여기에서 조참보를 조탄보(棗灘洑)라고도 한다.
7) 광주시광역시 광주시사 2권 p.182.
8) 최윤상, 광주60년사〈13회〉, 새전남, 전남공론사, 1972, p.115.

답과 경양방죽에 이르기까지 계림동 거의 전역에 걸쳐 수리(水理)의 원천이 되어 왔다. 또한 여름철엔 이 조참보의 수변에 고목이 늘어 있어 광주시민의 유일한 납량지(納凉地)가 되었다.

### 1) 성내의 공간구조

광주읍성이 행정을 수행하기 위해서는 여러 건축물들이 필요하였을 것이다. 성내의 주요 건축물로는 관아(官衙)와 객사(客舍), 지방 사족(士族)들의 좌수(座首), 별감(別監)이 집무하던 향청(鄕廳)과 향사당(鄕士堂), 향리들의 집무처인 질청[作廳], 군청(軍廳), 옥(獄)과 훈련청, 관아에 예속된 관속들의 거소인 통인청(通引廳), 관노청, 사령청, 여러 용도의 무기나 물건을 수납, 보관하는 창고로서 군기청(軍器廳), 대동청(大同廳), 휴식과 풍류 및 손님접대를 위한 누각과 정자들이 그것이다. 그러나 이들 여러 건물들의 유적은 오늘날 전혀 전하지 않아 그 흔적을 찾기가 어렵고 다만 고문헌의 기록에 나와 있는 내용을 근거로 보면 다음과 같다.[9)]

현)무등극장 부근에 있던 객사(객관)인 광산관에는 왕권을 상징하는 궐패가 모셔져 있었으며 여기에서 왕이 파견한 특사로부터 왕명을 받들기도 하였다. 객사 안에는 목사의 집무처인 동헌과 집사청(執事廳), 선화당(宣化堂) 그리고 정문인 황화루(皇華樓)가 있었다고 알려지고 있으며[10)] 일본에 합병된 후 광주군청, 광주면 사무소로 이용되었으나 훗날 모두 헐리고 말았다. 구)광주일보사옥과 현)전남도청 사이에 있었던 아사는 중심건물 즉 동헌인 하모당(何暮堂)이 객사의 동쪽에 위치하고 있었는데 이는 일제초(1911년경) 현)도청의 입지가 결정된 이래 도 경무부와 일본군수비대가 1930년경 무덕전을 지어 회의장 및 무술훈련장으로 사용했던 곳이다. 2001년까지만 해도 무덕전 경내에 전남지

〈그림 17〉 무덕전(武德殿)

9) 김동수, 앞의 책, p.43.

10) 박선홍, 광주일백년 1, 금호문화사, 1994, p.34.에서 발췌하였으나 객사 안에 동헌 등의 집무처가 있는 경우는 거의 없으며 대부분 객사와 동헌은 별개로 존재하므로 이는 저자의 착오일 것으로 생각된다.

〈그림 18〉 금남로 확장공사

방경찰청 장비계로 사용하는 2층 벽돌조 건물이 있었는데 광주시에서 소공원을 만들면서 철거하여 버렸다.

동헌자리는 1967년경 금남로 확장공사 이후 대부분 도청 앞 광장부지로 편입되어 버렸다. 동헌 옆, 구)무덕전 근처에 수령의 거처인 내아가 있었고, 향사당이라는 이름의 향청은 객사의 북쪽에 있었다는 읍지의 기록만 전할뿐이다. 그 외에도 객사 북쪽에 희경루, 황화루의 동쪽에 봉생정 등 많은 건물이 있었는데 지금 그 위치를 추정할 수 있는 것은 몇 가지 경우 밖에 없다.

광주 읍성의 정문은 현)충장로 파출소 자리에 있었던 공북문이었고 그로부터 '2리' 전방, 광주일고 학생탑 네거리에 공북루(拱北樓)가 있었다고 전한다. 「신증동국여지승람」 광산현 누정조에는 이미 사라졌던 공북루의 자리에 희경루(喜慶樓)를 건립했던 동기와 그에 대한 상세한 내역을 밝힌 신숙주의 글이 실려 있어 당시의 모습을 짐작할 수 있다.

> '광산은 전라도의 거읍이다. 옛날에는 누각이 이 고을 북쪽에 있어 이름을 공북루라 했었으나 이미 허물어진지 오래이다. 이번에 태수 죽산 안철석이 부임하여 1년도 되지 않았는데 정사를 다스리는 바쁜 다운데 틈을 내어 고을의 여러 원로들을 모아놓고 물었다. "고을에 유람할 장소가 없어서는 안 되는 것이 사실이요. 더욱이 광산은 이 도의 요충지로 사객이 벌 모이듯 하는데 막히고 답답하고 깊고 가리어 시원하게 해줄 길이 없으니 이를 어떻게 하면 좋겠는가?"하니 모든 원로들이 말하기를 "넓고 밝고 시원스런 땅으로는 공북루의 옛 터만한 곳이 없습니다."하였다. 그리하여 재목을 모아 집을 짓되 옛 건물보다 더 크게 지어 몇 달이 안 되어 완성되었다. 그 칸수를 세어보면 남북이 5칸인데 동서가 4칸, 그 넓고 훌륭하기가 우리나라에서 제일이었다. 동쪽으로는 큰길에 닿았고 서쪽으로는 긴 대밭을 굽어보며 북쪽으로는 연못을 파서 연꽃을 심고 또 동쪽에는 사장(射場)을 만들어 덕을 보는 장소로 삼으니 손님과 주인이 이제야 비로소 올라 쉬는 즐거움을 누리게 되었다.'

〈표 2〉 광주 읍성내의 건물들

| | 新增東國輿地勝覽 | 東國輿地志 | 輿地圖書 | 光州邑志(1872년본) |
|---|---|---|---|---|
| 건물명 | 客館<br>喜慶樓(在客館北)<br>皇華樓(在客館北)<br>鳳笙亭(在皇華樓東) | 客館<br>鄕射堂(在客館東)<br>鍊武堂(再客館東)<br>喜慶樓(在客館北)<br>皇華樓(在客館北)<br>鳳笙亭(在皇華樓東)<br>北樓(城北門樓)<br>南樓(城南門樓)<br>西樓(城西門樓)<br>東樓(城東門樓) | 衙舍<br>客館<br>鄕射堂<br>訓鍊廳<br>喜慶樓<br>皇華樓(在客館南)<br>鳳笙亭(今廢)<br>拱北樓(在州北五里)<br>笑嚬軒月小樓<br>(在衙舍西邊)<br>邑倉<br>軍器庫 | 衙舍何暮堂(在客館東)<br>客舍<br>鄕射堂<br>訓鍊廳<br>喜慶樓(在客舍北)<br>皇華樓(在客舍南)<br>拱北樓<br>笑嚬軒月小樓<br>(在衙舍西十步許) |

이 누문 앞, 현)광주일고에서 북동쪽으로 향하여 현)광남로를 끼고 있었던 마을이 '역촌'이었다고 하는데, 기록상으로는 누문 바로 옆 충장로 변에 보통원이 있었을 것으로 추정된다. 사령이 새로 부임해 올 때 여기에서 식사도 하고 의관을 정제한 후 북문을 통하여 객사로 이어지는 "남북대로"를 따라 풍각을 울리며 입성하였을 것이다.

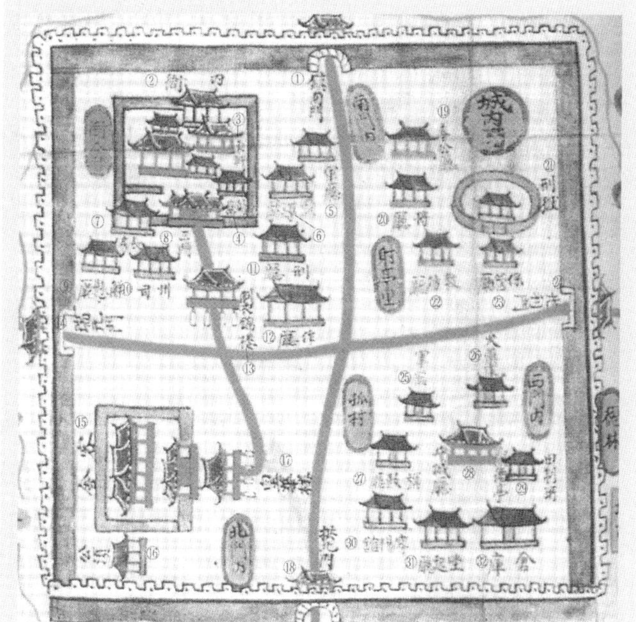

〈그림 19〉 광주목 지도(1872년)의 광주읍성 부분

동문인 서원문은 동구 궁동의 옛 문화방송건물과 전남여고의 뒷담 부근이고, 서문인 광리문은 불로동에서 광주 미문화원이 있었던 곳으로 들어가는 네거리였다. 남문인 진남문은 남동의 옛 광주시청에서 전남대 의대병원으로 가는 삼거리 부근이라고 한다.

〈그림 20〉 도청 뒤편 광주읍성 석축흔적

위의 지리지를 통하여 볼 수 있는 바와 같이 광주읍성은 조선시대를 통하여 광주목성(光州牧城)이거나 광산현성(光山縣城), 혹은 무진군성(武珍郡城)으로서 역할을 하여 왔다. 그러나 일본에 의해 대한제국이 패망할 무렵에 이르러서는 읍성으로서의 역할을 더 이상 못하고 헐리게 되었다. 더욱이 한말의 의병활동이 더욱 활발해지자 일본군은 광주에 대대본부를 두고 1909년에 이른바 '남한폭도 대토벌작전'이란 작전을 전개하면서 광주읍성을 본격적으로 허물고 철거된 자리를 따라 도로를 개설하였다. 이 도로를 중심으로 일본인의 시가지가 형성되어 갔는데 오늘날의 충장로 2가, 3가 등의 상업중심지가 새롭게 형성되는 계기가 마련되었던 것이다.[11] 읍성의 철거는 1908년부터 1916년의 누문의 철거까지 8년에 걸쳐 진행되었다 하는데[12] 성벽을 따라 새로운 시가지가 조성되면서 이제는 그 형체를 찾을 수 없게 사라지고 말았다.[13] 현재 부분적으로 나마 도청부지의 뒤쪽에 남아 있고[14], 서측과 남측의 성벽 일부가 발굴조사[15]에 의하여 발견되었다.

### 2) 성외의 공간구조

광주는 풍수지리상으로 이무기가 용이 되어 여의주를 물고 하늘에 오르는 화룡승천의 형국이라 한다. 신안동에 있었던 태봉산(胎峰山)은 바로 승천하는 용의 입에 물린 여의주에 해당하는 산이었다. 한편으로 광주의 지세를 인체나 학에 비유하고 있는 설도 있다.[16]

성외의 주요시설로서는 소위 3단1묘(三壇一廟)가 있었는데, 이는 사직단(社稷壇), 성황단(城隍壇), 여단(厲壇), 문묘(文廟)[향교]를 말한다. 사직단은 오곡의 풍성을 기도하는 제단을 뜻하고, 여단은 주인 없는 귀신 즉 맹수와 독충에 해를 입거나 억울하게 죽은 사람의 혼령

11) 송인성, 김광우, 「광주도시계획사연구」, 광주직할시, 1992.
12) 박선홍, 앞의 책, p.34.
13) 김동수, 앞의 책, p.46.
14) 광주광역시 문화재로 지정되었음
15) 광주시립민속박물관, 「광주읍성」, 1997.
16) 나경수 · 서해숙 · 김지현, 광주읍성의 ㅁ傳과 민속, 「광주읍성유허 지표조사보고서」, 전남대학교 박물관, 2002, p.96.

을 위로하기 위한 제단이며 성황단은 고을 전체를 위한 진호의 신단을 말한다.

먼저 사직단은 사직공원의 이름에서 그 유흔이 현재 남아있다. 사직단의 위치는 구)KBS광주방송국 옆, 구)동물원 정문 근처에 영귀정이라는 정자가 있고 담장 안에 정방형으로 된 두 개의 단이 있었다고 전하고 있다.[17] 바로 이 두 개의 제단에 각각 성신과 곡신을 위한 제물을 바쳤을 것이다. 사직단에서 이루어지는 사직제[18]는 춘(2월) 추(8월) 2회에 걸쳐 있었다. 여단의 위치는 계림초교와 광주고교의 뒷산 언저리인 일명 경호대의 자리로 추정되고 있다. 성황단 역시 그 정확한 위치를 규명할 수 없으나, 현)조대의대병원 부근에 있었다고 추정된다.

문묘는 향교에 있는 공자의 위패를 모신 사당을 말한다. 물론 광주향교는 지방에 건립된 관학으로서 조선초기에 건립되었을 것으로 추정되며, 여느 향교와 마찬가지로 제향공간인 대성전과 교육의 공간인 명륜당을 비롯하여 동서무와 동서재도 함께 자리하고 있다. 읍지에 의하면 향교는 원래 장원봉 아래에 있었다가 성내로 옮겼고, 성내가 저습하여 다시 성밖 지금의 위치로 이건하였다고 하는데, 이와 같

〈그림 21〉 신안동에 있었던 태봉산

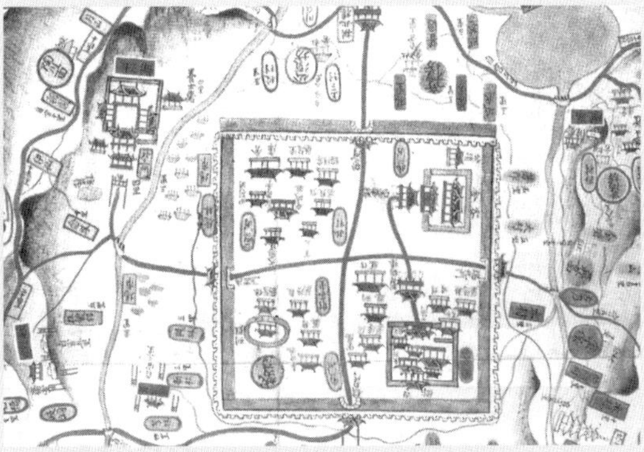

〈그림 22〉 광주목 지도(1872년) 중 3단(壇)과 향교의 위치

〈그림 23〉 광주향교 대성전

17) 1924년 사직단 주변에 일본 황태자 결혼을 기념하는 신 공원을 조성하여 1943년 조선시가지 조성 계획령에 의해 원래부터 있던 사직단에서 유래한 '사직공원'이라는 명칭으로 재구성되었다. 이후 1960년대말 사직동물원이 구성되면서 사직단이 헐리웠다가 1994년 4월에 사직단을 다시 복원 하였다.

18) 1894년 제사의 폐지와 함께 중단되었다가 1994년 사직단 복원과 함께 부활하였다.

〈그림 24〉 유동 일대의 유림수 (1917년)

이 향교가 성내로부터 성외로 이전한 것은 광주만이 아니라 다른 고을에서도 흔히 있었던 일이다. 이는 조선왕조후기의 사회적 변동을 보여주는 한 단면이 아닐까 한다.

역로는 전국을 이어주는 중요 도로였다. 이 길을 따라 적당한 거리마다 역 또는 원과 같은 숙박시설이 설치되어 있었다. 역에는 역마가 배치되어 있어, 관인이 이동하면서 역졸로부터 다음 역까지의 교통편의를 제공받을 수 있었다. 누문에서 구 시청 옆길을 따라 경양역에 이르는 길은 전주감영 또는 도성인 서울로 통하는 중요 역로로 이어졌다. 이 길은 지금은 매립되어 없어져버린 경양방죽의 둑을 이루기도 하였는데, 둑길 양편에 늘어서 있던 "임수(林藪)"는 현 유동, 임동 일대에 있었던 유림수에 버금가는 가로숲을 이루었다고 한다.

평나무, 귀목나무 등 80여종의 수목이 밀집한 "유림수(柳林藪)"는 현재의 누문동에서 유동과 임동을 거쳐 일신방직 앞으로 난 길 양옆에 조성되었다.[19] 현재 유동이니 임동이니 하는 동네 이름도 모두 여기에서 유래한 것이다. 그래서 옛날에는 이 거리를 버드리라고도 불렀다고 한다. 이 숲은 1968년에 교통에 방해가 된다고 하여 모두 베어버렸다.

경양방죽은 세종22년(1440)에 만들어져 500년을 이어온 인공호수였다. 지금의 광주고등학교와 계림초등학교 앞쪽으로 부채꼴 모양으로 펼쳐진 아름다운 곳이었다. 면적은 약 46,000평, 수심 10m의 논물대기용으로 만들어져 나중엔 유원지로까지 발전되었다. 2~3백년된 거목들이 우거지고, 팽나무, 왕버들나무, 수양버들나무가 즐비해 광주시민의 휴식과 낭만공간이었다. 그러나 1950년대에는 방죽에 무분별한 쓰레기 투기로 저수지 기능을 상실하였고 1966년에 이르러서는 경양방죽이 수원지 기능이 사라지고 오염원 제거와 도시확장을 이유로 매립공사가 시작되었다. 당시 금남로 확장 등 도시발전기금을 중앙정부에 요청했으나 거절당하자, 신안동 태봉산을 헐어 그 토석을 일부 판매하고 일부는 경양방죽을 매우는 데 활용하였다. 이러한 과정에서 지금의 계림동 일대의 시가지가 조성되었고 이로 인

19) 최윤상, 광주60년사〈13회〉, 새전남, 전남공론사, 1972, p.116.
박선홍, 광주1백년 2권, 금호문화사, 1994, p.240.

하여 생긴 자금으로 금남로 일대를 개발하기에 이르렀다.

경양방죽 위쪽 현 서방시장 부근에 경양역이 있었고 이에 딸린 역촌도 있었다. 역로가 관인의 육상교통을 위한 시설인 반면, 세곡의 운반은 주로 수운을 이용하였는데 세곡의 집결지 또는 중계지에는 창이 설치되었다. 광주목의 서창(西倉) 및 동창(東倉)이 바로 이 경우이다. 서창은 극락창(極樂倉)이라고도 하였는데 극락원, 극락시 모두 동일한 장소가 아니었을까 한다. 서창, 동창과는 별도로 성내에는 읍창(邑倉)이 있었고 읍사방(邑四坊) 및 각 면에는 토고(土庫)가 각각 하나씩 설치되어 있었는데, 모두 사창(社倉)이라고도 하였다.

〈그림 25〉 메워지기 전의 경양방죽

〈그림 26〉 구한말 광주천변의 시장 (차종순 교수 제공)

1896년에 지방제도의 개혁에 따라 전라남도관찰부가 설치된다. 이로써, 대한제국시대의 고지도에 표시되어 있듯이, 광주목의 동헌이 전라남도 관찰부 "영청(營廳)"이 되고 광주군의 청사 "동헌"은 객사의 한 부속건물에 설치된다. 남문을 통하여 성내로 들어오면 길이 두 갈래로 나뉘어 지고 각각 (원)동헌과 객사로 향하였다는 것을 지적원도(1912)에서 확인할 수 있다.

장시(場市)는 조선후기에 발달한 것이다. 광주의 경우 읍시(邑市)로서는 매월 음력 2, 7일에 서는 큰 장과 4, 9일에 서는 작은 장이 있었다. 둘 다 광주천의 유역변경으로 형성된 모래밭 위에 있었는데, 큰 장은 공수방(公須坊)에 속한다 하여 공수시(公須市), 작은 장은 부동방(不動坊)에 있다하여 부동시(不動市)라고도 하였다.[20]

20) 광주시사 2권, 184쪽.

## 4. 근대 도시로서 광주면 : 1896~1919년

### 1) 광주면의 성립

1876년 강화도조약으로 개국하게 된 조선은 신문물의 유입과 새로운 사조의 도입으로 급격하게 전통적인 봉건체제가 무너져 가고 있었다. 구조적 모순을 안고 등장한 조선봉건사회는 왜란과 호란을 겼으면서 흔들렸으며 17-18세기에 들어서면서는 농촌사회의 동요와 상공업의 발달, 그리고 평면의식의 성장으로 봉건질서 체제가 붕괴되어 갔다. 특히 실학사상의 등장은 비록 집권양반들로부터 배척당했지만 사회발전을 이끌어 갔고 개국과 함께 개화사상으로 변하여 근대화추진의 사상적 기반을 제공하였다.

〈표 3〉 1895년 광주군의 41개면

| 당시면 | 현 재 지 역 | 당시면 | 현 재 지 역 |
|---|---|---|---|
| 성내면 | 충장로 1가~4가, 금남로 1가~4가, 광산동 일부 | 군분면 | 농성동 일대 |
| 두방면 | 동명동, 산수동, 지산동 일부 | 당부면 | 효덕동 일대 |
| 부동방면 | 금동, 양림동, 서동 일부 | 선도면 | 대촌동 일대 |
| 공수방면 | 구)충수동 일대 | 내정면 | 상무동 동부일대 |
| 기례방면 | 삼성동, 남금동 일부 | 마지면 | 본촌동 일부 |
| 경양면 | 구)효죽동 일대 | 방하동면 | 서창동 북부 |
| 상대곡면 | 청옥동 일대 | 고내상면 | 송정동 동부 |
| 석보면 | 충효동 | 독산면 | 송정동 |
| 옹정면 | 남구 주월동 일부 | 흑석면 | 하남동 |
| 지한면 | 동구 지원동 | 거치면 | 하남동 오산 |
| 효우동면 | 지원동 남부 | 와곡면 | 비아동 남부 |
| 유등면 | 송암동 | 소지면 | 송정동 중부 |
| 계촌면 | 서창동 계촌 | 동각면 | 동곡동 일부 |
| 대지면 | 남구 대촌동 | 마곡면 | 동곡동 일부 |
| 칠석면 | 남구 칠석동 | 하대곡면 | 청옥동 북부 |
| 이변보면 | 문화동 일대 | 황계면 | 운암동 일부 |
| 우치면 | 북구 우치동 | 석제면 | 구)효죽동 일부 |
| 삼소지면 | 북구 삼소동 일대 | 천곡면 | 광산구 비아동 일부 |
| 대치면 | 담양군 대전면 일부 | 소고룡면 | 장성군 임곡면 남부 |
| 갈전면 | 담양군 대전면 일부 | 와지면 | 북구 오치동 일대 |
| 덕산면 | 유덕동 덕산부락 | | |

1895년 대한제국의 황제 고종은 지금까지의 8도제를 폐지되고 23부제를 실시하였다. 종전의 대·소·읍은 모두 고쳐 군으로 하고, 군에는 군수 1인씩을 두었으나 이듬해 1896년 8월에 부제를 다시 고쳐 전국을 13도·7부·1목·331군으로 나누었다. 또 다시 군을 면으로 나누어 면장을 두었는데 당시 광주군은 41개의 면으로 형성되었다.

갑오경장(1894)과 더불어 우리나라의 도시는 획기적인 변화를 가져오게 된다. 이때 읍성도시 광주는 조선왕조 초기와는 상당히 다른 모습을 보여주고 있는데 성 밖 천변에 큰 장과 작은 장이 번갈아 서고, 그 주변에 주거지가 형성된 반면, 원래 읍사방의 하나였던 편방(片坊) 쪽은 인가가 드물게 나타나고 있었다. 또한 서문 밖 작은 장[不動市] 주변의 주민구성은 갑오경장이후 광주의 도시 개조적 변화를 상징하게 되는데 구) 황금동 동명호텔자리 지역 보작촌에 일본인의 정착이 시작되었으며 1915년 최초의 독립된 면사무소를 조영하였던 곳도 이곳이었다.

근대도시 광주의 형성은 1896년 전라남도관찰부의 설치와 1897년 목포의 개항을 기점으로 근대도시로 발전할 수 있는 계기를 마련하게 된다. 목포의 개항은 대한제국의 개방정책을 수행하는 주요 거점이라는 점에서 새로운 문물에 대한 수요가 강할 수밖에 없었고, 이러한 문물의 매개자인 서양인 그리고 일본인의 도래를 용이하게 한 것이었다.

한국정부에게 협조적이었던 일본정부는 러·일전쟁(1904) 이후 1906년 광목간 '신작로'공사가 1907년 광주교 가설공사와 더불어 북문까지 1차 준공되고, 이어 1912년까지 읍성을 전면 철거하게 된다. 이즈음 보듯이 광주는 목포에서 내륙으로 통하는 군사적, 경제적 연결통로의 성격을 지닌 도시로 바뀌게 된다. 이러한 상황에 개화파 관료 윤웅렬이 초대관찰사로 부임하고 직제의 변화와 함께 종래의 동헌에 영청(營廳; 도청)이 설치되고, 종래의 객사에 광주군청, 그 밖에 경무청, 지방대, 우체사, 전보사 등 신설된 관아가 성안에 건축되어 가게 된다.

〈그림 27〉 광주경찰서 (1947년)

※ 경찰서는 본래 충장서림 자리에 있다가 1930년대 중반 현) 동부경찰서 위치로 이설(위 사진은 이설 후 건물임)

1909년의 광주경찰서 공사는 일련의 '신건축'을 여는 신호였고, 1912년 말에는 해체된 성벽자리 및 그 내부에 새로운 격자가로망이 거의 완성되어가고 있었다. 오늘날 우리가 '예술의 거리'라고 부르는 도로도 그 한 부분이었다. 우편국에서 북문터에 이르는 북문통[충장로]가 상업 및 금융 중심가로 자리 잡고, 서외리[황금동]에 일본식 유곽이 설치된 것도 이 즈음이다. 러·일 전쟁 이후 황금동에 터를 잡은 일본인에게 성안 토지가 불하되면서, 현)중앙초등학교 터에 일본인소학교를 신축이전하고, 현)도청자리에 도청을 신축함과 더불어 주거지가 현 예술의 거리 쪽으로 중심이 이동하였다. 향교 뒷산에는 공원 및 신사가 조영되었고, 1등도로 광목선은 북문터에서 다시 서울을 향하여 임동 쪽으로 뻗어나갔다. 임동에는 농업교육 및 실습시설이 설치되고 있었다. 이러는 과정에서 길을 가로막고 있었던 누문은 1916년 철거되었다.[21)]

1912년 당시 광주면은 성내면, 공수방면, 기례방면, 두방면의 4개면이 공동으로 사무처리를 했고 경비도 공동으로 부담하였다. 당시 동리는 성내가 5개리, 성외가 16개리로 되어 있었다. 그때만 해도 도처에 초가집이 둘러싸이고 길들은 얽혀 황혼에는 온돌의 연기가 자욱했었고, 누문을 철거하고 성벽을 붕괴한 동시에 탄탄한 넓은 도로가 동서를 관통하고 점차로 시가구역을 정리하는 한편 초가집을 뜯고 와가 또는 양철 지붕인 일본풍 가옥이 계속 건축되어 가고 그중에서도 본정통에는 일본인의 상포(商鋪)가 즐비하게 되었다고 일본인 키따무라(北村友一郞)가 쓴 기록에 나타나 있다.[22)]

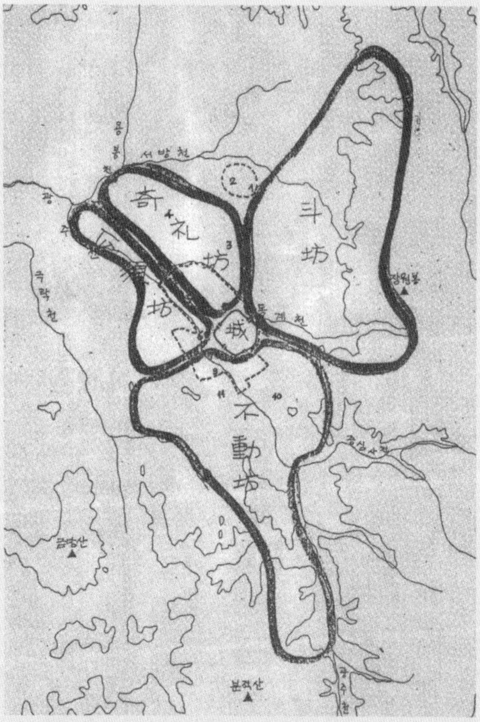

〈그림 28〉 광주읍성과 4방(坊)

다시 1913년 조선총독부는 전국의 지방 행정구역을 개편하였다. 그중 광주군에 속한 각면은 광주면[23)]을 비롯 지한면, 석곡면, 우치면, 본촌면, 비아면, 하남면, 임곡면, 송정면, 동곡면, 서창면, 대촌면, 극락면, 서방면, 효천면 등 15개면이었다.

광주면의 경우 4개면을 기본 골격으로 궁정통, 동문통, 서문통, 남문통, 북문통, 동광산정, 서광산정, 서성정, 북성정, 중정, 화원

---

21) 건축문화의 해 기념 학술 심포지엄 "광주건축 100년의 회고와 전망", 김광우, 1999.

22) 광주광역시, 광주시사 2권, p.85. 「광주지방사정(光州地方事情)」이라는 기록임.

23) 1913년 성내면, 공수방면, 기례방면, 두방면 4개의 면을 합쳐 광주면이라 명함.

정, 부동정, 금정, 서남리, 금계리, 향사리, 성저리, 수기옥정, 누문리 등 총 19개 里·町·通이 포함되어 있었다. 일본이 이같이 행정구역을 폐합 조치한 것은 통치의 집약적 단일화로 소수의 인원 배치만으로 행정효과를 극대화하려는 목적이었다.

조선총독부는 그들의 행정상 지배권을 강화하기 위하여 1917년 면제 공포로 지정면과 보통면을 구분했는데 1917년 10월 면제시행령에 의해 광주면을 지정면으로 하였다. 그 당시는 전국에 24개 면을 지정면으로 지정했으나 1923년에는 17개 면을 증가하여 41개 면으로 수를 늘렸다.

지정면과 보통면의 차이점은 일본인이 비교적 많이 거주하고 가로나 점포가 시가지의 면모를 갖추고 있는 곳을 선정하였다. 지정면은 주로 상공업지로 발달하여 공공시설을 많이 필요로 하는 곳에 호구 1천 5백호 이상이 되어야 했고, 그 중 1/2이 집중적으로 거주하고

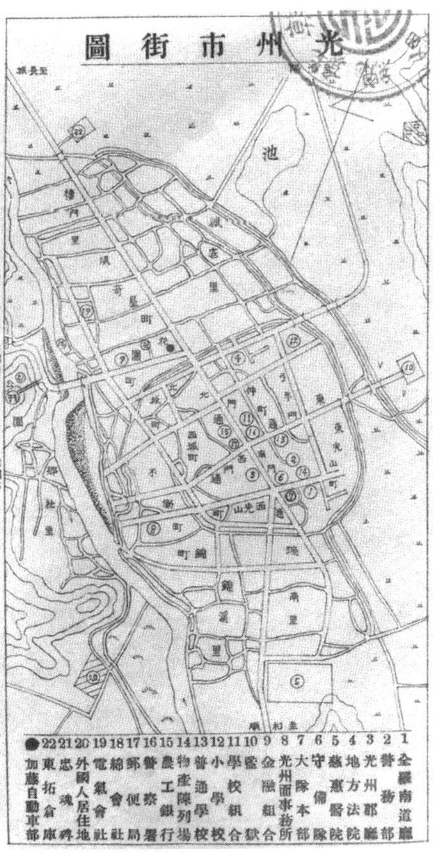


〈그림 29〉 광주시가도 (1917년)

※ 광주지방사정(1917년)에 수록된 내용

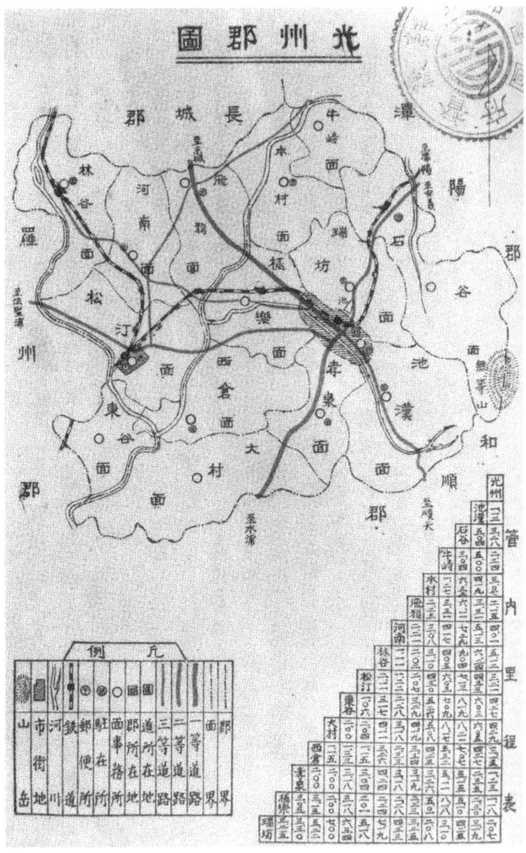


〈그림 30〉 광주군도 (1930년)

※ 『전라남도사정지』(1930년)의 「光州の部」에 수록

있으며, 협의회원 선거권을 가진 자가 수백명 이상이어야 했다. 그리고 또 면 부과금이 매호당 평균 7원 이상의 부담력을 가진 곳이 아니면 지정면의 자격이 없었다.

광주면이 지정면이 되면서 부터 마을의 명칭이 일본식으로 바뀌게 되는데 "정(町)"이란 단어가 그것이다. 또한 지정면이 된 후에는 이들 명칭을 모두 "통(通)"[토오리] 또는 "정(町)"[초오 또는 마치]으로 개칭하게 하였다. 일부지역은 "리"로 혼용하기도 했다.

**〈표 4〉** 1917년 광주면 지정 이전의 마을 명칭

※ 현 위치는 대체로 그 부근을 표시

| 당시면 | 마을명칭 | 현 위 치 | 당시면 | 마을명칭 | 현 위 치 |
|---|---|---|---|---|---|
| 부동방면 | 서남<br>방수<br>호연<br>금계<br>보작<br>서외 | 서석동<br>학동<br>학동<br>학동<br>황금동<br>황금동, 불로동 일부 | 기례면 | 성저<br>후리<br>보통<br>누항 | 금남로3,4가, 궁동<br>금남로4가, 대인동<br>금남로4가, 대인동<br>북동 |
| 성내면 | 남내<br>서내<br>북내<br>사정<br>고촌 | 광산동<br>광산동<br>금남로 1가<br>광산동, 금남로1가, 충장로1가<br>대인동 | 공수방면 | 상촌<br>하촌 | 충장로 3,4가, 양동<br>금남로 3,4가 |

**〈표 5〉** 1917년 광주면 지정 이후의 마을 명칭

| 바뀐 명칭 | 현 위치 | 바뀐 명칭 | 현 위치 |
|---|---|---|---|
| 동문통 | 금남로 2가, 궁동, 대의동 일부 | 금정 | 금동 일부 |
| 서문통 | 금남로 1가, 황금동, 충장로 1가 일부 | 중정 | 금남로2가, 궁동 일부 |
| 남문통 | 충장로 1가, 광산동 일부 | 궁정 | 궁동 |
| 북문통 | 충장로 3가 일부 | 서남리 | 서석동 일부 |
| 서광산정 | 충장로1가, 황금동, 광산동 일부 | 금계리 | 학동, 금동 일부 |
| 동광산정 | 대의동, 금남로 1가 일부 | 향사리 | 사동, 구동 일부 |
| 서성정 | 황금동, 불로동 일부 | 성저리 | 대인동 일부 |
| 북성정 | 금남로1가, 충장로1가 일부 | 누문정 | 북동, 누문동 일부 |
| 화원정 | 호남동 일부 | 양림리 | 방림동, 양림동 일부 |
| 부동정 | 황금동, 불로동 일부 | 교사리 | 서동, 구동 일부 |
| 수기옥정 | 수기동, 충장로5가 일부 | 원촌리 | 동명동, 서석동 일부 |

## 5. 광주면의 시가경영(1920-1930)과 도시발전

기미년 3월 독립만세사건이 전국적으로 일어나자 광주에서도 장터에 사람들이 모이면서 터져 나온 만세소리는 그간 억압된 광주사회를 뒤흔들기에 충분하였다. 이를 진압하기 위하여 수비대 병력을 광주를 비롯한 전국각지에 파견하는 등 물리적 폭력을 사용하지 않을 수 없었던 조선총독부는 그 이듬해인 1920년 문화정치를 표방하면서 지방자치제의 실시를 위한 지방관제의 개혁을 단행하기에 이른다.

이 무렵에 광주의 도시체계에 커다란 변화를 주었던 일들 중에서 가장 대표적인 것을 들면 아무래도 도시계획법의 출현에 의한 시가계획, 면3대계획, 시가구획정리 등이라 하겠다. 이들을 구체화한 것들로 하수도설치, 하천개조, 시장정비, 광송간 철도부설 등을 들 수 있겠다.

1919년 이후 읍성도시 광주는 일본의 도시계획법의 개혁으로 새로운 국면을 맞게 되며 1920년을 전후하여 총독부의 지방도시정책도 변화되어 가게 된다. 1910년대에 일본의 제국주의적 필요에 입각하여 전국토를 개조하기에 급급하였고 이를 위하여 각종 토목사업을 직접 경영하여야 했던 조선총독부는, 토지조사사업의 실시와 더불어 지방행정제도를 정비하였고 각종 도시적 시설경영의 주체를 부 및 지정면 위주로 하고 각종 개발사업에 일본의 민간자본이 참여할 수 있도록 하면서 "허가" 및 "보조"를 통하여 전국적인 통제를 기하는 간접적 방식으로 전환해 나갔다.[24)]

1920년에 실시된 면의회선거전에 나온 이슈와 콜레라의 만연에 의해 '대광주건설'이라는 과업이 있었으나 실제로 광주시(광주면)가 '시가계획'을 시작하게 된 것은 1925년 1월 일본에서 차출 되어온 倉品益太郞[25)]이 광주군수를 사직하고 광주면장으로 취임하면서부터 이다. 그는 광주군수 재임시절 1920년 8월 광주면의 시가계획을 지도하였는데 1925년에는 그 계획을 실제로 경영하는 광주면의 사업 책임자가 되었다. 그의 수완에 힘입어 광주면은 1925년 면 정문을 정하고 면사무소를 신축 이전하였으며, '시가미화정화 면3대계획'[26)]을 수립하여 1926년 이후 계속적인 사업으로 대대적인 토목사업을 전개하게 된다.

---

24) 광주광역시, 광주시사 2권, p.194.

25) 일본의 관료로 1910년 한일합방과 더불어 히로시마에서 차출되어 전라남도에 배속된 도내 각 군의 서무주임 및 군수를 역임하다 1925년 광주면장으로 취임하여 1929년 9월 면장을 사임하고 일본으로 귀향한다.

26) 면 3대계획이란 하수도설치, 하천개수, 시장정비 등이다.

‘시가미화정화’를 위한 ‘면3대계획’(1925)과 ‘시가구획정리’(1930)을 통해 읍성도시였던 광주가 현대의 도시구조로 가는 기본 골격을 가지게 되는데 그 내용은 다음과 같다.

1) **하수도설치** : 1926년부터 1928년까지 3개년 사업으로서 국고의 보조로 시행한 광주 최초의 근대적 하수도시설 공사였다.

2) **하천개조** : 사직공원 앞 철부 금교 부근에서 양동시장 부근까지의 광주천 폭을 좁혀 직선화하고 천변도로를 개설하였으며 이에 따라 매몰될 하천용지 및 토지를 매립하고 새로 구획하여 시설용지 및 일반대지로서 분양하려는 광주 최초의 신시가지 개발사업이었다. 하천정비사업은 또한 일등도로인 광목선(光木線)을 철도역(현 구역)과 직결하기 위한 “신광주교”(현 광주대교) 교량가설공사 및 구역전통(당시의 수기옥정 부분)의 도로신설공사와 묶여 있었다.

〈그림 31〉 철근콘크리트로 개량된 광주교 (1935년)

하천정비사업은 또한 도로계획을 통하여 공원계획과도 연결되어 있었다. 1924년 광주면은 일본왕세자의 결혼을 기념하는 사업으로서 현 사직공원일대를 “기념공원”으로 지정하여 조성하고 한편으로는 구강공원(현 광주공원)의 시설을 확장하여 두 공원과 천변도로를 연결하는 자동차 일주도로를 계획하였다. 이 두 공원의 출입구에 해당하는 교량 및 계단 등의 시설계획도 당연히 유기적으로 연결되어 있었을 것이다. 공설운동장은 현 양동시장자리의 매립지에 1931년 4월에 시설되어 이후 주로 야구장으로 사용되었다.

3) **시장정비** : 하천정비사업의 일환으로 장이 없어지고 대신 현 사동(당시 鄕社里)의 매입지에 “광주시장”이 설치되었다. 1921년 초 “대광주계획”이 “시장병치정리(市場併置整理)”를 포함하고 있었지만, 기미독립만세운동의 직후였던 당시에는 이것이 “연병장” 내지 “군영”의 설치와 연계되어 있었다. 그러던 것이 “공설운동장”의 설치로 변화하였을 뿐이다.

"광주시장"은 계획당시의 명칭으로서, 그 일대의 동명이 1930년 4월 시가구획정리에 따라 "향사리"에서 "사정(社町)"으로 바뀌었기 때문에 "사정시장(社町市場)"으로 불리우게 된다.[27)]

〈그림 32〉 광주역사 (1931년)

※「광주요람」에 수록된 사진임

이 무렵, 광주도시구조에 커다란 변화를 준 일은 호남선철도공사 이래 광주의 숙원이었던 광송간 철도부설이 이루어진 것이다. 국유철도 호남선 송정역에서 분기하여 신설 광주역(현 구역)에 이르는 남철선(南鐵線)이 1922년 7월 개통되었다.

그러나 이 무렵부터 광주를 비롯한 전남 각지에 철도기성회가 조직되는 등, 새로운 남철선의 노선문제를 둘러싼 지역간의 경쟁이 전개되고 우여곡절 끝에 광주역(구역, 현)동부소방서)에서 분기하여 신설 신광주역(후에 남광주역으로 개칭)을 통과, 광주면의 시가지 외곽을 남회하여 여수항에 이르는 남철(南鐵) 광려선(光麗線)이 건설되어 1930년 가을 개통되기에 이른다.

그 후 조선총독부는 1934년 "조선시가지계획령"을 제정하게 된다. 이 계획령은 해방 후에도 사용을 하다가 1962년 우리나라의 도시계획법과 건축법이 제정되면서 폐지가 된다. 1939년 광주에서도 최초의 시가지계획을 수립하여 공포하였는데, 경양방죽 매립을 통한 인구 15만명 수용 토지 확보, 광주역의 중흥동으로의 이설, 광천동 현)기아자동차 공장 일대에 공업단지 조성 등의 내용이 포함되어 있다.

이 무렵 광주는 1930년 광려선이 개통되어 빠른 속도로 인구성장을 하게 된다. 아직까지 광주는 근대도시로서의 역량을 가지지 못한 상태에서의 인구 증가는 빈민층의 증가를 가중시키는 상황이었다. 이에 도시빈민의 상당수는 도시외곽으로 밀려나면서 시가지에 가까운 광주천 및 경양방죽[28)] 등 주변저습지에 움막치고 사는 이른바 "세민부락"이 형성되게 된다. 즉 도심에서는 일본 상인들이 주로 살고 도시외곽에는 한국인 빈민들이 살게 된 것이다.

---

27) 광주시사 2권, 199.

28) 경양방죽은 세종 22년(1440)년 김방에 의해 만들어져 520여년간 지속되다가 1940년 신무(神武) 기원 2600년 기념사업으로 전)광주상업고등학교와 경호대 일대를 헐어 그 토사로 1차 매립을 하여 일본집단 거주지를 형성한다. 이후 해방되어 1966년 태봉산을 헐어 2차 매립을 하여 전 시청사 일대가 조성된다.

이러한 과정을 거쳐 광주가 1940년 이후로 전주와 군산, 목포 등을 제치고 전라도 제1의 도시로 성장하게된 것은 물론 광주와 여수를 연결하는 철도인 광려선의 개통에 힘입은 바 크다. 뿐만 아니라 광주는 일제에 의한 호남통치의 거점도시로서 경영되었는데 그 예로 구한말 광주에 설치된 재판소의 관할구역이 제주도를 포함한 전라도 전체였다는 점을 들 수 있다. 이는 당시 의병항쟁이 가장 활발했던 지역이 전라남도였고 그 관찰부 소재지가 광주였기 때문일 수도 있다. 또한 광주에는 호남을 대표하는 사범학교도 설치되었다. 이로써 광주는 대구, 평양에 버금가는 제3의 지방 도시로 인식될 수 있었다. 그리고 광주비행장의 개설(1935)은 광주의 군사기지적 성격을 강화시켜줌으로써 훗날 6·25전쟁을 전후하여 전교사[상무대]가 입지하는 기틀이 마련되기도 했다.[29)]

〈그림 33〉 물이 빠진 경양방죽

29) 김광우, 건축문화의 해 기념 학술 심포지엄, "광주건축 100년의 회고와 전망", 1999.

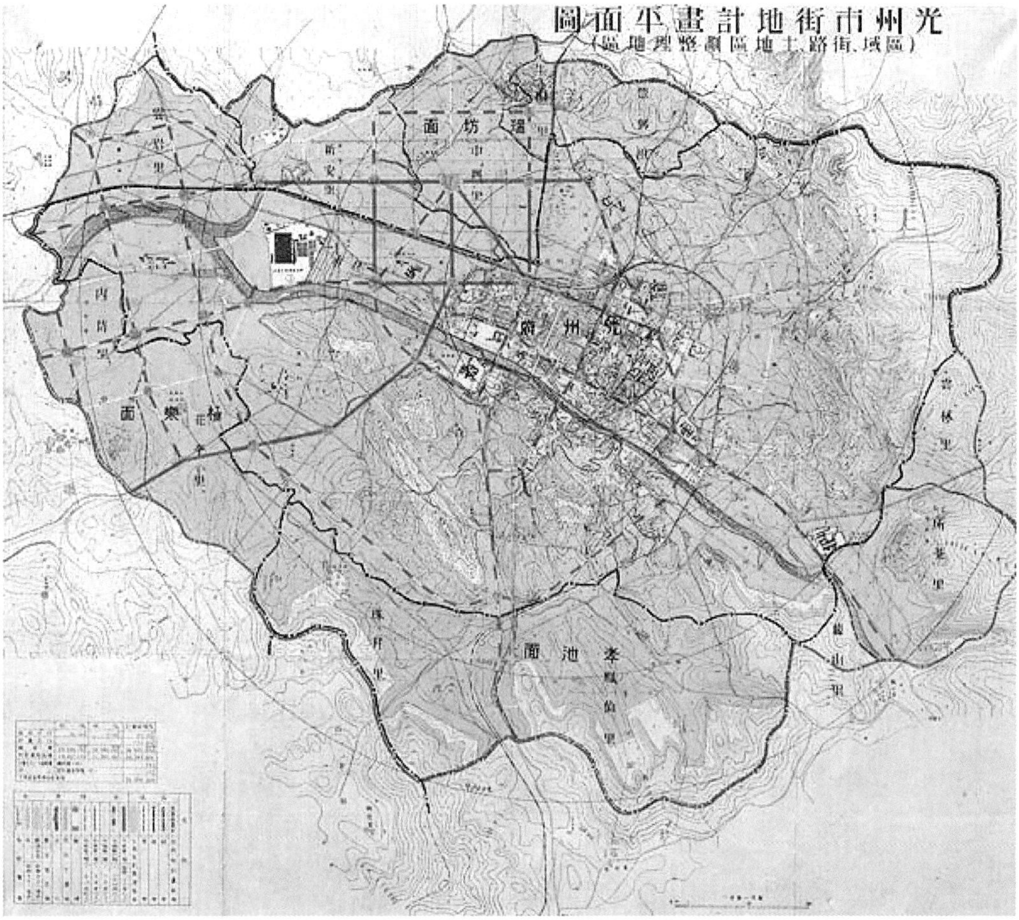


〈그림 34〉 광주시가지계획평면도 (1939년)

사진은 1930년대 충장로 2·3가

# 제2편

# 광주지역의 일제강점기 건축

# 1. 일제강점기의 광주

강제로 우리나라를 병합시킨 일제는 우리의 민족의식을 말살하기 위하여 우리나라의 대표적인 문화유적을 철거하였다. 광주에서의 이러한 대표적인 예는 광주읍성과 중요한 건물들이 헐리어 나갔다. 대외적인 명분은 시가지를 정비한다는 이유였지만 내심에는 이런 속셈이 숨어 있었다. 이런 이유로 1908년부터 8여년에 걸쳐 일제는 광주읍성을 허물었다. 그들은 시가를 정리하여 도로를 낸다는 미명 아래 광주의 소중한 건물인 광산관(光山館), 동헌, 선화당, 내아, 영청 등을 차례로 철거하고 시가 요소를 강점하여 일본풍 가옥이나 건물을 계속 건축하였다.

〈그림 35〉 일제강점기 광주시청사

1913년의 지방행정구역 개편에 따라 종래의 광주군의 面과 里를 폐합하여 광주에 면장을 두었다. 그 당시의 광주는 성벽 안을 성내면이라 했고 성벽 밖에 기례방 · 공수방 · 부동방의 3방이 있었기 때문에 이들을 합하여 한사람의 연합면장을 두었다. 면사무소는 1913년 한말의 객사인 광산관 부속건물 1동을 가청사로 쓰다가 두세 번의 이전 끝에 1924년 서광산정(현 광산동) 28번지에 새 청사를 신축하였다. 이것이 (구)시청사로써 본관 55평과 부속건물 5동 56평이었다.

일제는 그들의 행정상 지배권을 강화하기 위해 1917년 면제 공포를 하면서 지정면(指定面)과 보통면(普通面)을 구분하였다. 지정면이 보통면과 다른 점은 일본인이 많이 거주하고 가로나 점포가 있어 시가지의 면모를 갖추고 있는 곳을 선정하였다. 지정면이 된 뒤 동리의 이름을 일본식으로 개칭하여 광주의 거리를 동문통(東門通), 북문통(北門通), 혹은 서광산정(西光山町), 궁정(弓町) 또는 향사리(鄕社里), 원촌리(院村里) 등으로 불렀다.

광주의 중요시설은 1910년부터 1920년 사이에 이루어졌는데 광주에 처음으로 전등불이 켜진 것은 1917년 8월이었다. 그해 4월 자본금 5만엔의 '광주전등주식회사'를 설립하고 5월부터 착공하여 3개월 만에 송전하게 되었다. 전선은 고압선 · 저압선을 합하여 연장 9Km였고 전주(電柱)는 대 · 소 합하여 2백개였다. 당초에는 발전소를 송정리에 두고 광주-송정리 간 지역에도 송전할 계획이었으나 이 계획을 변경하여 우선 광주의 중심가에만 공급키로 하였다. 발전기는 공급능력 3천5백 등 규모로 아주 우수한 것이었는데 우선은 1천 등만 가설, 공급하였다. 그 후 1921년에는 전등수가 3,095등으로 늘었고, 1926년에는 9,030등으로 증가 되었다.

광주에 최초로 상수도가 통수(通水)된 것은 학운동 증심사 길 왼편에 있는 제1수원지가 건설되면서 부터다. 이 수원지는 21만1천6백엔의 공사비를 들어 1917년 10월에 착공하여 3개년의 공사 끝에 1920년 5월에 준공했다. 이 수원지는 광주의 지하수에 적응하지 못하는 일본인들에 대한 급수를 위해 서둘러 시설한 것으로 저수능력 9만1백63㎥에 급수능력 8천 명 밖에 되지 않는 소규모였다.

광주에서 전화가 처음으로 개통된 때는 1908년 7월이다. 이때는 일본기관의 군용 · 관용으로만 사용되었고, 1911년 4월에는 1백6명의 가입자에 3명의 교환원이 보통교환 업무를 시작하고 자석식 교환대를 설치한 교환업무가 대중화된 것은 그 이듬해인 1912년 6월 이었다. 이때 광주에는 1백38대의 전화가 가설되고 우편국에는 9명의 여자 교환원이 3명씩 3교대로 근무하여 교환업무를 담당하였다.

한편, 광주에 전보가 개통된 것은 1902년 1월 목포와 광주 간이 었고 광주에는 전보사(電報司)가 설치되었다.

광주에 철도가 가설된 것은 1922년 7월이다. 1914년 1월 목포에서 우리나라 4대 간선의 하나인 호남선이 개통되었고, 1921년 4월 남조선철도주식회사에 의해 광주-송정 간의 철도가 착공되어 1922년 7월에 개통을 보았다. 이 선로는 처음에 사설철도로 전남철도주식회사에 의해 개설되었고 그 이듬해 1923년 9월 남조선철도주식회사와 합병, 전남선이라 했다가 1928년 1월 1일 조선총독부가 이 철로를 매수하여 국유화 하면서 광주선이라 했다. 1929년 광주선(송정-광주-담양)을 전라선(이리-전주-순천)의 금지역까지 연장키로 부설 계획을 세웠으나 자금난으로 착공하지 못하다가 10년 후인 1939년 11월 우선 노반 공사에 착수했다.

광주-담양-순창-금지간 65Km 가운데 1922년 12월에 운전을 개시한 광주-담양간을 제외한 담양-순창-금지간은 노반공사가 일제 말에 완공돼 레일만 깔면 철도가 개통되게 되었으나 태평양전쟁이 치열해지자 심한 물자난으로 그 실현을 보지 못 하고 해방을 맞이하게 되었다. 또 모든 쇠붙이를 되는대로 거둬들이던 일제는 1944년 2월 이미 개통되어 운행하던 광주-담양간 철도마저 금속회수령에 의해 철거해 감으로써 폐쇄되고 말았다.

한편 광주-여수간 1백60Km의 철도는 1928년에 착공하여 1930년 12월 학동에 '신 광주역' 역사를 개설했고 1934년에 완공했다. 1948년 4월 '남광주역'으로 개칭하여 현재에 이르고 있다.

한일합병 후 광주면의 인구는 고작 1만여 명으로 일본인의 기록에 의하면 당시의 광주 시가는 흙벽에 초가를 얹은 집으로 둘러싸이고 구불구불하고 좁은 가로에 온돌을 난방하거나 취사를 위한 연기가 황혼에는 눈을 뜰 수 없는 정도였다고 한다.

〈그림 36〉 1920년대 본정통 광주우체국

누문이 철거되고 성벽이 붕괴된 뒤에는 넓은 도로가 동서로 관통되어 차츰 시가구획이 정리되고 기와집이나 양철집이 건축되었다. 그중에서도 본정통 거리는 일본인 점포가 즐비하고 광주우체국 등 큰 건물이 들어서기 시작했다. 이러한 시가 형성단계에서 이미 성외, 성내의 구획은 이루어졌고, 주민들의 거주지역도 일본인들과 혼재하여 살았으나 나중에는 대부분 한국인들은 성외로 옮겨가게 되었다.

옛 성내에 해당하는 동문통, 서문통, 남문통은 시가의 중심으로 주로 일본인 상가가 많았고 수기옥정, 금정(錦町), 부동정, 성저리(城底里), 금계리(錦溪里), 향사리, 누문리, 서남리(瑞南里) 등 舊 城外에 해당한 지역은 일본인들과 함께 살았던 곳도 있었으나 주로 조선인 부락이었다. 이 때 한국인들은 주로 농업에 종사하였는데 반하여, 일본인들은 상업에 종사하는 사람이 압도적으로 많았다. 이 때 농사는 米・麥・棉이 농산물의 수위를 점했고 특히 양잠도 많이 했다. 양잠이 본격화 된 것은 1920년대 이후의 일로 잠사의 가격폭등 때문에 양잠업이 활기를 띄었다.

1926년에 전남도시제사(全南道是製絲)주식회사가 설립된데 이어 1930년 8월에는 종연방적주식회사(鍾淵紡績株式會社) 광주제사공장(光州製絲工場)과 약림제사(若林製絲)주식회사 광주공장이 설립되었다.

광주의 이러한 근대적 공업의 발단은 어디까지나 일본경제의 발전을 위한 예속경제화를 기조로 한 것이기 때문에 근대공업이라 해도 식료품 공업을 비롯한 방적공업 정도의 경공업을 허용하는데 지나지 않았다.

한국인은 재래시장을 많이 이용했다. 광주의 시장은 대소 2개소로, 대시장은 광주교 하류에 있었으며 소시장은 부동정 아래에 있었다. 충장로 상권이 형성된 1920년대 이전의 광주 상권은 광주천이 중심이었다. 당시 부동 방면(지금의 부동교 근처) 넓은 백사장에는 작은 장이 섰고 여기서 광주천을 타고 내려가면 이보다 큰 장이 섰다. 광주천변의 큰 장, 작은 장은 호남지방의 대표적인 장으로 장날이면 호남 각지에서 장사꾼들이 모여 들었다. 따라서 광주천변에는 작은 장과 큰 장을 중심으로 상인들이 모여들어 3백여 세대의 영세 상인들이 백사장에 가건물로 된 상가를 이루게 되었는데 이 재래시장이 변모하게 된 것은 일제 중엽인 1930년대로 접어들면서 부터다.

〈그림 37〉 光州製絲工場

〈그림 38〉 1951년 광주교 아래 모습

일제는 1928년부터 광주천의 물줄기를 바로 잡고 둑을 쌓는 하천 정리 사업을 한 뒤 시장을 정비한다는 구실로 광주 큰 장인 공수방(公須坊) 장과 작은 장인 부동방(不動坊) 장을 합쳐 현재의 광주천 건넌편 사동의 매립지에 사정시장을 개설키로 했다.

광주에 전방(廛房)이 처음 생긴 것은 1911년경이었다. 한일합방 다음해 일본상인 魚谷與藏이라는 자가 광주에 와서 현 산업은행 광주지점 건너편에 「염옥(鹽屋)」이란 일용 잡화점을 차린 것이 효시가 되어 점차 본정일대에 일인상가를 이루게 되었다. 당시 한국 사람으로는 미곡상 혹은 포목상 등이 있었으나 일본인들의 침략적 정책으로 퇴락하고 상권은 거의 일본인들이 장악하고 말았다.

한일합병전의 광주의 금융기관은 광주농공은행(光州農工銀行)이 유일했다. 그 후 1920년 9월 10일에는 호남은행이 충장로 3가에 창설되었다. 호남은행은 광주와 목포를 중심으로

〈그림 39〉 光州農工銀行

〈그림 40〉 1910년 제중병원

한 전남의 지주자본과 상업자본이 적극적으로 참여하여 이루어진 순수한 민족계 은행이었다. 이때 은행의 설립 허가를 받기는 했으나 제 1차 세계대전 후의 경제공황으로 자금을 모집하는데 많은 애로를 겪어야만 했다. 다행히 현준호(玄俊鎬) 등 여러 사람의 출자로 출발한 호남은행은 1933년에는 동래은행(東萊銀行)을 흡수, 그 영업권을 경남일대에까지 확대시키면서 8개소의 지점망을 거느리게 되었다. 그러나 민족계 은행인 호남은행이 착실하게 발전하자 식민지 통치당국은 이에 대한 압력을 가중시켜갔다. 호남은행이 순조롭게 운행되면 이것이 바로 민족께 기업 발전의 발판이 되고 나아가서는 민족운동의 자금원이 될 것이라 하여 항상 감시의 눈초리를 던지고 안팎으로 통제를 가해왔다. 결국 조선총독부와 조선은행에 의해 1942년 서울에 본점을 둔 동일은행(東一銀行)에 흡수되고 말았다.

1912년께 광주의 운수수단은 인력거, 우마차, 수하차와 자동차 2대뿐이었다. 이것들은 한일합병을 전후하여 일본인들이 불편을 덜기 위해 들여온 것들이었다.

의료시설로는 전남도가 운영하는 도립광주의원, 사립으로 미국인 선교부가 경영하는 제중병원, 종연방적공장이 경영하는 종연의원 등 3개 병원이 있었다. 도립광주의원은 1910년 한일합병과 동시에 각도 도청 소재지에 자혜의원을 설치하여 주로 일본인을 상대로 의료행위를 하면서 한국인 환자도 치료하여 왔다. 처음에는 관찰부 서기청(구 미국공보원)의 일부 건물을 개조하여 소규모의 병원을 개설하고 1913년 현재의 전대부속병원 자리에 1만5천여

평의 대지를 마련하고 병원건물을 신축하여 이전하였다.

이 밖에 전염병 환자의 격리치료원으로 혜생원(惠生院)이 1919년에 공사를 착수하여 이듬해 문을 열었다. 그러다가 1940년경에는 개인 개업의원이 늘어나 서석의원, 호남의원, 현덕신의원(玄德信醫院) 등 개인병원이 16개소에 달했다.

1929년 11월 3일 광주고등보통학교 학생과 일본인 중학생들과의 충돌로 시작된 광주학생독립운동은 3 · 1 독립운동 이후의 최대의 민족투쟁이었다. 이 운동은 다음해까지 전국에 파급되어 참가 학교 수는 149개교에 이르고 학생 수는 5만4천명을 넘었다. 광주학생독립운동으로 구속된 학생은 260여명에 달했다.

〈그림 41〉 광주공원의 광주신사

1936년부터 일제에 의하여 강요된 신사참배는 전국의 기독교계 사립학교들이 문을 닫거나 자진 폐교하는 사태를 빚었는데 광주제일 · 수피아의 두 학교와 목포의 정명 · 영흥 등 전남의 4개교가 신사참배에 불참하여 폐교되었다. 특히 수피아 여학교의 경우 폐교를 무릅쓰고라도 신사참배는 못하겠다는 파와 형식적으로나마 신사참배를 하자는 파로 갈려 이 문제로 시민대회까지 개최하였다. 폐교한 후 학생들은 광주여자고등보통학교와 대화여고에 편입되었다. 또한 학교근로보국대라 해서 초등학생들까지 동원, 광주비행장의 집단노동에 수업을 폐지하여 끌고 가거나 산야의 송진따기 작업에 총동원되었다.

광주에서 비정규 교육기관인 사립배영학교가 1908년 설립되었고 이후 교회에 의해 숭일학교와 수피아 여학교가 세워졌으며 역시 광주진료소가 설립되었다. 두 학교는 처음 1907년 유진 벨과 오웬 선교사가 기독교 신자 자녀 교육을 목적으로 남학생 1명과 여학생 3명을 모아 양림동 유진 벨 선교사의 사랑방에서 시작하였다. 특히 가난한 집 어린이들은 돈을 주어가면서 가르쳤다.

그 뒤 학생 수가 증가함에 따라 남학생들은 그대로 두고 여학생들은 따로 프레스톤 선교사의 집 사랑채로 옮겨 교육하였다. 신도들이 계속 늘어나면서 학교교육의 필요성을 느끼게 된 광주의 기독교계에서는 1908년 한국 정부로부터 남학교와 여학교가 인가되었는데

〈그림 42〉 숭일고의 양림동 최초교사

이것이 숭일학교와 수피아 여학교다. 1910년 숭일학교 본관 건물이 완공되어 옮겨갔고, 1911년 4월에는 학생이 70명으로 늘어났다.

이듬해에는 미국인 수피아 여사가 기증한 5천달러로 3층의 회색 벽돌 교사를 짓고 이 건물을 '수피아 홀(Speer Hall)'이라 했는데 학교 명칭도 기증자를 기념하기 위하여 수피아 여학교라 하였다.

숭일학교와 수피아 여학교는 명문학교로 성장해 후일 광주지역 3·1운동의 진원지들 가운데 하나가 되었다. 이 두 학교 학생들은 이 지방 민족운동의 저변을 이루었는데 당시 선각자들에 의해 계몽운동의 일환으로 제창되었던 국산품 애용운동에도 적극적으로 참여하였다. 이들 기독교계 학교는 식민통치 당국의 압박을 종교적 신념으로 극복해 나갔던 바, 일제가 강요하는 신사참배를 끝까지 거부한 끝에 숭일학교는 1937년 8월 1일부터 1945년 11월 21일까지 폐교되었으며 수피아 여학교는 1937년부터 1945년 12월 5일까지 폐교되어 광복 이후 복교되었다.

또한 광주 및 전남지방 최초의 공립실업학교이자 현 광주자연과학고등학교의 전신인 도립광주농림학교가 본과 3년 속성과 1년의 수업 연한으로 1909년 4월 1일 개학하여 같은 해 6월 1일 정식인가를 받고 1911년에 교명을 광주공립농업학교로 개칭하였으며 1947년에 중학교로 1951년에 고등학교로 승격하여 오늘에 이른다.

이후에도 1907년에서 일제에 합병되는 1910년까지 광주·전남지역에서는 적어도 22개의 사립학교가 더 설립되었음이 확인되고 있다. 이들 역시 대부분 합병 후 일제에 의해 공립화되었다가 현재에 이르기까지 지역사회의 초등교육기관으로 이어지고 있기는 마찬가지다.

1944년 2월에는 광주·담양간의 철도궤도까지 철거하여 여수의 新月군영으로 옮겨갔다. 이 광주·담양간 철도는 1923년 조선철도회사가 부설하여 1928년 국유화된 철도로 물자난으로 개설된 궤도마저 철거하여 갔다.

## 2. 양식건축의 도입과 한국근대건축의 출현 : 1896~1910

〈그림 43〉 1917년 광주군청

목포항이 개항되기 한해전인 1896년 봄, 행정구역이 개편되어 전국 8도를 13도로 나누었는데 그때 전라도는 노령산맥을 경계로 하여 전라남도와 전라북도로 분할되었다. 나주에 있던 관찰부를 폐지하고 전라남도 관찰도를 광주에 둠으로 해서 광주는 비로소 전남의 도청소재지가 되었다.

광주에 외래의 주거와 생활양식이 소개된 것은 이 시기경인 1900년대 초이다. 을사조약 이후 일본군이 영주하게 되면서 일본 민간인이 따라 들어오고, 이들은 결국 이 지역의 중요한 분야를 점차 장악하여 갔다. 그들에 의해 일본식 여관(동운여관)과 요정(北村樓, 春乃家), 양조장이 들어섰고, 은행(농공은행)과 금융조합, 학교(광주보통학교)[30]와 병원(자혜병원)[31]들이 문을 열었다.

또한 일본정부는 한국통감부를 설치하여 본격적인 식민시 경영에 나선다. 그 하나의 예는 1914년 대전－목포간 철도인 호남선의 개통이다. 이어 1920년을 전후하여 전북의 군산－전주간 철도가 개설되고 전남의 송정－담양간 철도가 개통된다.

이렇듯 광주는 목포에서 내륙으로 통하는 군사적 경제적 연결통로의 도시로 바뀌게 된다. 이때 직제의 변화와 함께 종래의 동헌에 영청(營廳;도청)이 설치되고, 종래의 객사에 광주군청, 그 밖에 경무청, 지방대, 우체사, 전보사 등 신설된 관아가 성안에 건축되어 가게 된다.

1900년대에 들어 광주로 물밀 듯 몰려든 외국인은 비단 일본인 말고도 광주의 근대화를 촉진시킨 양림동 서양촌의 외국인들을 들 수 있다.

1904년 한국 이름을 배유지(裵裕址)라고 한 미국 남장로교 선교사 유진벨(Eugene Bell, 1868~1925)과 뒤이어 한국 이름을 오원(吳元 또는 오기원)이라고 한 같은 미국인 의료 선

30) 광주보통학교는 동구 서석동에 소재한 광주서석국민학교의 전신이다.

31) 자혜병원은 동구 학동에 소재한 전남대학교부속병원의 전신이다.

교사 클레멘트 오웬(Clement Owen)을 비롯한 많은 선교사들이 들어오면서 양림은 세칭 서양촌을 이루며 기독교 복음 전파의 터전이 되었다. 이들은 일본인과는 달리 순수한 선교 활동과 의료사업, 서양식의 근대 교육을 통한 우리 민족의 각성과 계몽운동에 이바지하였다.

그 당시 양림동은 미국 선교부가 세워진 곳으로 남문 밖에서도 한참 가야하는 광산군 효천면 양림리로서[32] 인가도 없고 무덤만이 널려져 있는 산이었는데 서양인들이 그곳을 개간하여 지금의 푸른 동산으로 만들었던 것이다. 1905년에 시작하여 10년 후인 1914년까지 이곳에 9동의 주택, 1동의 병원, 2개의 학교, 1개의 성경학교 건물이 지어졌으며,[33] 그 당시에 건립되어 현재 남아 있는 건물로 여겨지는 것은 수피아홀, Owen기념관, Bell기념관, 선교사사택 등이다.

〈그림 44〉 Owen 기념관

〈그림 45〉 우일선 선교사 사택

1904년 양림산 자락(지금의 사직도서관부근)에 한식으로 배유지목사의 임시사택이 지어졌고 그곳에서 그해 12월 25일 광주시내에서의 첫 예배가 거행되었다. 배유지목사를 비롯한 선교사들은 미국 남장로교 선교사들로서 미국 남부지역 출신들로 을사늑약 직전 해인 1904년에 광주천 건너 양림산에서 시작된 교회에 민초들을 받아들이고 치료하며 발전하였고 두 해만에 광주의 변방에서 북문안으로 자리를 옮겨 북문안교회가 설립되었다. 그 후

32) 구창환, 光州敎會史序說, p.5.

33) 광주시, 光州市史 제2권, p.421, 1985.

배유지목사와 오웬 선교사는 1907년 기독교 신자 자녀교육을 목적으로 여학생 3명과 남학생 1명을 모아 가르쳤고, 이를 시작으로 수피아여학교와 숭일학교가 설립된 것[34]이 양림동의 종교시설과 교육시설의 시초이다.

일본의 식민지배방식과는 달리 순수한 선교활동과 의료사업 그리고 서양식 근대교육을 통한 계몽운동에 이바지하였다. 또한 1905년 11월 20일 광주군 효천면 양림리에 있는 배유지목사 임시사택에서 놀란(Dr. J. W. Nolan) 의료 선교사가 9명의 환자를진료함으로써 광주기독병원과 광주에 현대적 의료행위의 역사가 시작되었다 1905년 일본인들은 도심과 본원사, 그리고 광주공원 신사를 연결하는 광주교를 놓았다. 교인들이 주동이 된 삼일만세운동 직후 북문안교회터를 일제에게 빼앗기고 남문 밖으로 밀려난 교회의 구성원들은 대부분 양림리 방면 사람들이었다. 비록 광주교가 있다지만 궂은날에는 양림리에서 광주천을 따라 빙 돌아가야 하므로 사람들에게는불편하였다.[35] 그런 이유로 양림산 구릉의 동남쪽에 자리잡은 양림리는 남문 밖에서 한참이나 가는 인가도 없고 무덤만이 널려 있는 산이었는데 새로운 교회, 학교, 병원을 비롯하여 많은 주택들이 세워지면서 신흥주택가를 중심으로 부흥하였다.[36] 광주 성문 밖, 광주천의 물이 차오르면 시내와 단절되던 양림리는 시내와는 가깝고도 먼 곳이었기 때문에 제중병원, 수피아여학교, 숭일학교, 교회 등을 중심으로 오밀조밀하게 신앙촌을 이루었고 이들이 빠른 속도로 발전하게 되었다.

〈그림 46〉 유진벨 기념관

양림지역의 희생과 나눔의 공동체를 촉발시킨 오원선교사의 죽음은 오원기념관건립으로 이어졌다. 서양문화예술의 보급소인 이 기념관은 일제하의 민족의식배양의 요람이었고 호남의 대표적인 집회소이자 문화예술회관이었다. 광주의 첫 시민운동조직도 여기서 시작되어 전남전지역에 영향을 주었다. 한때 미군정 시절엔 순교자를 기념하는 내력에 어울리지

34) 천득염, 광주양림동의 근대도시공간적 의미, 호남문화연구 제44호, p.11, 2009.

35) 송인동, 광주이야기, 광주문화예술진흥위원회, p13, 2006.

36) 광주시, 광주시사 제2권, p421, 1985.

않게 감옥으로 잠시 사용된 적도 있었다.

특히 광주에 서구적 의미의 연극운동이 시작된 것은 당시 서양촌이라 불리던 양림동에 오원기념관이 세워지면서부터이다. 오원기념관은 배유지목사와 함께 전라남도 최초의 선교사로 들어와 광주에서 순교한 오웬(한국명 오원, Clement Owen)선교사를 기념하기 위하여 미국 친구들이 보낸 기금으로 1914년에 세워진 양옥 건물이다. 이 기념관에서 기독교 관계 집회는 물론 강연회가 열렸을 뿐만 아니라 광주지역의 근대음악회, 근대오페라, 근대연극, 무용 등이 공연되기도 했다.

오원기념관은 당시의 광주 사람들에게는 별세계로 인식되었다. 한국의 '창극'과는 이질적인 서양식 연극이나 오페라 그리고 현대무용 등의 모든 문화예술 행사가 베풀어진 곳이며, 1920년 광주 최초의 음악회인 '김필례 음악회'가 이곳에서 열리기도 했다. 오원기념관은 광주에 서양의 문화예술을 전파하는 매개자 역할을 담당했을 뿐만 아니라, 전통적인 것과 근대적인 것이 서로 만나 경합하는 공간을 창출했다고 할 수 있다. 일례로 오원기념관에서 1921년에 열렸던 블라디보스톡 교포음악단의 공연에서 처음으로 남녀가 쌍쌍이 춤을 추는 사교춤이나 탭댄스 등이 선보인 바 있는데, 당시만 해도 오원기념관의 관람석 중앙에는 포장이 쳐져 있는 상태였기 때문에 남녀 석이 구분되어 있었다고 한다. 매우 역설적이면서도 의미심장한 상황이 연출되었다고 할 수 있겠는데, 이른바 근대적인 서양의 문화가 봉건적인 유교 문화와 서로 교유하고 충돌을 일으키고 있는 장면인 셈이다.

건축은 기부금으로 스와인 하트 선교사가 중국기술자들을 데리고 시작하였다 한다. 아름답게 꾸민 반원형의 아치와 한국의 전통건축 에서는 볼 수 없었던 주석기둥, 경사진 지붕의 2층구조 등 독특한 서양풍건축양식은 광주는 물론 인근 고을에서 구경꾼을 불러 모을 만큼 큰 화제를 불러일으켰다.

이와 같은 새로운 건물들이 신축되기 이전에 외국인들은 조선가옥을 매점(賣占)하여 순수한 주거기능에 새로운 기능을 부가·개조시킨 주거 겸용 건물로 사용하였다. 이들은 조선가옥을 사들인 뒤 목재기둥 사이의 벽을 벽돌과 유리로 채운다든가, 학교나 종교건물에서 비교적 넓은 공간을 확보하기 위하여 문턱을 없앤다든가 방을 튼다든가하여 간단한 개조부터 하였다. 이러한 예는 최초로 교회를 열었던 양림동에서 찾아볼 수 있다.

당시 일반인들에게는 이러한 개축이 전혀 생소한 것으로 나타났었지만, 다소 교육을 받은 지식층들은 서구나 일본에 대한 지견(知見)을 갖고 기능적인 주생활(住生活)을 생각하기 시작했다. 물론 이들은 우리의 전통적인 가족제도와 가족생활에 의문을 제기하기도 하였으

나, 대개는 위생적인 것에 더욱 많은 관심을 두었다.[37)]

이와 같이 외국인들의 거주, 통상(通商) 및 토지, 가옥의 취득이 가능해지면서 많은 시설물들이 세워지기 시작하였는데, 이들의 거류지 건축은 다소나마 현 도시구조의 기본 틀을 형성하며, 당시의 지구(地區) 및 필지분활(筆地分割) 등 도시맥락과 건축유형이 그대로 유지되고 있다.[38)]

〈그림 47〉 이장우 가옥 안채

〈그림 48〉 배유지 목사 초기사택 (광주양림교회 사진)

이 시기 광주지역의 건축을 공공시설, 교육시설, 금융시설, 종교시설, 문화시설, 그리고 주거시설 등으로 나누어 살펴볼 수 있다. 이러한 건물들은 현존하지 않는 것도 다수가 있고, 각종 자료와 문헌을 통하여 조사된 것이기 때문에 건립연대나 건물의 모습에 다소 착오가 있을 수 있음을 밝혀둔다.

37) 김순일, 開化期의 住意識에 관한 연구, 대한건축학회지, 1982년 6월호

38) 김태영, 韓國開港期 外人館의 建築的 特性에 관한 研究, 서울대학교 대학원 박사학위논문, p.2.

## (1) 공공시설

| 구분 | 건 축 명 | | 내용 및 변천과정 |
|---|---|---|---|
| 공공시설 | 광주객사 | 현 위 치 | 충장로 1가 구)조선대학교 동창회관을 중심으로 현재의 무등극장에서 구 미국문화원까지 포함한 충장로 2가 서편 일대 |
| | | 내 용 | 객사안에는 東軒이 있었고 옆에는 執務廳과 宣化堂이 있었다 |
| | | 변천과정 | 한일합방 후 대청을 회의실로 썼고 光州郡廳, 光州面事務所로도 쓰였다 |
| | | | 정문인 皇華樓 2층 누각은 동명동 구 광주감옥 정문 앞으로 옮겨져 있었는데 광주감옥이 문흥동 현 위치로 옮기면서 철거되었다 |
| | 광주군청 | 현 위 치 | 충장로 1가 25-1 현 무등극장 자리 |
| | | 내 용 | 1895년 5월 1일, 전국이 23府制로 행정구역이 개편되면서 光州牧이 羅州府관할 光州郡으로 바뀌고 광주군청이 건립되었다 |
| | | 변천과정 | 韓日合邦後에는 광주를 방문하는 귀빈을 모시던 客舍 “光山館”에 郡廳이 위치하였다. 光山館의 규모는 부지 2,095평에 건평 70여평 정도 |
| | | | 후에 설립되는 사립 광주보통고등학교의 초창기 校舍로 사용되기도 했었다 |
| | 전남재판소 | 현 위 치 | 금남로 3가 3-5번지 現 카톨릭센타 자리 |
| | | 변천과정 | 1899년 5월 30일에 전남재판소로 개원 |
| | | | 1911년 10월 신청사 착공, 1912년에 준공 |
| | | | 1946년 광주지방법원검사국으로 개칭 |
| | | | 1948년 광주지방법원으로 개칭 |
| | | | 1952년 광주고등법원 · 광주고등검찰청으로 개칭 |
| | | | 1969년 1월 13일 지산동 현 청사로 이전함 |
| | 광주우편국 | 현 위 치 | 충장로 2가 16 現 광주우체국 자리 |
| | | 변천과정 | 1905년 6월 6일 광주우체사, 광주전보사, 광주우편수취소를 통합하여 목포우체국 광주출장소로 개원 |
| | | | 1906년 7월 1일 광주우편국으로 승격 |
| | | | 1913년 1월 12일 청사 신축 |
| | | | 1949년 11월 3일 광주우체국으로 개칭 |
| | | | 1963년 12월 31일 현재의 철근콘크리트조 3층건물로 개축 |
| | 제중원 | 변천과정 | 1906년 설립되었다가 1940년 폐쇄 |
| | | | 1951년 現광주기독병원으로 재발족 |
| | 광주감옥 | 현 위 치 | 동명동 200번지 일대 |
| | | 변천과정 | 1908년 7월 16일 광주감옥 개청 |
| | | | 1923년 5월 5일 광주형무소로 개칭 |
| | | | 1961년 12월 31일 광주교도소로 개칭 |
| | | | 1971년 북구 文化洞으로 이전, 현재는 주택지가 조성됨 |

### (2) 교육시설

| 구분 | 건 축 명 | | 내용 및 변천과정 |
|---|---|---|---|
| 교육시설 | 광주소학교 | 내 용 | 광주 최초의 학교로서 舊한국정부의 小學校令에 의해 3년 교육과정으로 설립됨 |
| | | 변천과정 | 1895년 7월 19일 설립 |
| | | | 1906년 교육법의 개정에 따라 광주소학교를 흡수하여 光州公立普通學校로 개교 |
| | 본원사오촌 실업학교 | 내 용 | 일본인 奧村五百子(おくむらいおこ)에 의해 설립되어 1898년 11월 17일 31평의 건물이 준공 |
| | 공립광주 보통학교 | 현 위 치 | 동구 서석동 14-1 서석초등학교 자리 |
| | | 변천과정 | 1906년 11월 1일 개교 |
| | | | 1907년 9월 1일 東門路(現 광주일보사 부근)에 교사를 신축 |
| | | | 1927년 6월 28일 光州面 院村里(現 서석초등학교 소재지)에 연건평 655평의 2층 목조교사를 신축하여 이전 |
| | | | 1929년 2월 광주공립보통학교는 광주제1공립보통학교로, 서방공립보통학교는 광주제2공립보통학교(現 수창국교)로 개칭 |
| | | | 1930년 12월 20일 건평 190평의 조적조로 학교 강당 신축 |
| | | | 1933년 12월 22일 강당을 제외한 전교사가 소실됨 |
| | 광주공립 심상 고등소학교 | 현 위 치 | 동구 궁동 6-2 중앙초등학교 |
| | | 내 용 | 1907년 광주일본인회가 6명의 아동을 데리고 光州公立尋常高等小學校로 시작, 6년제 소학교와 2년제 고등과로 운영 |
| | | 변천과정 | 1907년 6월 설립 |
| | | | 1914년 11월에 지금까지 사용해오던 오꾸무라 실업학교에서 現 중앙초등학교로 목조교사를 신축하여 이전 |
| | | | 1933년 8월 26일 현재의 2층 강당 및 교사를 완성 |
| | | | 1936년 11월 19일 校舍8실을 증축하면서 舊 목조교사를 철거. |
| | | | 1945년 11월 20일 광주공립중앙초등학교로 개칭 |
| | 사립수피아 여학교 | 현 위 치 | 서구 양림동 251 現 수피아女子中·高等學校 |
| | | 내 용 | 1905년 시작한 광주학교를 1908년 2월 유진 벨 목사에 의해 광주숭일학교와 광주수피아여학교로 분리하여 개교함 |
| | | 변천과정 | 1911년 가을 本館 Speer Hall을 건립. |
| | | | 1927년 11월 Winsborough Hall(現 수피아여중 본관)을 건립 |
| | | | 1935년 9월 私立수피아女學校 별관(現 수피아여고 별관) 건립 |
| | | | 사립수피아여학교 체육관(現 수피아여중·고 체육관)의 건립년도는 1935년부터 1937년 사이로 추정 |
| | 사립 숭일학교 | 현 위 치 | 서구 양림동 251 |
| | | 내 용 | 1908년 2월 유진벨 목사에 의해 수피아여학교와 같이 양림리에 개교. 1910년에 교사 준공 |
| | 광주공립 농업학교 | 현 위 치 | 북구 유동 |
| | | 변천과정 | 1909년 6월 광주농림학교 설립 |
| | | | 1911년 11월에 광주농업학교로 개칭 |
| | | | 1912년 11월 유림(現 유동)으로 신축 이전 |
| | | | 1925년 4월에 2층 별동 교사를 신축 |

### (3) 금융시설

| 구분 | 건 축 명 | | 내용 및 변천과정 |
|---|---|---|---|
| 금융시설 | 광주농공은행 | 현 위 치 | 충장로 2가 現 갤러리정 자리 |
| | | 내 용 | 1906년 7월 3일 개화와 때를 같이하여 광주에 맨 처음 세워진 근대식 금융기관으로서 1918년 6월 조선식산은행 광주지점으로 업무이전 |
| | 광주금융조합 | 현 위 치 | 충장로 2가 28번지 現 기업은행 광주지점 |
| | | 내 용 | 전국에서 최초로 1907년 2월에 창립된 금융조합으로서 현재의 광주공원 어린이놀이터 언덕위에 건물을 지어 개업 |
| | | 변천과정 | 1916년 10월 충장로 4가 33번지 舊 광산금융조합(現 농산물검사소 광주출장소)로 신축 이전 |
| | | | 업무의 확장과 함께 광주금융조합은 농촌조합인 광산금융조합으로 개편하고, 광주조합은 1919년 2월 도시조합으로 분리되어 現 중소기업은행 광주지점 위치로 신축 이전 |
| | 동광주 금융조합 | 현 위 치 | 동구 광산동 78번지 舊 전남매일신문사 자리 |
| | | 내 용 | 광주금융조합의 개편으로 동광주금융조합이 분리 설립됨 |
| | 농협 | 내 용 | 김정동교수에 의하면 1907년에 설립되었을 것으로 추측되나 확실하지 않으며 자리도 구)기업은행터로 추측되나 확실하지 않음 |

### (4) 종교시설

| 구분 | 건 축 명 | | 내용 및 변천과정 |
|---|---|---|---|
| 종교시설 | 북문안교회 | 현 위 치 | 충장로 3가 / 동구 금동 現 제일교회 |
| | | 변천과정 | 1905년 1월 광주읍성의 북문쪽에 광주 최초의 교회를 설립. 실의 구조는 ㄱ자로 되어있어 남 · 녀의 구별을 엄격히 했다 |
| | | | 1919년 3 · 1운동으로 인해 국유지인 교회터를 몰수당해 錦町(現 금동)으로 이전함. (一名 남문밖교회 또는 금정교회) |
| | | | 1957년 원래 건물은 금남로 용아빌딩을 세우면서 철거됨 |
| | | | 1967년 현재의 제일교회 건물이 준공됨 |

### (5) 주거시설

| 구분 | 건 축 명 | | 내용 및 변천과정 |
|---|---|---|---|
| 주거시설 | 이장우가옥 | 현 위 치 | 서구 양림동 128번지 |
| | | 내 용 | 동서축으로 대문간, 곡간채, 행랑채, 사랑채, 안채의 순으로 배치되어 있어 상류주택양식을 대부분 갖춘 전통적인 한옥 瓦家이다. 안채는 上樑文에 光武 3年 乙亥 二月十一日乙丑時로 기록된 것으로 보아 서기 1899년에 구축되었음을 알 수 있다. 처음에 건립한 자는 정병호씨인데 1965년에 현소유자 이장우씨 가옥으로 전이되어 잘 보존되고 있다. 안채의 평면형태는 正面 6間과 좌우퇴, 그리고 右側面은 4間과 후퇴, 左側面은 1間과 전후퇴인 ㄱ자형 평면이며 약 36평 규모이다. 실은 좌로 부터 퇴마루, 1間의 작은 방, 2間 대청, 2間의 큰 방, 1間 1退의 부엌, 그리고 ㄱ자 꺽인 2間의 작은방으로 구성되어 있다. 가구는 팔작지붕의 2고주 5량집이다. |
| | 배유지목사 사택 | 현 위 치 | 서구 양림동 |
| | | 내 용 | 한국기독교회사에서 광주교회의 시작은 광산군 효천면 양림리(現 양림동) 배유지목사 저택의 사랑방이라고 전한다. |

## (6) 광주읍성(光州邑城)

이 무렵 광주 시가지는 아직도 두메산골의 모습이었다. 이때 광주 시가지는 광주읍성을 중심으로 형성되어 있었다. 광주읍성은 고려 왕건이 후백제를 평정한 뒤 새 왕조의 기틀을 다지면서 전국의 행정구역을 정비할 때 무주였던 고을 이름을 광주(光州)로 바꾸고 터를 옮겨 성을 쌓은 것으로 생각된다.

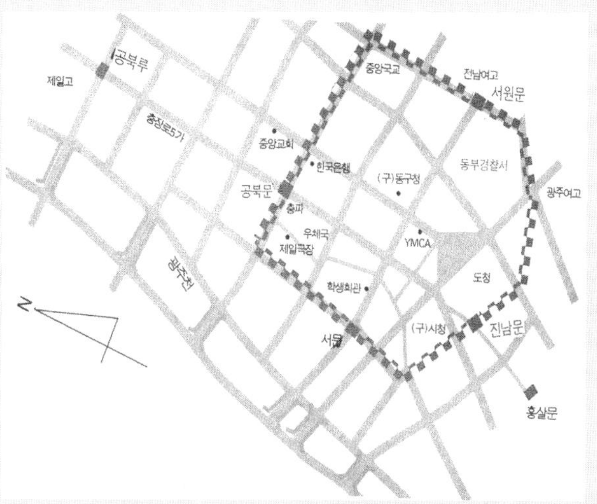

〈그림 49〉 박선홍의 광주읍성 위치추정도

『광주읍지(光州邑誌)』「성지(城址)」조(條)에는 '광주성은 석축으로 되었으며, 그 둘레는 8천2백53척, 높이 9척인데 지금은 없어졌다'고 기록되어 있다.

〈그림 50〉 광주읍성 동문 瑞元門

지금 추정되는 성지는 대의동 구)광주문화방송이 있었던 곳과 제봉로－중앙초등학교 정문을 돌아 중앙로 네거리－충장로 파출소－북광주 세무서 못 미처 황금동네거리(리버사이드호텔)－전 광주미국문화원－구)광주시청－전남대의대로 가는 삼거리－전남도청 뒷담－구)광주세무서 앞－광주지방노동청－구)광주문화방송으로 이어진 것으로 추정된다. 광주성의 흔적은 1907년의 일본인 지적 측량도에 분명히 나타나 있다.

성문은 동문이 구 광주문화방송 건너 전남여고 뒷담 쪽에 있었는데 서원문(瑞元門)이라 했고, 서문은 불로동 쪽에서 광주미국문화원이 있었던 쪽으로 들어가는 네거리로 광리문(光利門)이라 했다. 남문은 구 광주시청 앞을 지나 전남대 의과대학으로 가는 삼거리에 있었는데 진남문(鎭南門)이라 했고, 북문은 현재의 충장 파출소 근처에 있었는데 공북문(拱北門)이라 했다. 성안은 지금의 충장로, 금남로 1·2·3가가 중심이었다. 이밖에 외곽문으로 북쪽에 계신 왕을 그리며 충성을 다하겠다는 뜻으로 광주일고 학생탑 네거리에 공북루(拱

北樓, 속칭 樓門이라함)가 있었고, 누문 앞 現 광주일고에서 북동쪽으로 향하여 現 광남로를 끼고 있었던 마을이 역촌(驛村)이었고, 기록상으로는 누문 바로 옆 충장로 변에 보통원(普通院)이 있었을 것으로 추정된다. 수령(守令)이 새로 부임해 올 때 여기에서 식사도 하고 의관을 정제한 후 북문을 통하여 객사로 이어지는 남북대로(南北大路)를 따라 풍악을 울리며 입성하였을 것이다. 남문에서 전남대 의과대학 쪽 3백미터 거리에 홍살문이 있었다.

이 광주읍성은 남문과 서문 사이의 성벽을 제외하고는 읍성 밖에 모두 도랑을 파 외침을 방비하였다.[39)]

## 3. 일제강점기 전후의 건축적 상황

개항이후 일제강점기[40)]를 거치는 동안에 형성된 한국건축의 성격은 해방이후 전개된 근·현대적 건축 상황에 대단히 많은 영향을 주었다. 특히 도시적 맥락 또는 장소성을 반영하면서 현대건축의 모태적 개념으로 설명될 수 있기 때문에 이 시기 건축조영활동을 살피는 것은 그 의의가 크다고 할 수 있다.

을미사변 이후 러일전쟁 전까지 열강의 한국 내에서의 각축, 특히 러시아의 세력 하에서 정국은 소강상태에 있었고, 아관파천에서의 천궁을 위하여 경운궁(慶運宮)을 중건하면서 1900년 전후에 몇 개의 궁정(宮廷)이 착공되었다. 그중 석조전(石造殿)은 일시 중단된 적도 있으나 10년의 세월을 소비하여 세워진 구황실 최대의 양관(洋館)이 되었다. 한편 1900년대 전반에는 외국 영사관의 건립과 전차, 철도시설들이 세워지며 양옥건축이 일반시민에게 눈에 익은 것이 되어 갔다. 그러나 이즈음부터 1900년까지의 近 20년 동안은 한국자체의 시설이란 거의 없다고 해도 과언이 아니었다. 개국이 타율적인데 그 이유가 있을 뿐만 아니라, 복잡한 정치적 상황과 경제적 여건으로 신식시설을 세울만한 여력이 없었던 것이다.

이 당시에 세워진 건물들의 공통된 양식상의 특성을 찾기는 어려운 일이지만, 대체로 일본계통의 건물은 목조가 태반이요, 그것도 일본풍이 섞인 르네상스 양식의 모방이 많았다. 또한 천주교와 신교의 건물은 고딕식을, 서구 각국의 공사관과 영사관은 자기나라의 특징이 있는 르네상스식 또는 절충양식을 취하고 있다.

---

39) 박선홍, 소용돌이치는 개화의 물결, 금호문화, 1990. 1.

40) 천득염·신태양, 光州地方의 日帝治下期 建築, 안당 임영배교수 회갑기념논총, 1992.

1905년 러일전쟁에서 전승한 일본은 한국을 마음대로 요리할 수 있게 소위 을사보호조약을 체결하였고, 건축계에서도 저들의 침략이 시작되었다. 한국도지부건축소를 만들어 다수의 일본인기술자를 관리로 침투시키고, 또한 총감부(總監府)를 통한 침략준비로서 관아건물을 세우기에 이르렀다. 이러한 가운데에서도 기독청년회관, 서북학회회관 등 한국인 청년단체의 건물이 세워짐도 특기할 만한 것이다.[41]

일제강점기의 건축 흐름을 좀 더 구체적으로 살펴보면 일제 전반기의 건축(1911-1925)과 일제 후반기의 건축(1926-1945)으로 크게 구분할 수 있다.

일제 전반기의 건축은 관공서 건물이 절대 다수였으므로 이들의 형식에 준하여 건립된 규범적이고 전형적인 양식주의건축이나 의양풍건축(疑洋風建築)[42]을 채택하였다. 이것은 대부분 식민지 관공서 건물로서의 위용과 형식을 강조하는데 중점을 두어 건립된 것이다. 또한 "근대부흥식(近代復興式)"이란 유행어로서, 대체로 1920년경까지 일본에서 흔히 건축되었던 고전주의형식, 바로크형식, 또는 중세주의적 건물이 한국의 건축에 영향이 미쳤음은 당연하며, 과도기적인 모습을 지닌 경성부청이 착공되는 1925년을 전후하여 의양풍건축은 자취를 감추게 되었다.

재래의 양식을 사용하여 건립된 관공서건축들이 필요량을 거의 채워가는 1925~26년경부터 건축계의 양상은 현저한 변화를 보인다. 1920년 조선회사령의 철폐로 인한 일본자본의 한반도 진출은 상업건축의 출현을 예고하고, 1920년 전후 일본의 건축이 근대건축운동 성향으로 흘러간 것과 맥락을 같이하여 상업 및 업무용 건축에 근대적 형식이 보이기 시작했다.

이러한 일제 후반기 건축에서 나타난 주된 특징은, 1) 빌딩의 출현과 장식이 생략된 과도기적 형태의 사용, 2) 양식주의 건축의 성숙과 종말, 3) 합리적 근대주의건축의 출현, 4) 표현주의 경향의 작품 출현, 5) 전통양식의 의식적인 절충 등으로 요약할 수 있는 데,[43] 이는 한국의 건축이 근대화되어가는 과정을 짐작하게 해준다.

그러나 이러한 전·후반기의 특성이 광주지역 건축에 그대로 적용되는 것은 아니다. 일본과 서울의 건축이 보이고 있는 건축수준의 차이만큼 서울과 광주의 건축은 많은 격차를 보이므로 이러한 구분은 무의미하다 할 것이다. 따라서 본 장에서는 서울지역 건축 상황의

---

41) 윤일주, 韓國洋式建築80年史, 야정문화사, p.55, 1965.

42) 일본인의 독자적인 해석에 의한 서구건축을 의미한다.

43) 국립현대미술관, 윤일주, 韓國現代美術史:建築, 동화출판공사, p.44-61, 1978.

전반적인 맥락과 그 영향을 간단히 살피고, 日帝 전 · 후반기의 광주지역 건축에 대해서 전 기간에 걸쳐 포괄적으로 살펴보고자 한다.

## 4. 일제강점기 광주의 건축 : 1911~1945년

### 1) 일제강점기 광주지역의 건축적 상황

〈그림 51〉 전라남도청

〈그림 52〉 1930년대 충장로 2 · 3가

1910년 국치 이후 한국을 완전히 통치하게 된 일본은 조선총독부 관제에 의하여 식민지 통치에 편리하게 행정과 사법기구를 재조직하고 지역의 말단까지 일본인을 관리로 임용하여 행정 강화에 주력하기 시작하고, 친일교육과 조선경제의 침식에 중점을 두었으며 식민정책의 신경이라 할 수 있는 우편 · 통신과 교통을 강점하였다. 이러한 상황은 광주 · 전남지역도 예외는 아니었다. 전라남도청과 경찰서, 헌병대와 경무부 등의 관공서가 한일합방 직후에 건립되고 우리 상권과 산업의 침식과 병행해서 광주농공은행, 광주금융조합 등의 근대적인 금융기관이 설립되었다. 이 외에도 일본인들이 물밀듯 광주에 들어와서 일본식 여관과 요정이 생기고 행상과 고리대금, 농토 수탈을 통하여 돈을 벌어 광주우체국을 중심으로 충장로에 상가를 형성, 광주 상권을 장악하였다.

구한말이나 일제시대에 이루어진 광주지역 건축의 특성을 간략히 표현하기는 어려우나 그 당시 한국의 일반적인 상황과 유사했던 것으로 짐작할 수 있고, 서울에서처럼 양식주의적인 경향이 뚜렷이 나타나는 것은 아니나 그래도 그러한 규범을 따른 흔적이 보인다.

흔히 일제시대의 건축 특성에 대해, 1) 한국의 전통적인 가옥이 그대로 건립되는 경우, 2) 한국의 전통가옥을 개보수하는 경우, 3) 의양풍건물을 건립하는 경우, 4) 일본식건물을 건립하는 경우 등으로 나눌 수 있다.

결국, 이 기간 동안에 건립된 건축의 특성은 전통건축의 답습과 외래건축의 도입이라는 두 가지 유형으로 크게 그 맥락을 정리할 수 있을 것이다. 여기에서 외래건축이라고 하는 것은 근대이후 식민지 정책에 열을 올렸던 열강들에 의한 건축들로 서구의 건축과 일본의 건축으로 분류될 수 있는데 주종을 이룬 것은 일본인에 의해 직·간접적으로 받아들여진 일본식 건물이나 서구식 건물이다. 이들은 일본인들에 의해 일본식 건물이 민간건축을 중심으로 세워 졌으며 서구식 건물의 직접적인 도입은 선교사들에 의한 교회당 건물과 학교 건물, 혹은 그들의 숙소용 건물들을 중심으로 이루어졌다.

광주에서 세력권을 형성한 일본인들의 영향이 시설 면에서 관청을 비롯한 관립학교, 은행, 교통기관 등에 나타난 것은 당연한 귀추일 것이다. 이러한 시설의 설계와 시공을 담당했던 한국인은 전무했고, 소수의 서양인을 제외하고는 일본인의 독무대였으니 호경기를 찾아 많은 일본 도급업자(都給業者)들이 이 땅에 밀려와 치부하였다.[44]

〈그림 53〉 1941년 전남도청앞

이 시기는 벽돌의 생산력이 증대되어 대부분의 학교 건물들이 벽돌조로 건설되었고 선교사학의 확장이 주된 사업이었다. 또 총독부는 주한 일본인들의 교육을 위하여 몇 개의 관립학교를 설립하였으며 심한 억압 속에서도 민간사학이 그 수를 증가시키고 있었다.

총독부에 의해 재정이 장악된 시기였기 때문에 관학이외의 경우는 경제적 어려움이 있었으나 사회적으로 일단 안정된 시기였기 때문에 학교 건축에 있어서 기본적인 유형이 마련된 시기이기도 하였다.

44) 윤일주, 韓國現代美術史, p.38, 1978.

한편 1939년의 태평양전쟁의 발발과 함께 모든 국력이 전쟁에 모아짐으로써 이후부터는 학교의 증가추세는 완만한 편이였으며 1927년에 발표된 '교사에 적당한 설비기준'에 의하여 운동장의 규모, 교실면적, 창의 크기 등에 대한 제한이 가해졌다.

이어 벽돌조가 학교건축의 주종을 이루던 전반기와는 달리 철근콘크리트 구조가 도입되어 사용되기 시작하였으며 한국인 기술자들의 증가로 양식의 구조를 한식의 시공기술로 해결하는 방법 등이 나타나기도 하였다.

선교사들에 의한 사학의 경우에는 방형의 평면이 주로 나타나고 있으며 중복도형이나 홀형으로 이루어져 있어 반지하층이나 다락 등이 나타나면서 집중적인 평면 형태를 보이고 있는 것이 특징이다. 수피아 여학교의 수피아 홀의 경우에서도 이와 같은 특징을 볼 수 있다. 지붕 층은 다락방으로 사용되어 돔(dome)형 창이 나타나며, 창의 상부를 페디먼트로 처리하였다. 외벽의 재료는 불식벽돌쌓기나 석조로 처리하였으며, 현관은 페디먼트와 오더(order)로 장식하는 경우가 많았다.

관립학교의 경우는 대부분 학교가 일자형 평면과 원위적인 외관을 보여주고 있으며 장식이 배재되고 지붕의 형태는 전통한식 기와지붕이 형태를 보이고 있다. 1층 건물의 경우는 지붕 층은 합각지붕의 형태를 가지고 사면에 처마를 돌출시키고 있으며 2·3층 건물의 경우에는 일자형의 평면에 맞는 합각지붕이나 맞배지붕 등 다양한 지붕형태를 보여준다. 외벽재료는 벽돌을 주로 사용하였으며 개구부는 정면성과 수직성을 강조하기 위해 외벽 면에서의 기둥이나 굴뚝 등의 모티브를 정면에 사용함으로써 표현하였다. 주출입구가 위치하는 부분은 특히 수직적이거나 장식적인 처리를 하였다. 이 건물유형은 식민지 통치방침을 반영하고 있으며 권위적이며 획일적인 유형이라고 할 수 있다.

한국인 건축가가 등장하고 그들의 작풍이 실현되는 것은 1920년대 후반부터이다. 1880년대 신건축 유입기 부터 실로 50년 가까운 세월이 흐른 뒤였다. 거기에는 여러 가지 이유가 있다. 첫째는, 주권 상실로 신건축기술을 자주적으로 도입하지 못하게 되었고 필요 인력의 양성을 위한 교육도 점령국 일본의 교육방침에 내맡길 수밖에 없었기 때문이다. 둘째는, 민족자본의 영세성이다. 민족자본의 축적이 활발했다면 거기에 따른 업무용 시설이 필요하였을 것이고, 따라서 어떤 형식으로든 건축술을 익힌 한국인 기술자들이 더 일찍 출현하였을 것이다. 또 전문교육을 받은 건축가가 배출되어 자질을 인정받는 건축가들이 있었음에도 그 작품 수나 규모가 비교적 작은 것은 건축 작품을 의뢰할 만한 후원자가 극히 적었기 때문이다. 결국 후원자가 될 만한 사람들은 일본인이거나 일본인들의 정치 · 문화적인 현상에 보다 가까운 친일적인 인사들이 대부분이었다.

이러한 현상은 광주지역에도 마찬가지였다. 그러나 공공시설의 거의가 관공서를 통한 일본인의 일이었던 점을 고려하면 이 지역에 훌륭한 작품을 많이 남긴 金舜河 선생의 업적은 대단한 것이다.

우리나라의 개화기 건축이 안고 있었던 이러한 문제점은 지금의 광주 건축계의 현상에 대해서도 시사하는 바가 크다. 설계업무나 건설업무가 너무 중앙 의존적이고 지역자본의 형성이 미흡하기 때문에 지역 독자적인 건축문화를 만들어 내지 못하고 있는 실정이다.

### 2) 학동 팔거리 갱생지구의 형성

#### (1) 행정 구역의 변천과 학동

1913년 조선총독부가 개편한 전국의 지방행정구역 중 광주군에 속한 각 면은 광주면을 비롯한 15개 면이었고, 이 중 광주면은 궁정(弓町), 동문통(東門通), 서남리(瑞南里) 등 19개 里·町·通으로 구성되었다. 이 중 금계리(錦鷄里)에 속한 호연리(浩然里) 일부가 현재의 학동 지역인 것으로 추정된다.[45]

그 후 일제는 그들의 행정상 지배권을 강화하기 위하여 1917년 10월에 면제(面制)를 공포하고 지정면과 보통면을 구분하였는데, 당시에는 선국에 24개 면을 지정하였다가 1923년에 17개 면을 증편하여 41개 면으로 수를 늘렸다. 지정면은 보통면에 비해 일본인이 비교적 많이 거주하고 가로나 점포가 시가지의 면모를 갖추고 있는 곳을 선정하였다.

광주면이 지정면이 되면서부터는 일본식의 리명(里名), 즉 정(町)이란 것이 생기게 되었다. 광주면이 되기 이전, 즉 4개면 시대에는 부동방면, 성내면, 기례방면, 공수방면 등이었는데 이들 중 부동방면에 속한 호연, 금계가 현재의 학동 근처였을 것으로 추정되고 있다.[46]

그 후 광주면은 1930년 4월 1일 시가의 전역에 걸쳐 町의 구획 및 명칭을 변경하여 33개 町으로 개편하였는데 지금까지의 정과 리의 혼용 명칭을 전부 町으로 고쳤다. 또한 1931년 4월 1일 지방제도 개정에 의해 읍제를 시행하여 광주읍으로 승격되었는데 이 때 현재의 학동지역은 학강정(鶴岡町)으로 분류된 것으로 보인다. 이로부터 4년 후인 1935년 4월에 인접한 효지면, 극락면, 서방면의 각 일부를 병합하고 행정구획을 확장하여 41개町이 되었으며

45) 광주직할시사편찬위원회(정현웅), 광주시사 제2권, 제2장 광주권역의 형성, 제2절 광주면 시대의 행정, p.86, 1993.11.

46) 광주직할시사편찬위원회(정현웅), 광주시사 제2권, 제2장 광주권역의 형성, 제2절 광주면 시대의 행정, pp.90-91, 1993.11.

동년 10월 1일 부제를 시행하여 광주부가 되었다.[47)]

(2) 갱생지구의 설치와 학동 팔거리

학동 팔거리는 일제강점기 갱생지구의 일환으로 조성된 것이다. 갱생지구란 생활이 어려운 자들의 자립을 국가가 나서서 경제적, 사회적인 수단을 동원하여 돕고 그들에게 물리적인 생활공간을 마련하여 주는 것을 말한다.

학동 팔거리 인근에 빈궁자들이 군집하게 된 것은 1929년 비롯된 세계공황의 여파로 지방재정이 파탄에 이르게 된 것과 무관하지 않다. 1930년대 광주 지역에 대한 국고 보조는 주로 "궁민구제토목사업"과 "지방진흥토목사업" 등의 명목으로 이루어졌는데, 이를 바탕으로 세계를 휩쓴 경제대공황 속에서 당시 지방재정이 얼마나 압박받고 있었는지 짐작할 수 있으며, 소작민, 화전민, 토막민 등 이른바 '3대 궁민(窮民)'의 수가 비약적으로 증가하게 된 것도 시기상으로 일치한다. 이들 궁민들이 결국은 광주천 천변에서 부랑인 집단을 이루어 살게 되었고, 나중에 학동 팔거리로 이주하여 살게 된 계기가 되었다.

즉, 1936년 광주부 내 학강정에 12,000평의 토지를 사서 종래의 광주천 하천 부지 내에 거주하고 있는 생활 빈궁자들을 이곳에 집단 이주시켰는데, 여기를 생활 갱생의 특정지도 구역으로 삼은 것이다. 이는 광주천이 홍수로 자꾸 범람하면서 천변 극빈자들의 생활공간이 일시에 사라져 버린 것이 하나의 이유이고, 또 다른 이유는 이 극빈자들이 대부분 부랑자들이기 때문에 이들을 관리 감독하기 쉬운 도시 주거 공간 체계 내에 집단 이주시키고 살도록 유도한 것이다.

이런 이유로 다음 해에는 이곳에 도시간이학교(都市簡易學校)를 설치하고 방면위원(方面委員)을 두는 한편, 사무소를 두고 면서기를 주재시켜 우범 계급의 조사와 지도를 하도록 하였다.

1937년 5월 이주자 220호(「부세일반」, 1937년판), 1939년 말 이주민은 280여 호로 府의 지도 방침은 우선 거주민의 현황 조사를 하고 그 직업, 생활 정도, 가족 상황을 파악, 그들의 노동 역량을 고찰하여 호주회, 부인회, 근로조합, 저축조합 등을 조직, 생활 갱생을 위한 지도를 하는 한편 정례 집회일을 만들어 간이학교를 수양 지도장으로 활용하기도 하였다.

47) 광주직할시사편찬위원회(정현웅), 광주시사 제2권, 제2장 광주권역의 형성, 제3절 邑 · 府制, p.115, 1993.11.

### (3) 하천 관리 제도의 변화

일제강점기의 하천 관리에 대한 제도로는 1914년에 발포된 하천취체(河川取締) 규칙이 있었다. 이에 따라 조선총독부에서는 15대 하천을 지정하여 이를 직접 취체하기로 하고, 기타의 하천은 도지사로 하여금 취체하도록 했다. 1929년 말 현재 전국의 지정 하천은 직할 하천이 본류 20개, 지천 41개, 그리고 지방 하천이 본류 16개, 지천 81개로 되어 있었다. 여기에서 영산강은 직할 하천이었고, 광주천은 도지사가 지정한 지방 하천이었다.

우리나라의 주요 하천은 이와 같이 총독부의 직할 하천으로서 개조되어 갔지만 중소 하천들은 개조하지 않은 상태인 것들이 많았다. 따라서 여름철 홍수 때마다 그 피해는 대단히 광범위하여 지방 산업의 개발과 교통의 발달을 저해하는 일이 적지 않았다. 이와 같이 지방 하천의 개조는 긴요한 것이었음에도 불구하고 그에 소요되는 자금의 규모는 당시의 지방 재정 상태로서는 감당하기 힘들었다. 총독부는 "긴급개조를 요하는 221개의 중소 하천"에 대하여 그 개조를 위한 국고보조사업을 총 공사비 7,500만원을 들여 1922년 이후 8개년 연속 사업으로 착수하였다. 그리고 이러한 사업은 그 후에도 "궁민구제사업" 등의 여러 가지 이름으로 1945년까지 실시되었다.

광주천이 처음으로 개조된 것은 1926년 이후 3년간이었다. 그러나 이때의 공사는 당시의 시가지 부분에 한정되어 있었고, 그 시행 주체가 광주면이었으며 비용 또한 면의 부담이었다. 전라남도가 광주천의 전 구간에 걸쳐 "지방진흥토목사업"의 일환으로 그 체계적인 개조에 착수한 것은 1937년에 이르러서이다.[48)]

당시의 이곳 토착민에게 광주천은 대한제국 시절 조상 대대로 매우 중요한 생활공간이었다. 광주면의 하천 정리 사업은 광주 최초의 본격적인 시가지 개발 사업이었고, 그 여파는 사회·경제적으로 매우 중요한 의미를 가지고 있었다. 특히, 전통적인 관습에 따라 장터 등으로서 점유되고 있었던 하상부지가 이제는 사용 불가능하게 된 것이다. 더구나 당시는 전국적으로 빈농에 의한 이농현상이 두드러지게 나타나고 있었고, 이와 함께 도시의 빈민도 증가하고 있었던 상황이었다. 이들에게는 해마다 장마 뒤의 유로(流路) 변경으로 변화되곤 하였던 하상부지가 주거용 움막을 치기에 적당한 곳이었고, 그 중에서도 유일하다시피 한 일터인 시장에서 가까운 곳이면 더욱 그러하였다.

하지만, 당시 광주면의 개발 사업은 광주천을 무대로 살아가던 빈민의 사정을 고려하여 계획된 것이 아니었고, 단지 그들에게 어쩔 수 없이 이전료를 지불하는 등 임시 조치가 뒤

48) 광주직할시사편찬위원회(김광우), 광주시사 제2권, 제3장 건설, 제1절 도시의 건설과 계획, pp.244-245, 1993.11.

따랐을 뿐이었으며, 이 또한 이전해 갈 곳이 정해진 것도 아니었다. 그 결과 1930년대 초반에는 신설된 사정시장과 가까이 금교와 남광주역 철교 사이의 천변 양쪽에 불법 공작물로 이루어진 소위 세민부락이 형성된다. 당시의 광주역 가까이 경양방죽 변에도 이러한 영세민들이 살고 있었다고 한다.

광주천변의 개발 사업은 1936년에 속개되어 "방수공사", "갱생지구설치"라는 명목 하에 금교에서 남광주 철교에 이르는 양안과, 철교에서 원지교에 이르는 우안으로까지 확대된다. 당시의 광주천은 지금처럼 폭이 좁고 직선으로 곧으며 양안이 축대로 쌓아진 모습이 아니었다. 99곡으로 양의 창자처럼 꾸불꾸불 하고 천변이 넓게 펼쳐진 모습이었다. 심지어 구 전남도청 청사 옆으로 지나갔으니 지금처럼 직선화된 모습으로는 광주천의 원래 모습을 짐작하기 쉽지 않다.

또한 광주부의 사업과 병행하여 전라남도는 1942년도를 목표로 원지교 부근에서 광주천 하류 끝까지 전 구간에 제방을 쌓기 위한 "광주천 개수공사"를 1937년에 착수하고, 그 중 현재 학동 및 양동의 '시가지에 연한 부분'의 호안공사는 1937~1938년간에 우선적으로 실시하게 된다.

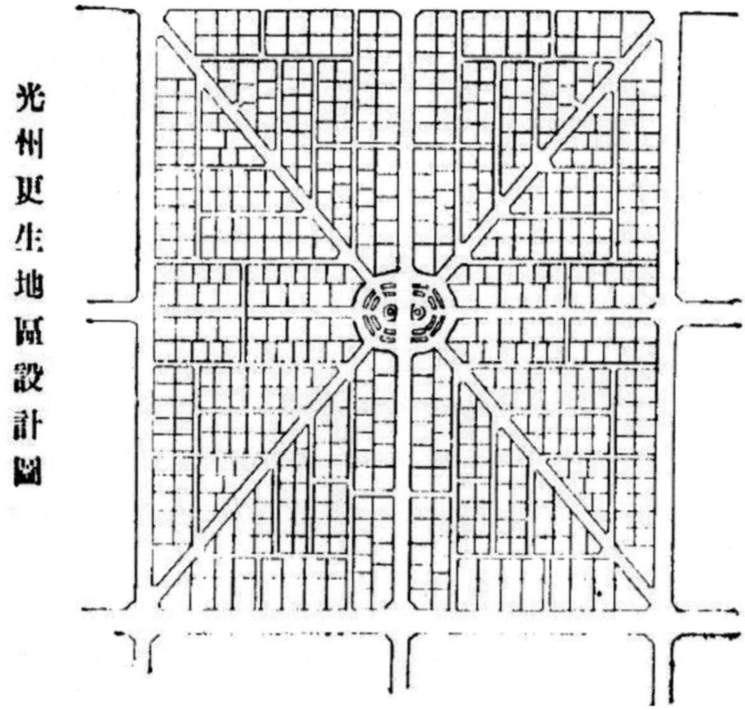


〈그림 54〉 동아일보 1936년『五百餘戸 貧民 等에 更生地區의 理想村』발췌

학동의 이른바 "갱생지구"는 기존의 세민부락에 거주하고 있던 철거민을 집단수용하여 지도, 통제 한다는 명목으로 계획된 것이었다.

금교와 남광주 철교 사이 빈민촌의 철거를 전제로 한 이 사업은 원래 총독부의 내시(內示)에 의한 것이었다고 하는데, 이는 토막민에 대한 총독부의 정책과 관련된 것으로도 볼 수 있다. 진흙으로 된 움막을 짓고 부락을 이루며 산다고 하여 이름 붙여진 토막민은 당시 도시 빈민의 대명사였다.

토막 부락의 철거는 결코 만만한 것이 아니어서 광주천 방수공사를 계획할 당시만 해도 하천 개수 용지내 공작물이 무허가 축조된 것일지라도 철거민에게 보상비를 지급한 사례가 종종 있었고, 또한 이 문제를 매듭짓지 못해 중대한 사회문제가 야기되어 공사 시행이 곤란해질 것이라는 위기감이 컸다고 한다. 이런 우여곡절을 거쳐 1936년 마침내 학동 팔거리 갱생지구가 탄생하게 되었다.

해방 이후 학동 팔거리 갱생지구 인근 842평 규모에 4~4.5평 정도의 판잣집 100가구가 들어서 피난민촌을 형성하게 되었는데, 이는 1946년 백범 김구 선생이 광주천변에 천막을 치고 연명하고 있던 피난민들을 위해 후원금을 내 조성한 것이 마을의 기원이 되었다. 백범이 100가구가 화목하게 지내라는 뜻으로 '백화마을'로 부르게 된 것이 마을의 유래로서 지난 1991년 주거환경개선지구로 지정되어 판잣집들이 철거되고 그 자리에 165가구의 백화아파트가 들어서게 됐지만, 주민들은 마을의 유래에 얽힌 애착으로 여전히 백화마을로 부르고 있다.

광주광역시는 백화아파트는 그대로 두고 나머지 지역을 전면 철거한 뒤 아파트를 건립하고 주변은 공원으로 꾸밀 계획이다. 또 일제강점기 주민 통제 수단으로 조성된 학동 팔거리를 공원 내부에 본래 모습을 축소해 재현하기로 했다.

학동 팔거리는 생활 빈궁자의 구호를 위한 지원과 자립을 목적으로 조성되었지만, 사실은 사회 질서의 유지를 의도하고 있었다. 즉, 분출할 수 있는 민족운동을 체제내화하고 통제하려는 숨은 의도가 물리적 공간 안에 숨어 있는 것이었다. 원심에서 외곽으로 확산하는 팔거리는 특이한 가로 구성으로 죄수의 교화와 지도를 위한 시설, 감시와 처벌의 용이성을 지닌 가로와 집단 주거공간으로 이해되기도 한다.

학동 팔거리의 건축물은 조성 초기부터 80년 가까운 세월이 흐르는 동안 수많은 변모가 있었을 것으로 보인다. 주거 시설의 경우, 대부분 비좁은 대지를 꽉 채우듯 안채와 부속채, 대문칸, 화장실, 창고 등 새로운 공간들이 증축되어 왔다. 한옥의 벽이 벽돌 벽으로 바뀌고,

마당에는 슬레이트 지붕을 덧대어 실내 공간으로 만들었으며, 또는 처마 밑을 벽으로 막아 새로운 공간을 증축하였다. 난방 시설 역시 재래식 아궁이를 거의 모두 연탄 아궁이로 바꾸었다.

비록 원래의 모습을 잃어 조성 당시 건축 양식과 공간 구성은 파악하기 힘들지만, 팔거리의 건축물들은 근 · 현대에 이르는 동안의 변천 과정을 파노라마처럼 고스란히 담아내고 있어 의미가 깊다, 학동 팔거리의 대표적인 건축물은 특별 단지를 구성하는 시설의 개념으로서 별도 구분하여 다루고자 하며, 다음 절의 일제강점기 주요건축에서 상세히 살펴보기로 한다.

### 3) 주요건축

〈그림 55〉 1946년 전라남도청과 회의실

일제강점기에 광주에서 활동했던 한국인 건축가로는 김순하를 들 수 있다. 그는 1925년 공고 졸업 후 전남도청 기수(技手)로 첫 출발을 하여 1933년에 총독부로 옮길 때까지의 기간에 광주 지역에 좋은 작품을 남길 수 있었다. 그의 대표작인 전라남도청사와 同 평의원회의실[49] 외에도 민간시설로서 호남의원과 춘목암을 설계하였는데 그의 작품은 섬세하고 우아한 것이 특징이다. 그는 총독부에 1942년까지 있었고, 해방 후에는 주택영단 건축과장을 역임하였으며, 건설업에 종사하면서 건축학회 창립과 발전에 크게 기여하기도 하였다.

일본인이 주로 한국으로 이식한 서구식 건물이 주축이 되는 이 시기 광주 지역의 건축은 공공시설, 교육시설, 금융시설, 종교시설, 사회단체시설, 문화시설, 산업 · 상업시설, 그리고 주거시설 등으로 나누어 살펴볼 수 있다.

49) 현재의 도청 민원실로 1981년 유형문화재 제6호로 지정되었다.

## (1) 공공시설

| 구분 | 건축명 | 내용 및 변천과정 | |
|---|---|---|---|
| 공공시설 | 광주면청<br>(면사무소) | 내 용 | 1912년 성내면 · 공수방면 · 부동방면 · 기례방면을 합해 광주면을 운영하게 되고, 이에 따라 광주면청의 건립이 필요함 |
| | | 변천과정 | 연합面 시절에 광주면청은 광산관에 자리했으나 1916년 3월 不老洞 92번지로 청사를 옮김 |
| | | | 1917년 지정면이 됨에 따라 청사도 1924년 광산동 100번지로 신축 이전함 |
| | | | 1931년 光州邑으로 승격 |
| | | | 1935년 10월 1일 광주군이 광산군으로 이름을 바꾸고 光州邑이 光州府로 독립 |
| | 전라남도청 | 현 위 치 | 동구 광산동 11번지 |
| | | 변천과정 | 한일합방직후인 1910년 9월 30일 도관찰사를 도장관으로 바꾸고 관찰부를 도청이라 고치면서 광산동 현 도청자리에 양식 · 목조단층건물로 세웠다 |
| | | | 지금의 청사는 당시 전남도청 기수로 있었던 金舜河선생이 1925년에 만든 작품이다 |
| | 전라남도청<br>회의실 | 현 위 치 | 동구 광산동 11번지 現 도청민원실 |
| | | 변천과정 | 도청좌측에 있는 민원실 건물로 1930년 건축가 김순하선생의 설계로 지은 지하1층, 지상2층 건물이다 |
| | 광주전등<br>주식회사 | 내 용 | 1917년 4월 수기옥정에 광주전등주식회사를 설립하고 다음달인 5월부터 착공하여 3개월만에 송전을 개시, 광주에 처음으로 전기가 켜진것은 1917년 8월 16일이다 |
| | | | 1961년 한국전력 광주지사로 발족 |
| | 어업조합연합회<br>전라남도사무소 | 현 위 치 | 동구 대의동 현 체신청 광주 · 전남지부 자리 |
| | | 내 용 | 조적조 건물로서 연대는 미확인 상태 |
| | | | 1949년 광주체신청이 창설되면서 체신청건물로 전용되었으나, 87년 신청사 건축시 철거되었다 |
| | 광주역사 | 현 위 치 | 동구 대인동 324-12 현 동부소방서 자리 |
| | | 변천과정 | 광주역사는 1921년 4월에 착공하여 1922년 7월에 준공됨 |
| | | | 1923년 9월 남조선철도주식회사와 함께 운영해 오다가 1928년 조선총독부에 매수됨 |
| | | | 6 · 25 동란으로 역사가 전소되어 1952년 1월 20일 역사를 재축. (현 광주소방서) |
| | | | 1969년 7월 5일 북구 중흥동 현재 위치로 이전 |
| | 신광주역사 | 현 위 치 | 동구 학동 구)남광주역 |
| | | 변천과정 | 1930년 12월 25일 광주-여수간 160km의 철도 개통과 함께 개설 |
| | | | 1936년 국철 신광주역으로 창설 |
| | | | 1948년 4월 1일에 남광주역으로 개칭 |
| | 광주세무서 | 현 위 치 | 동구 대의동 |
| | | 변천과정 | 1934년 5월 1일 개서 |
| | | | 1980년 광주민주화항쟁 당시 화재로 소실됨 |
| | 광산구청 | 현 위 치 | 충장로 1가 現 무등극장 자리 |
| | | 변천과정 | 1935년 광주부에서 광산군이 독립되었는데도 군청은 현 대의동 43번지 세무서 청사 자리에 해방후까지 남아 있었다 |
| | 경찰서 | 내 용 | 1935년 9월에 충장로 2가 우체국 건너편인 구 나라서점 일대에 설립 |
| | 헌병대 · 경무부 | 내 용 | 동구 장동 현 농협도지부 및 동부 경찰서 자리에 위치함 |
| | 자혜의원 | 현 위 치 | 동구 학동 전남대학교 의대 부속병원 |
| | | 변천과정 | 1910년 9월 동구 광산동에 개설 |
| | | | 1915년 現 전남대 부속병원 위치로 이설 |
| | | | 1925년 전남도립광주의원으로 개칭 |
| | | | 1945년 광주의학전문학교 부속병원으로 개칭 |
| | | | 1952년 전남대학교 의대 부속병원이 됨 |

## (2) 교육시설

| 구분 | 건 축 명 | 내용 및 변천과정 | |
|---|---|---|---|
| 교육시설 | 광주공립 고등보통학교 | 현 위 치 | 북구 누문동 현 광주제일고 |
| | | 변천과정 | 1920년 4월 6일에 개교하여 만2개년 간 광산관을 가교사로 사용 |
| | | | 1922년 4월부터 신축교사로 이전하고 광주공립고등보통학교가 됨 |
| | | | 1925년 전라남도 지방비에 의해 재정이 뒷받침되자 교사를 신축 |
| | | | 1938년 광주서중학교로 개명 |
| | | | 1953년 광주제일고등학교가 같은 위치에 설립 |
| | 광주공립 고등여학교 | 현 위 치 | 동구 장동 현 광주녀자고등학교 |
| | | 변천과정 | 1923년 3월 21일 일본인 학교조합에 의해 광주공립고등여학교를 설립 |
| | | | 1926년 10월 20일 별관교사를 신축준공 |
| | | | 1946년 9월 21일 광주공립여자중학교로 개명 |
| | | | 1951년 9월 25일 광주여자고등학교로 개편 |
| | 광주여자 보통학교 | 현 위 치 | 동구 장동 현 전남여자고등학교 |
| | | 변천과정 | 1927년 4월 25일 설립 |
| | | | 1928년 3월 31일 교사본관을 신축준공 |
| | | | 1938년 4월 1일 光州旭(あさひ)공립고등여학교로 개명 |
| | | | 1946년 6월 21일 전남공립여자중학교로 개명 |
| | | | 1950년 5월 15일 전남여자중학교로 개명 |
| | | | 1961년 3월 22일 전남여자고등학교로 개편 |
| | 광주공립 중학교 | 현 위 치 | 동구 계림동 현 광주고등학교 |
| | | 변천과정 | 1923년 5월 1일 5년제로 개교 |
| | | | 1924년 3월 18일 목조2층 구본관을 준공 |
| | | | 1971년 9월 23일 철근콘크리트조로 개축 |
| | | | 1933년 4월 1일 광주공립중학교로 개명 |
| | | | 1951년 8월 24일 광주고등학로 개편 |
| | 전라남도립 사범학교 | 내 용 | 특별 사범과 2개년, 강습과 1개년 과정의 초등교원 양성 사범학교 |
| | | 변천과정 | 1923년 3월 28일 개교 |
| | | | 1930년에 광주학생독립운동에 참여했다는 이유로 학교를 폐교시킴 |
| | | | 1938년 교육령이후 광주사범학교로 개칭 |
| | | | 해방이후 현재의 광주교육대학으로 개편 |
| | 공립사범학교 | 현 위 치 | 동구 동명동 現 중앙도서관 자리 |
| | | 변천과정 | 1923년 개교하여 고등보통학교의 일부를 사용하였으나 원촌리(현 동명동 중앙도서관)에 철근 콘크리트 2층 교사를 신축하여 이전 |
| | 사립배영학교 | 내 용 | 건축가로서 서울이화학당과 광주수피아여학교 교사를 설계한 徐路得(Swine Hart Martine.L.) 장로에 의해 1924년 설립됨 |
| | 사립숙명학원 | 현 위 치 | 現 금남로 5가 김두원 신경외과 자리 |
| | | 내 용 | 徐路得장로의 설계와 공사비 부담으로 1928년에 세워진 벽돌 양관. 배영학원과 마찬가지로 4학년제의 간이학교 |
| | 송정공업 고등학교 | 내 용 | 1930년대에 설립한 공업전문학교. 학교건물의 소실로 폐쇄되었다가 목포공업고등학교로 재설립됨 |

### (3) 금융시설

| 구분 | 건 축 명 | 내용 및 변천과정 | |
|---|---|---|---|
| 금융시설 | 호남은행 | 현 위 치 | 충장로 3가 충장서림 자리 |
| | | 변천과정 | 순수한 민족계은행으로 1920년 8월 16일 창립 |
| | | | 1925년 본점 건물을 충장로 3가에 신축·준공 |
| | | | 1942년 4월 30일 동일은행에 합병 |
| | | | 1950년 6월 한국은행 광주지점으로 사용 |
| | | | 1969년 11월 광주은행 본점 건물로 사용된 뒤 철거 |
| | 전라남도 금융조합연합회 | 현 위 치 | 동구 장동 現 농협도지부 자리 |
| | | 변천과정 | 연합회 건물은 1층 54평, 2층 46평의 조적조로 광주 벽돌집의 효시로 알려짐 |
| | | | 1975년 10월에 헐리고 농협 전남도지부의 새 건물이 들어섬 |
| | 광주상공회의소 | 현 위 치 | 동구 궁동 옛 MBC 사옥 자리 |
| | | 변천과정 | 1936년 광주시내거주 상공인과 지방유지들의 찬조로 신축. 내부장식은 아르누보 형식을 취하고 있다. |
| | | | 1969년 2월 MBC에 매도됨 |
| | | | 1985년 2월 16일 농성동으로 신축 이전 |
| | 전라남도 상공장려관 (전남상품진열소) | 현 위 치 | 동구 광산동 전남도청내에 위치함 |
| | | 변천과정 | 1930년대 설립. 6·25 당시에는 군에 징발되어 상공회의소 사무실로 사용 |
| | | | 1969년 10월 금남로 확장공사 관계로 철거됨 |

### (4) 문화시설

| 구분 | 건 축 명 | 내용 및 변천과정 | |
|---|---|---|---|
| 문화시설 | 오원기념각 (Owen 기념각) | 현 위 치 | 서구 양림동 98-87번지 現 기독병원 간호전문대학 강당 |
| | | 내 용 | 1904년 광주 최초의 선교사로 배유지 목사와 함께 들어와 선도와 의료봉사를 하다 1909년 세상을 떠난 오원(Owen)선교사를 기념하기 위해 1914년에 세워진 건평 453.8평의 양옥건물. 회색벽돌의 조적식 2층 건물로서 평면형태는 정방형이나 대각선상의 모서리에 위치한 설교단을 중심으로 좌우대칭 형태이다. 용도는 평면형태로 보아 예배당 및 집회실로 사용 |
| | 광주좌 | 현 위 치 | 동구 황금동 현 파레스호텔 자리 |
| | | 변천과정 | 1924년 4월 광주 최초의 공연장인 高砂屋(たかすなや)의 자리에 후지가와(藤川忠義)에 의해서 착공되어 1925년 11월 3일 개관. 건평 120평의 목조 2층 건물에 정원 300명 정도를 수용 |
| | | | 1931년 11월 8일 건물에 화재가 발생하여 그해 12월에 곧바로 가설 건축물을 지어 광남관이란 이름으로 영업 재개 |
| | | | 1932년 제국관이 문을 연 이후 폐쇄됨 |
| | 제국관 | 현 위 치 | 동구 충장로1가 현 무등극장 |
| | | 변천과정 | 1932년 구로세(黑瀨豊藏)에 의해 개관. 그때로서는 최신 시설을 갖춘 수용인원 674명 규모의 영화관으로서 야간상영으로 매일 영업함 |
| | | | 해방이후 공화극장이라 했다가 동방극장으로 이름을 바꾸어 운영 |
| | | | 다시 1970년대에 새로운 건물을 신축하여 오늘날의 무등극장에 이름 |
| | 광주극장 | 현 위 치 | 동구 호남동 현 광주극장 |
| | | 변천과정 | 광주극장은 한국사람에 의해 1935년 10월 10일 완공되어 영업 시작 |
| | | | 1967년 건축사 丁玉鎭에 의해 현건물 증축 |

## (5) 사회단체시설

| 구분 | 건 축 명 | 내용 및 변천과정 | |
|---|---|---|---|
| 사회단체시설 | 광주청년회 | 내 용 | 1920년 6월 12일에 창립됨 |
| | 광주기독교청년회 (YMCA) | 내 용 | 1920년 8월 29일(국치일)에 창립됨 |
| | 흥학관 | 현 위 치 | 동구 광산동 구시청 뒤 |
| | | 변천과정 | 1921년 광주보통학교동창회 주축으로 건립, 광주공립보통학교 동창회관으로 사용 |
| | | | 일제강점기 말에 광주시 식량배급조합 사무실 등으로 사용 |
| | | | 해방이후 초대 광주시의회 회의실로 사용되다 시청이 계림동으로 이전하면서 철거 |

## (6) 산업·상업시설

| 구분 | 건 축 명 | 내용 및 변천과정 | |
|---|---|---|---|
| 산업·상업시설 | 전남도시제사 주식회사 사무실 | 현 위 치 | 서구 양2동 現 삼익맨션 자리 |
| | | 내 용 | 1926년 5월 설립된 이 회사는 전남 최초의 대규모 생사공장으로 부지규모만 해도 2만평이었다. |
| | 종연(かねぼ) 방직주식회사 광주제사공장 | 현 위 치 | 現 학동삼익평화맨션(구 숭의실업전문학교)자리 |
| | | 변천과정 | 1930년 2월 공장 설립하고 1935년 임동에 새 공장을 지음 |
| | 염옥 (しおや) | 현 위 치 | 충장로 2가 現 산업은행 광주지점 건너편 |
| | | 내 용 | 1911년 일본상인 우오다니(魚谷與藏)가 차린 이 일용잡화점은 충장로 일본인 상가의 효시가 되었다. |
| | 도부 (わたべ) 양복점 | 현 위 치 | 충장로 1가 옛 조선대 동창회관 자리 |
| | | 내 용 | 일본상인들의 친절한 서비스 정신, 장인정신이라는 새로운 문물의 도입에 구심적인 역할을 담당하였다 |
| | 명치정 (めじまち) 公設市場 | 현 위 치 | 동구 금남로 舊 동구청 자리 |
| | | 변천과정 | 1936년 10월 일본인 전용시장이 97개 점포가 늘어선 매일상점시장으로 개설됨 |
| | | | 해방이후 복탕요리집이 즐비한 중앙시장으로 있다가 도시재개발사업으로 금남빌딩이 들어서면서 없어졌다. |

## (7) 종교시설

| 구분 | 건 축 명 | | 내용 및 변천과정 | |
|---|---|---|---|---|
| 종교시설 | 기독교 | 북문밖교회 | 현 위 치 | 금남로 4가 現 중앙교회 자리 |
| | | | 내 용 | 1921년 7월에 북문안교회의 교세확장에 따라 북문밖교회를 분리하여 건립함(일명 종례배당). 김정동 교수는 1917년에 분리되었다고 기록함 |
| | | 양림교회 | 현 위 치 | 서구 양림동 現 양림교회 |
| | | | 변천과정 | 1924년 7월에 북문안교회의 교세확장에 따라 양림교회가 분리 |
| | | | | 김정동 교수는 제일교회와 양림교회의 설립연대를 1904년 12월로 기록함 |
| | | | | 1967년 지금의 새예배당을 지음 |
| | | 향사리교회 | 현 위 치 | 향사리는 현재 귀동, 사동을 말하며 건물은 지금의 서현교회 자리에 위치 |
| | | | 변천과정 | 양림교회와 때를 같이하여 배영학교가 있던 鄕社理에 건립 |
| | 천주교 | 벨기념예배당 | 현 위 치 | 서구 양림동 수피아여고내에 위치 |
| | | | 내 용 | 수피아여학교를 설립한 배유지(Dr. Eugene Bell, 1868-1925)신부를 기념하기 위하여 건립한 건물로 수피아여학교의 Speer Hall (1911년), 오원기념관(1911년), 그리고 선교사사택(1920년)과 동일한 회색벽돌을 사용한 점과 과거 사진에 나타나는 건물의 모습으로 보아 1911년에서 1927년 사이에 건립된 것으로 추정된다. |
| | | 광주북동천주교회 | 현 위 치 | 북구 북동 33 |
| | 보천교 진정원 | | 현 위 치 | 동구 서석동 |
| | | | 내 용 | 1925년 당시의 서남리에 건립 |

## (8) 주거시설

| 구분 | 건축명 | | 내용 및 변천과정 | |
|---|---|---|---|---|
| 주거시설 | 전통한식주택 | 최승효가옥 | 현위치 | 서구 양림동 166번지 |
| | | | 내 용 | 정확한 건립연대는 알 수 없으나, 1920년경에 신축된 것으로 전해지고 있다. 사직공원과 귀동공원이 자리한 구릉의 동남단에 위치하고 있는 본 가옥은 독립운동가인 최상효씨의 집으로 당시 독립운동가들의 피신처가 되어왔다고 한다. |
| | | 김용학가옥 | 현위치 | 북구 매곡동 306번지 |
| | | | 내 용 | 丁巳 閏二月(1917)에 건립된 건물이다. 동서를 중심축으로 하여 고설삼문, 사랑채, 안채를 둔 주거와 그리고 이웃에 병행하여 역시 동서축으로 원지, 고설삼문, 하은정, 연파정 등 선조들이 유람상춘을 즐겼던 건물들로 배치되어있다. |
| | | 무송원 (현준호저택) | 현위치 | 동구 학동에 있었던 것을 화순으로 이전하였다. |
| | | | 내 용 | 무등산으로 올라가는 학동의 길가까이 있었다. 일제시대에 무송 현준호의 저택이었던 것을 1990년대에 아파트부지로 팔아 현재 아파트가 건설되었고 원래의 건물은 광주은행측에서 옮겨다 사원들의 수련원으로 이설하였다. 이 건물은 원래 1944년 현준호가 건립에 착수하였으나 완공을 보지 못하고 있다가 현준호의 셋째 아들인 현영원이 1966년에야 마무리를 하였다. |
| | | 조성준가옥 | 현위치 | 동구 동명동 現 동명빌라 |
| | | | 변천과정 | 춘암목의 경영자인 조성순은 1940년 동명동에 저택을 신축했는데 화려한 정원과 호화로운 실내장식, 고급 가구로 내부를 꾸며 그 당시 광주의 개인주택으로는 가장 호화로운 건물이었다. |
| | | | | 해방후 이 건물은 내부를 개조하여 광주 최초의 호텔인 동명호텔을 개업하였다. |
| | | 정석호가옥 | 내 용 | 1930년대에 지음 |
| | | 농협관사 | 내 용 | 건립연대 미상 |
| | 서양식주택 | 북동천주교회 사제관 | 현위치 | 북구 북동 천주교회내 |
| | | | 내 용 | 연면적 205m²의 벽돌조 2층 건물 |
| | | 선교사사택1 | 현위치 | 서구 양림동 現 장로회 호남신학교 기숙사 |
| | | | 내 용 | 회색벽돌의 조적식 2층 주택으로 1920년경 건축된 건물로 추정된다. |
| | | 선교사사택2 | 현위치 | 서구 양림동 現 장로회 호남신학교 기숙사 |
| | | | 내 용 | 회색벽돌의 조적식 2층 주택으로 바닥은 널마루로 깔았고 벽은 회반죽으로 마감하였다. |
| | 일본식주택 | 오용 가옥 | 현위치 | 장동 84-2번지 |
| | | 김봉도 가옥 | | 장동 83-5번지(해방직전에 건립됨. 대한통운지점장 사택) |
| | | 유중종 가옥 | | 장동 80-3번지 |
| | | 김인수 가옥 | | 장동 82-2번지 |
| | | 진정웅 가옥 | | 장동 81-2번지 |
| | | 장현섭 가옥 | | 동명동 154-73번지 |
| | | 김창복 가옥 | | 동명동 72-20번지 |
| | | 서승남 가옥 | | 동명동 72-12번지 |
| | | 김준형 가옥 | | 동명동 154-5번지 |
| | | 조병열 가옥 | | 동명동 154-54번지 |
| | | 설광수 가옥 | | 대의동 26번지 |
| | | 박형구 가옥 | | 궁동 31번지 |
| | | 송인석 가옥 | | 사구동 37-4번지(소화18년 건립) |
| | | 최귀실 가옥 | | 불로동 154번지 |
| | | 농협공관 | | 대의동 63번지 |
| | | 동부서장댁 | | 대의동 29번지 |

<table>
<tr><th>구분</th><th colspan="2">건 축 명</th><th colspan="2">내용 및 변천과정</th></tr>
<tr><td rowspan="15">주거시설</td><td rowspan="4">일본식주택</td><td>김동주 가옥</td><td rowspan="4">현위치</td><td>대의동 29번지</td></tr>
<tr><td>시장사택</td><td>동명동 154-44번지</td></tr>
<tr><td>김용덕 가옥</td><td>2007년 철거</td></tr>
<tr><td>김형순 가옥</td><td>불로동 151번지</td></tr>
<tr><td rowspan="11">유흥업용주택</td><td rowspan="2">동운여관</td><td>현위치</td><td>충장로 2가</td></tr>
<tr><td>내 용</td><td>1908년 광주에 처음으로 생긴 일본식 여관</td></tr>
<tr><td rowspan="2">北村樓<br>(きたむらろう)</td><td>현위치</td><td>동구 황금동 現 학생회관 자리</td></tr>
<tr><td>내 용</td><td>백여명을 수용할 수 있는 대규모 유흥 업소</td></tr>
<tr><td rowspan="6">春木庵</td><td>현위치</td><td>동구 황금동 구 광주미국문화원 자리</td></tr>
<tr><td rowspan="5">변천과정</td><td>1925년경 이춘실에 의해 구 광주미국문화원 자리에 개업되었으나 이춘실이 1929년 세상을 떠나 여동생인 이진이 남편 조성순과 함께 경영을 맡게 되었다. 음식점 건물은 김순하의 설계로 조성순이 지었다. 외정시대 광주에서 가장 인기 있고 규모가 큰 한식 요리집으로서 441평의 부지에 연건평 221평의 규모이다.</td></tr>
<tr><td>1933년에는 무등산 기슭 증심사 입구에 분수시설까지 갖춘 호화스런 춘목암 별장(현 삼애산장)을 신축</td></tr>
<tr><td>해방직전 일제의 전시체제 전환에 따른 유흥업소의 정비로 폐업되었고, 건물은 순천철도국에 매수되어 광주보선구 사무소의 직원 합숙소로 사용</td></tr>
<tr><td>해방 후에는 미군 숙소와 미군장교 구락부가 되었고, 1949년에는 광주미국공보원, 광주미국문화원으로 사용되었다.</td></tr>
<tr><td>1990년에 헐리운 뒤로 주차장이 됨</td></tr>
<tr><td>春乃家<br>(はるのいえ)</td><td>내 용</td><td>건립연대 미상</td></tr>
</table>

### ① 전통한식 주택

일제강점기에 건립된 전통한식주택은 그동안 재래로 이어져온 목조 가구 형식을 대부분 답습하면서도 부분적으로 외래적인 요소들을 나타내 보이고 있다. 전통한옥이 갖는 생활의 불편함을 개조한다거나, 더러는 유리창을 정면부분에 설치하는 등 우리의 전통적인 재료가 아닌 새로운 재료를 한옥에 사용하는 경우도 있다. 평면형식은 남부지방의 전형적인 형식인 一자형 평면을 하고 있으나 이장우 가옥에서처럼 ㄱ자형 평면을 하는 경우도 있고, 심지어 김용학 가옥처럼 중층으로 된 경우도 있다.

### ② 서양식 주택

일제강점기에 시기에 건립된 서양식주거 대부분은 선교사들의 사택이다. 이들은 초기에 광주로 들어와 기존의 한옥을 개조하여 사용하였으나 후에 그들의 기술과 자국에서 가져온 재료들을 이용하여 그들의 생활양식에 적합한 건물을 건립하였다. 이 사택들은 정방형에 가까운 평면을 하고 있는 중층으로서 정면에 포치를 두고 있다. 건물의 좌향은 남향을 고집하지 않았고, 각종 기능에 맞는 여러 가지 室들을 두었다. 사용재료는 회색벽돌로 붉은 벽돌집이 아니라는 점이 주목할 만하다.

### ③ 일본식 주택

오래전부터 호남의 행정 도시로 발달한 광주는 시의 중심인 금남로 1가, 충장로 1가를 중심으로 市 전역에 걸쳐 일본인이 거주하여 개항도시 목포에서 많이 볼 수 있었던 항만 노동자나 도시상인의 서민주거였던 연립형 주거(聯立型住居;まちや型, ながや型)도 산재했을 것으로 추측되지만, 현재는 도시재개발로 인해 소수의 단독형주거(單獨型住居;やしき型)만이 남아 있다.[50] 일식(日式)주택의 특징은 외부공간으로 한식주택의 마당보다는 조망용 정원을 즐겨 사용하고, 이에 따라 주거의 진입도 마당을 통하지 않고 바로 현관으로 진입하는 점을 들 수 있는 데, 이러한 생활방식의 차이로 일식주택의 마당도입이라는 변화의 과정을 겪게 된다.

### (9) 학동 팔거리 주요시설

| 연번 | 건 축 명 | 소 재 지 | 건축연대 | 면적($m^2$) | 층수 |
|---|---|---|---|---|---|
| 1. 상업시설 | | | | | |
| ① | 동광 정미소 | 광주광역시 동구 학동 880-12 | 일제강점기 | 71.40 | 지상 1 |
| 2. 주거시설 | | | | | |
| ① | 신방규 가옥 | 광주광역시 동구 학동 880-431 | 일제강점기 | 33.05 | 지상 1 |
| ② | 박종현 가옥 | 광주광역시 동구 학동 880-341 | 일제강점기 | 70.15 | 지상 1 |
| ③ | 강연순 가옥 | 광주광역시 동구 학동 880-476 | 일제강점기 | 44.29 | 지상 1 |
| ④ | 임수아 가옥 | 광주광역시 동구 학동 880-575 | 일제강점기 | 59.16 | 지상 1 |
| ⑤ | 김종호 가옥 | 광주광역시 동구 학동 880-530 | 일제강점기 | 49.90 | 지상 1 |
| ⑥ | 염홍렬 가옥 | 광주광역시 동구 학동 880-450 | 일제강점기 | 48.92 | 지상 1 |
| ⑦ | 주광태 가옥 | 광주광역시 동구 학동 880-488 | 일제강점기 | 23.80 | 지상 1 |
| ⑧ | 고일웅 가옥 | 광주광역시 동구 학동 880-36 | 일제강점기 | 58.52 | 지상 1 |
| ⑨ | 허남순 가옥 | 광주광역시 동구 학동 880-76 | 일제강점기 | 19.50 | 지상 1 |
| ⑩ | 김연순 가옥 | 광주광역시 동구 학동 880-94 | 일제강점기 | 38.28 | 지상 1 |
| ⑪ | 김주수 가옥 | 광주광역시 동구 학동 880-84 | 일제강점기 | 37.35 | 지상 1 |
| ⑫ | 전삼례 가옥 | 광주광역시 동구 학동 880-45 | 일제강점기 | 29.75 | 지상 1 |
| ⑬ | 신경애 가옥 | 광주광역시 동구 학동 880-180 | 일제강점기 | 35.37 | 지상 1 |
| ⑭ | 김준호 가옥 | 광주광역시 동구 학동 880-367 | 일제강점기 | 23.80 | 지상 1 |
| ⑮ | 김옥순 가옥 | 광주광역시 동구 학동 880-151 | 일제강점기 | 34.04 | 지상 1 |
| ⑯ | 정혁주 가옥 | 광주광역시 동구 학동 880-187 | 일제강점기 | 53.55 | 지상 1 |
| ⑰ | 박복순 가옥 | 광주광역시 동구 학동 880-197 | 일제강점기 | 27.10 | 지상 1 |

50) 정모, 生活實態調査를 통한 日式住宅의 空間的 持續과 變化에 관한 硏究, 대한건축학회지, 1992. 4.

### 4) 해방이전 광주건축의 양식별 특성

#### (1) 공공시설

1896년 한일합방 이후 근대적인 사회제도의 영향으로 관청건물을 위주로 한 건축물들이 지어졌다. 이때 군청, 면청, 도청, 도청회의실, 재판소, 우편국, 광주역사, 세무서, 경찰서, 광산구청, 자혜의원, 제중원, 감옥 등이 세워졌고, 이전부터 있었던 객사 건물도 남아있었다. 이들의 구조는 주로 조적조나 조적조에 철근콘크리트조를 일부 도입한 건물들이 대부분이었고, 평면 형태는 좌우 대칭형이 나타나고 있었다. 입면형태에서는 조적조의 영향으로 개구부의 크기에 제약을 받아 세로로 긴 창문이 사용되어 수직적 의장요소를 표현하고 있다. 구조의 영향으로 외장재는 벽돌이나 석재를 사용한 경우가 대부분이었다.

이들 중 현재 남아있는 건축물은 김순하 선생이 설계한 전남도청 본관과 회의실을 들 수 있다.

#### (2) 교육시설

해방이전 교육시설은 1895년 舊한국정부의 소학교령에 의해 3년 교육과정으로 설립된 광주소학교를 시작으로 공립광주보통학교, 심상고등소학교, 수피아 여학교, 숭일학교, 공립농업학교, 공립고등보통학교, 공립고등여학교, 여자보통학교, 공립중학교 등이 건립되었다. 교육시설의 평면 형태는 좌우대칭인 형태가 대부분이었고, 장방향 진입방식을 채택하였고, 편복도와 중복도의 형태는 각각 절반씩을 차지하고 있으며, 폐쇄적인 평면형식을 도입하였다. 건물의 입면형태는 대부분이 좌우대칭 형이고 일부 부분대칭형인 모습이 나타나기도 하였다. 이와 함께 중앙이나 중앙+건물양끝을 돌출시키고 창문의 방향을 세로로 하여 수평정인 입면에 변화를 추구하였다. 이 시기의 건물에서는 지붕의 환기를 위한 창이 나 있는 특징이 있다. 또한 이 시기에는 조적조와 조적조+철근콘크리트조의 구조를 주로 채택하였고, 1층보다는 2층 규모의 건물이 많았으며 벽돌마감이 벽돌+석재 마감보다 많은 경우로 나타났다.

#### (3) 금융시설

해방이전 광주의 금융시설은 대부분 현재의 충장로와 금남로 일대에 세워졌다. 1906년 광주에 맨 처음 세워진 근대은행인 광주농공은행을 시작으로 광주금융조합, 농협, 호남은행, 전라남도 금융조합연합회 등이 건축되었으며, 일본인이 이식한 서양식 건물들의 형태를 갖추고 있었다. 이들 중 전라남도 금융조합연합회의 건물은 1층 54평, 2층 46평의 조적조 건물로 광주 벽돌집의 효시로 알려지기까지 했다. 이들 은행들은 시간의 흐름에 따라 대부분 이전하고 원래의 건물들은 철거되어 현존하는 것은 없다.

#### (4) 종교시설

광주에 처음으로 교회를 세운 배유지 선교사는 1896년 한국에 와서 1898년 목포에 양동교회(陽洞敎會)를 세우고 1904년 10월에 광주에 왔다. 양림에서 시작된 광주에서의 첫 교회 예배는 점차 사람들의 숫자가 많아지자 선교사 사택으로는 모두 수용할 수가 없어서 1906년 가을에 지금의 충장로 3가에 북문안교회를 설립하여 예배를 보게 되었다. 광주 최초의 교회인 북문안교회는 1층 한옥의 형태를 하고 있었고, 평면은 'ㄱ'자 형태로 남·녀의 구별을 엄격히 하였다.

이후 북문밖교회, 양림교회, 향사리교회와 벨 기념예배당, 북동 천주교회 등이 건립되었는데 이들 시설은 조적조의 1층 규모였고 평면은 세로로 긴 장병형의 형태였다.

광주 천주교회의 첫 개척은 나주 노안 계량본당의 주임신부였던 박재수(요한)신부에 의해서였다. 그는 1926년 광주 북동에 공소를 마련할 대지를 사들였고, 1929년 12월 12일 광주에서의 첫 미사를 올리게 되었다. 그러나 그 미사는 외교인의 정미소 한 칸을 빌어 만든 임시 공소에서 이루어졌다. 이후 북동성당의 건립기금을 마련하기 위한 박재수 신부의 노력으로 부지를 매입하고 여섯 칸 두줄박이 공소 건물과 강당을 지었다. 그 후에도 꾸준히 확장되어 1933년 5월 29일 광주공소를 북동천주교회로 승격시키고 그 첫 출발을 하게 되었다. 1935년 2월에는 사제관을 건립하였고, 북동성당이 현재의 벽돌 건물로 신축되었던 것은 1938년 6월의 일이다.

한국의 성당건축은 1890년대부터 시작되었으며, 일본을 거치지 않고 서양 선교사를 통해 직접 들어옴으로써 그 어떤 건축유형에 비해 양식의 순수성을 지니고 있다. 그러나 일제강점기에는 절충과 양식의 상실이라는 과정을 거치게 되어 전반적으로 절충적이고 장식지향적인 건축이 주류를 이루고 있다.

수피아여고 예배당의 경우는 주 구조를 조적으로 하고 지하층과 1층을 경계하는 슬래브 바닥은 목재마루를 깐 형태를 보인다. 이 건물은 회색벽돌의 2층 건물로서 네덜란드식 쌓기를 하였고, 오웬 기념관, 선교사 사택 등과 동일한 수법이 사용되었다. 대부분의 건축물이 거의 좌우 대칭형이었고 벽돌이나 석재를 이용한 조적조를 사용하였으며 맞배지붕을 사용하여 출입구 부분은 높게 나타나 페디먼트를 구성하고 있다.

당시 성당 건축은 현관 출입부를 상하로 길게 하여 마치 돌출된 느낌을 연출하였고 건물 입면에 아치로 장식하였으며 조적조를 주 구조체로 사용하였고, 초기의 벽돌을 사용해 구조와 외장 재료의 마감을 처리하였다.

#### (5) 주거시설

일제 강점기의 주거는 크게 전통 한식주택, 서양식 주택, 일본식 주택으로 분류할 수 있다. 전통 한식주택은 재래부터의 방식을 답습하면서도 부분적으로는 외래의 재료를 사용한 경우가 나타나기 시작하였고, 선교사들의 사택으로 대표되는 서양식 주택 역시 기존의 한옥에 그들의 기술과 자국에서 가져온 재료를 이용하여 개조하여 사용하였다. 일본식 주거는 일본인들이 거주했던 지역에 남아있으며 연립형 주거와 단독형 주거가 건립되었을 것으로 생각되나 현재는 단독형 주거만이 남아 있다.

#### (6) 문화시설

광주지역 최초의 극장은 일본인 자본에 의해 설립된 광주좌와 제국관이다. 그러나 이곳들은 일본인을 우선적인 관람대상으로 하는 민족차별적인 문화공간으로 일본영화나 연극 공연을 주로 하였다. 광주극장은 당시 일본인 소유의 극장이 조선인을 차별한 것에 대항하여 조선인을 위한 문화공간을 만들자는 취지에서 1935년 10월 1일 1250석 규모로 개관하였다. 일본인의 공연장과 구별하기 위해 '..좌' 또는 '..관' 대신 '극장'이라는 어휘를 사용하였고, 악극단 및 판소리 등을 극화한 창극 공연에 비중을 두어 조선인을 위한 교육과 집회의 공간으로 활용되었다.

해방을 전후한 광주극장에서는 백범 김구 선생 등의 애국 강연회와 광주청년단, 전남삼균학회 등 각종 시민사회단체의 집회는 물론 학예회, 졸업식, 음악회, 연극이 공연되고 영화가 상영되었으며 밤에는 야학을 개설하는 등 이 지역의 서민문화예술을 주도하는 공간으로 기능을 하였다. 광주극장은 무대의 양쪽에 넓은 배우 대기실과 분장실을 갖추고 있었으며, 무대 하부에는 원형 턴테이블 장치도 설치하였고, 공연에 필요한 조명기구를 설치할 수 있는 공간이 마련되어 있었다.

오웬과 그의 할아버지를 기념하기 위해 1914년에 지어진 오웬 기념관은 교회나 집회가 가능한 시설로 이용되었다. 현재 종합유통 건물로 사용되는 구)녹성상회 건물은 1931년에 건립되었고, 1층은 체육관으로 2층은 사교장으로 사용되었다. 문화시설은 주로 목조, 조적조, 철근콘크리트조가 혼용되어 사용되었고, 층수는 1, 2층 정도였다. 평면 형태는 정방형이면서 좌우대칭보다는 부분대칭이거나 비대칭인 경우가 많이 나타났으며 대부분의 시설이 극장인 관계로 창문은 주로 고창(高窓)이 많이 사용되었다.

### (7) 상업 / 산업시설

상업시설은 주로 목조의 1, 2층 건물이 많았으며, 평면 · 입면으로 좌우 대칭적이면서도 확장이 가능한 형태를 가지고 있는 경우와 길이 방향으로 출입하는 경우가 많았다. 외장은 전면은 창을 내고 나머지 3면은 회벽, 몰탈 등을 사용하는 경우가 많았다.

### (8) 학동 팔거리 주요시설

광주광역시 동구 학동 830번지에 위치한 학동 팔거리 일원의 면적은 44,412.85㎡으로서 레벨차 3m 내외의 평탄한 지형으로 이루어져 있다. 동측 남문로와 연계된 이면도로와 편도 4차선의 서측 일방도로가 위치해 있으며, 남측에서 동측으로 광주천이 흐르고 있는 형국이다. 남문로변은 상가지역 건물군, 서측 연접부는 백화아파트가 입지해 있으며, 광주천을 건너는 3개의 교량인 방림교, 운월교, 방학교와 연결되어 있다. 마을 중심과 동측 경계부, 팔거리 가옥군 중심부 동신교회 바로 옆에 당산나무(느티나무)를 식재하였다.

팔거리는 현재 네 개의 블럭으로 구성되어 있는데 각 블록에는 각각 팔거리를 형성하였고, 전체 블럭의 중심부에 또 다시 팔거리를 형성하고 있다. 각 블럭의 팔거리는 조성 당시 본래 우물터였으나, 현재는 하수도 조성 등으로 우물이 오염되어 더 이상 사용하지 않고, 소광장을 대체 형성하고 있다.

그림에서 살펴볼 수 있는 바와 같이, 가로의 결절점에 형성된 소광장에는 커뮤니티 공간 객체들이 설치되어 있다. A지점에는 정면 1칸, 측면 1칸 규모의 작은 정자가 설치되어 마을 사람들의 휴식터가 되고 있으며, 동측 경계부의 B지점에는 당산나무가 식재되고 그 아래에 선술집이 위치하고 있어 마을 사람들의 모임 장소가 되고 있다. 마을 중앙부인 C지점 역시 당산나무가 조경되어 있으며, 그 옆에는 커뮤니티 모임 장소 중 하나인 동신교회가 위치하고 있다. 일제강점기에는 그 곳에 마을 사람들을 불러 모으기 위해서 북을 걸어두기도 했으며, 소광장은 조성 당시부터 마을 주민의 회합 장소로 사용되어 왔음을 알 수 있다.

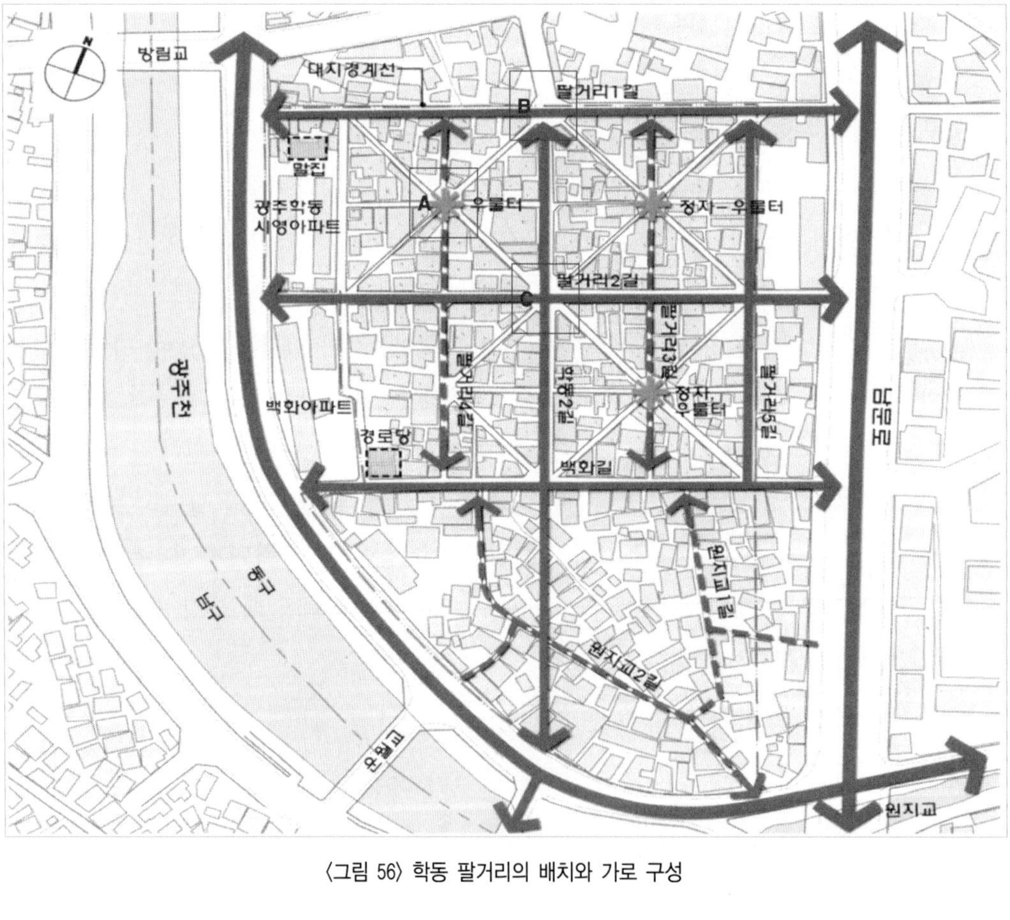


〈그림 56〉 학동 팔거리의 배치와 가로 구성

A. 중심부에 위치한 정자

B. 동측경계부의 당산나무

C. 중앙부의 당산나무

〈그림 57〉 소광장과 커뮤니티 공간 요소

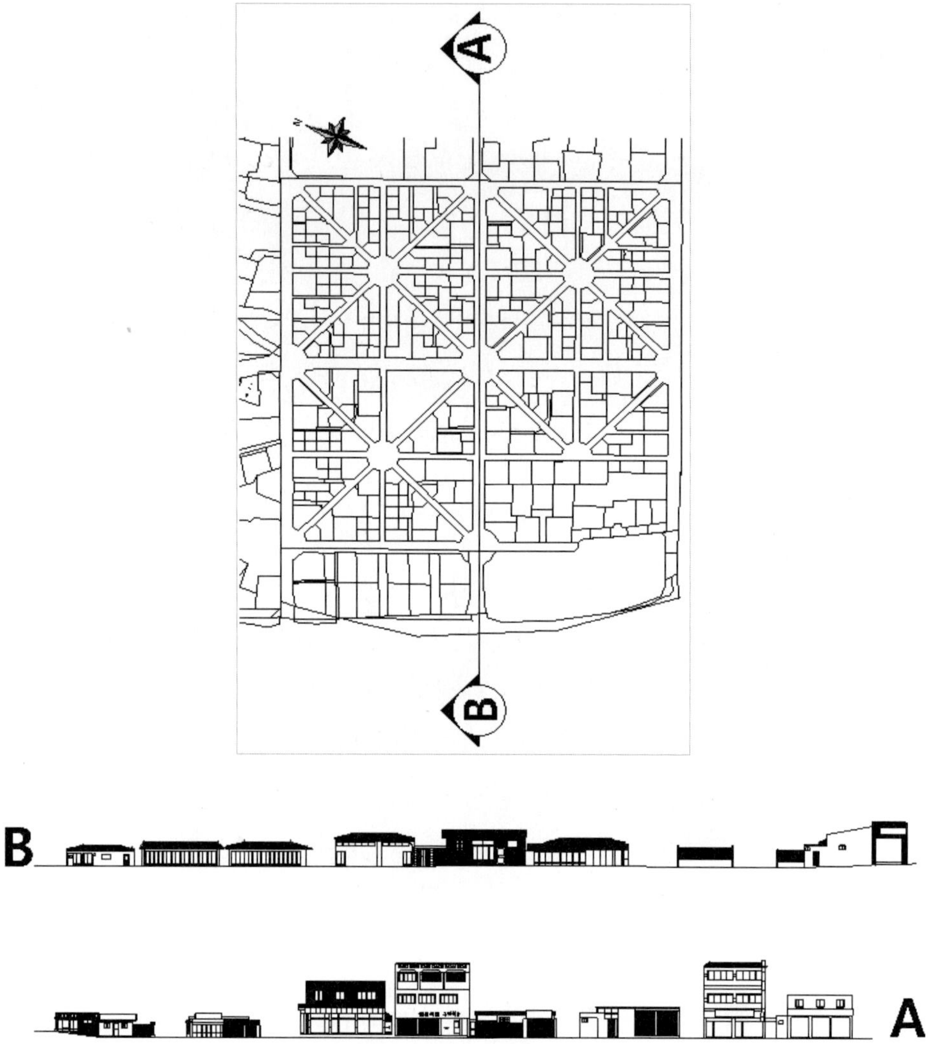


〈그림 58〉 팔거리 중심 가로의 건축 입면 구성

### 1) 상업시설

#### ① 동광 정미소

동광 정미소는 학동 팔거리 당산나무 앞에 위치하고 있다. 이 지역에 유일하게 남은 정미소로써 증언에 의하면 일제강점기 학동 팔거리가 조성될 때 건립 되었다고 한다. 건물의 평면은 양쪽 모서리가 잘린 직각삼각형을 하고 있다. 실의 구획은 크게 두 개실의 작업장과 입구 앞에 위치한 작업실, 그리고 맨 뒤에 위치한 화장실로 구획된다. 현재 내부에는 기계가 남아 있어 당시의 모습을 잘 나타내고 있다. 지붕 가구 구조는 왕대공트러스를 하고 있다. 바닥은 시멘트로 마감되어 있으며, 기둥은 방주로 지붕 가구를 받치고 있다. 내부 벽면은 비늘판벽과 시멘트로 마감되어 있고, 외부 벽면 역시 시멘트로 마감되어 있는데 외벽측면에는 시멘트뿜칠마감을 하였다. 지붕의 형태는 두 개의 맞배지붕이 중첩되어 있으며, 용마루에 솟을지붕을 두어 환기구 역할을 하고 있다. 지붕 마감 재료는 양철로 되어 있다. 입구의 문은 판장문으로 바깥쪽은 양철판으로 마감하였다. 창호는 살창이며 크기가 작아 환기 역할에 중점을 두었다.

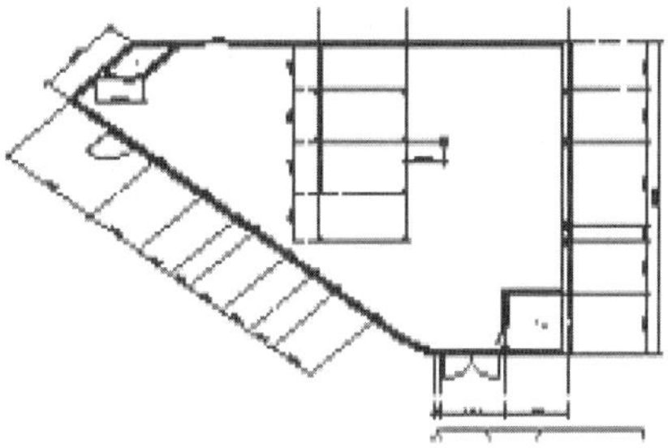

〈그림 59〉 동광 정미소 전경 및 평면도

### 2) 수거시설

#### ① 신방규 가옥

신방규 가옥은 학동 팔거리를 대표하는 근대 한옥 중 하나이다. 건립 연대는 이 지역의 다른 근대 한옥들과 마찬가지로 일제강점기로 추정된다. 건물의 배치는 입구 옆에 창고와 화장실로 사용되는 조적조 건물 1동과, 마당 안쪽에 한옥 한 동이 있다. 한옥의 평면은 '一'자형 평면에 부엌 쪽이 정면으로 조금 튀어 나와 있다. 간살이는 우측 방 두칸은 툇마루를 두고 있으며, 좌측에는 앞뒤로 방 두칸이 배치되고 오른편에 툇마루를 두어 툇마루가 'ㄱ'자로 이어지게 되어 있다. 좌측 방의 왼편에는 부엌을 두었는데 본래 부엌 위치가 아니고 후대에 증축하면서 변모된 듯하다. 현재 건물은 처음과는 다르게 증축된 부분이 많으며 벽체는 조적조로 바꾼 부분이 많다. 바닥은 마당과 같이 시멘트로 마감되어 있으며, 주초는 방형주초이나 대부분 묻혀 있다. 기둥은 방주를 세우고, 기둥머리 화통가지에 주심도리를 결구한 민도리양식이다. 처마는 홑처마이고, 지붕은 우진각지붕으로 시멘트 일식기와를 덮었다. 전체적으로 많이 개조되었으나 기본 구조는 잘 보존되어 있는 편이다.

 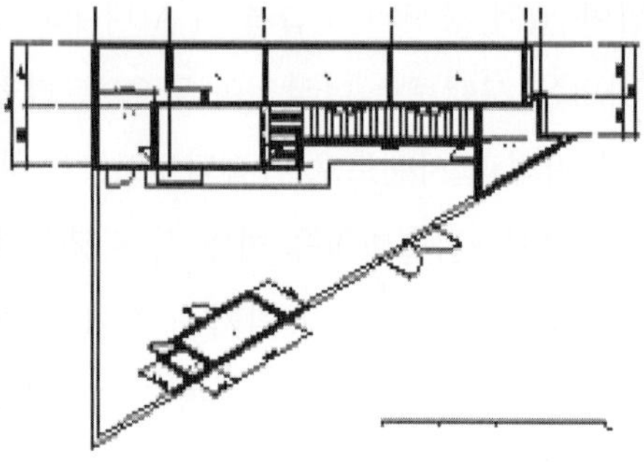

〈그림 60〉 신방규 가옥 전경 및 평면도

② 강연순 가옥

강연순 가옥은 마당을 중심으로 건물들이 둘러싸고 있다. 대지는 양쪽 모서리가 잘린 직각삼각형 모양을 하고 있다. 한옥으로써 후대에 개보수가 많이 진행되었다. 마당을 중심으로 건물을 꾸준히 증축하였다. 본래 한옥 역시 벽체가 개조되어 조적조로 바뀌었으며, 증축된 부분 역시 조적조 건물이다. 그러나 기둥이나 보, 도리 등 일부 구조체가 남아 있어 본래의 모습을 알 수 있다. 마당은 팔각형 시멘트 블록을 쌓았고, 기단은 시멘트로 마감하였다. 주초는 기단에 묻혀서 잘 드러나지 않는다. 기둥은 방주를 세우고 기둥머리 화통가지에 보머리와 주심도리를 결구한 민도리양식이다. 지붕은 우진각 지붕으로 일식 시멘트기와를 얹었다. 전체적으로 학동 팔거리의 초기 한옥 모습을 유지하고 있으며, 이후 개, 보수된 모습을 잘 보여주고 있다.

 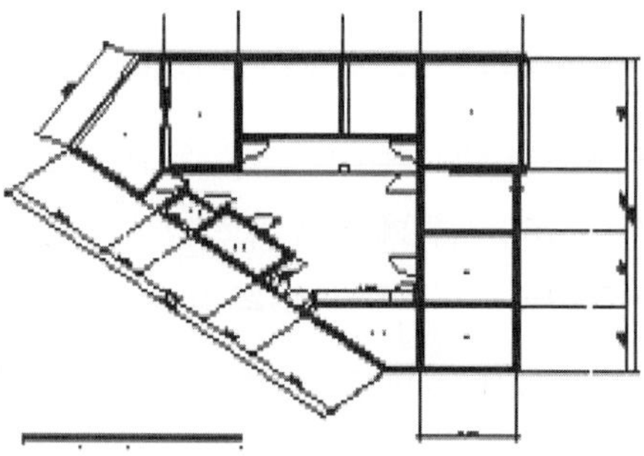

〈그림 61〉 강연순 가옥 전경 및 평면도

③ 임수아 가옥

임수아 가옥은 학동 팔거리에서는 드물게 잘 보존된 근대 한옥이다. 이 건물역시 잦은 개보수로 원형이 많이 변형되었지만, 기본 한옥의 뼈대는 유지하고 있다. 건물의 배치는 크게 'ㄱ'자형 한옥 한 동과 별채 한 동, 화장실 한 동이 있다. 한옥의 간살이는 우측부터 마루와 방 2실이 앞뒤로 배치되어 있으며, 날개채 부분에 방과 마루가 앞뒤로 배치되어 있다. 날개채 맨 좌측에는 방과 부엌이 앞뒤로 배치되어 있다. 건물 후면에는 쪽마루가 있으나, 담벼락과 지붕이 이어져 실내 공간으로 사용되고 있다. 마당 바닥과 기단은 시멘트로 마감되었고, 주초는 거칠게 다듬은 방형 주초이나 몇 개만 노출되어 있고 많은 수가 묻혀 있다. 기둥은 방주를 세우고 기둥머리 화통가지에 주심도리와 보머리를 결구한 민도리집이다. 지붕은 우진각지붕이며 기와는 일식 시멘트기와를 얹었다. 전체적으로 보존이 잘된 편이며, 학동 팔거리의 근대 한옥의 특성을 잘 나타내고 있다.

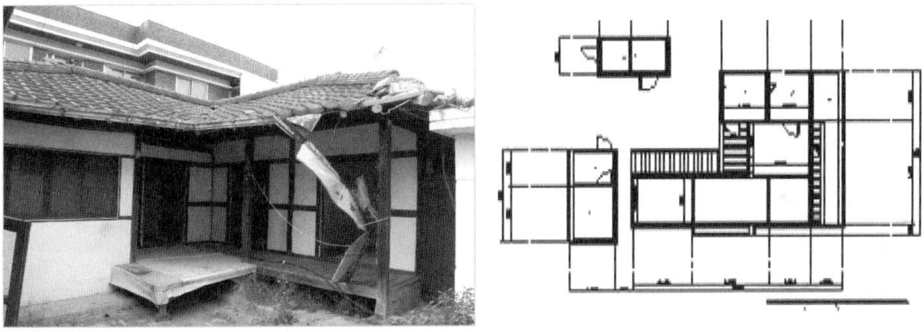

〈그림 62〉 임수아 가옥 전경 및 평면도

④ 김종호 가옥

김종호 가옥은 전체적으로 개보수가 많이 진행된 상황이지만 다른 가옥에 비해서 원형이 잘 보존된 편이다. 가옥의 배치는 '一자형' 안채와 부속채로 이루어져 있다. 안채는 본래 규모는 정면 3칸, 측면 1칸이나, 현재는 많은 개보수와 증축으로 인해서 좌측으로 확장되었다. 확장이 되면서 부속채와 연결이 되어 전체적으로 끝이 꺾인 'ㄴ자형' 평면을 하고 있다. 협소한 대지에 건물이 증축되다 보니 마당이 협소해짐에 따라 마당 위에 차양을 덮어서 마당을 실내 공간으로 활용하고 있다. 건물의 기단은 시멘트 모르타르로 덮여 있으며, 주초는 막돌주초를 놓았다. 기둥은 방주를 세우고, 지붕은 홑처마에 우진각지붕을 하고 있다. 기와는 시멘트 일식기와를 얹었다.

 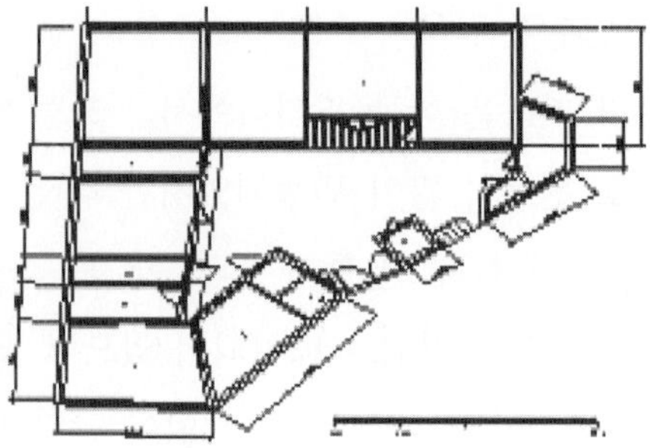

〈그림 63〉 김종호 가옥 전경 및 평면도

⑤ 주광태 가옥

주광태 가옥의 배치는 'ㄱ'자로 되어 있다. 안채는 '一'형 평면이며 우측으로 날개채를 증축하였다. 안채의 규모는 정면 3칸, 측면 2칸이다. 기단과 주초는 시멘트몰탈로 덮혀 있어 원형을 알 수 없다. 기둥과 벽체 역시 시멘트블록조로 대체되어서 원형을 알아보기 힘들다. 지붕은 우진각지붕으로 일식 시멘트기와를 얹었다.

 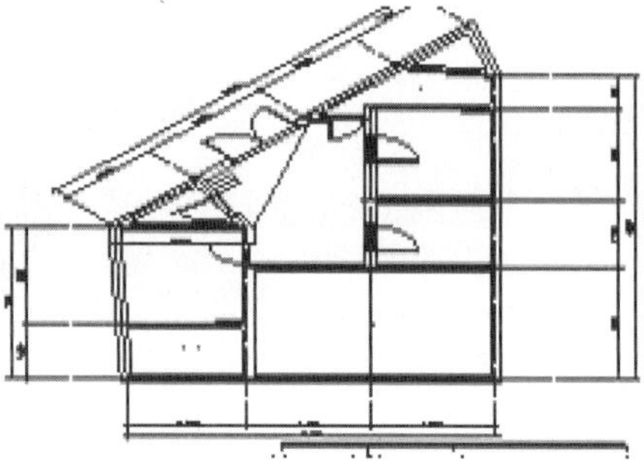

〈그림 64〉 주광태 가옥 전경 및 평면도

⑥ 고일웅 가옥

고일웅 가옥의 배치는 가게와 주거 용도로 사용되는 한옥 한 동과 조적조로 지어진 별채 한 동이 있다, 한옥의 간살이를 보면 가장 우측에 식당으로 사용되는 실이 있다. 과거에는 부엌이었으나, 후대에 개조된 것으로 보인다. 식당 좌측으로 방이 있으며, 방 옆에 툇마루와 방이 앞뒤로 배치되어 있다. 툇마루 좌측으로 방과 창고가 앞뒤로 배치되어 있다. 바닥은 시멘트마감이며, 주초는 묻혀서 보이지 않는다. 기둥은 방주를 세우고 기둥머리 화통가지에 주심도리를 결구한 민도리양식이다. 지붕은 우진각지붕으로 일식 시멘트기와를 얹었다. 전체적으로 변형이 많이 되었으나, 창호 일부와 골격은 원형을 간직하고 있다.

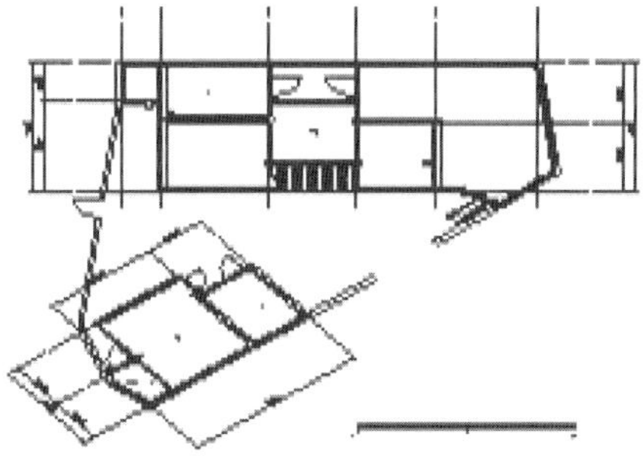

〈그림 65〉 고일웅 가옥 전경 및 평면도

⑦ 신경애 가옥

신경애 가옥의 위치는 학동 팔거리의 가장 중심거리인 북동~남서 방향의 가로변에 위치하고 있다. 가옥의 배치는 一자형 평면을 한 본채 한 동이다. 가옥의 규모는 정면 3칸, 측면 2칸이며, 좌우로 증축하였다. 본래 있었던 목구조는 수차례 수리를 통해서 많은 부분이 보이지 않게 되었다. 기단과 초석은 묻혀서 보이지 않고, 정면 기둥만 현재 드러나 있다. 지붕은 홑처마 우진각지붕으로 시멘트 일식기와를 얹었다. 입면 창호와 배치를 통해서 이 가옥이 상가 건물이었음을 알 수 있다.

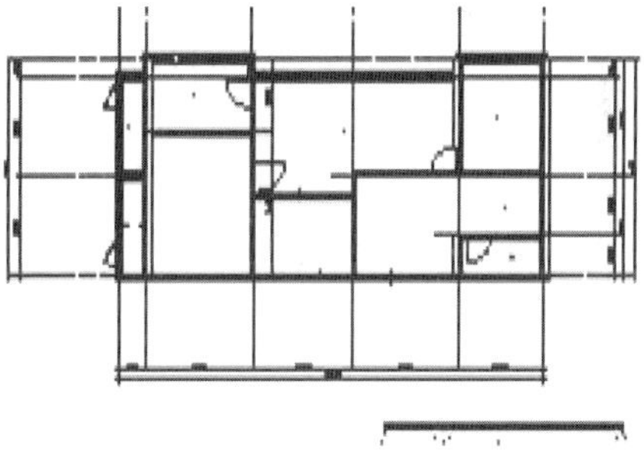

〈그림 66〉 신경애 가옥 전경 및 평면도

저소득층 도시인들의 생활공간이 되어 주었던 학동팔거리는 주거환경개선사업으로 고층아파트가 들어서 철거되었다. 이러한 가로공간의 모습이 산업화와 도시화의 소용돌이에서 자꾸만 소외되어 소시민이 되어 버린 소박한 시민들의 일상과 삶을 담은 흔적으로만 남아 있는 공간이 되었다. 역설적인 애기로 들릴 수도 있으나 가로공간을 나름대로의 의미 있는 가치로 인식하고 이를 통한 새로운 도시 저소득층의 주거 모델에 대한 이해의 기회가 되기를 기대한다.

## 5) 현존하는 건축물

| 연번 | 명 칭 | 소 재 지 | 건립 년도 | 구조 규모 | 연번 | 명 칭 | 소 재 지 | 건립 년도 | 구조 규모 |
|---|---|---|---|---|---|---|---|---|---|
| 1. 공공시설 | | | | | | | | | |
| ① | 전남도청 본관 | 동구 광산동 13 | 1925 | 조적조 지하1, 지상3 | ③ | 전남경찰청 민원실 | 동구 광산동 13 | 1944 | 조적조 지상2 |
| ② | 전남도청 민원실 | 동구 광산동 13 | 1930 | 조적조 지하1, 지상3 | | | | | |
| 2. 교육시설 | | | | | | | | | |
| ① | 전남여고 구본관 | 동구 장동 39-1 | 1928 | 조적조 지상2 | ⑦ | 광주교대 본관 | 북구 풍향동 1-1 | 1939 | 조적조 지상2 |
| ② | 중앙초등학교 본관 | 동구 궁동 6-2 | 1930 | 조적조 지상2 | ⑧ | 수피아홀 | 남구 양림동 251 | 1911 | 조적조 지하1, 지상2 |
| ③ | 서석초등학교 서석관 | 동구 서석동 14-1 | 1930 | 조적조 지상1 | ⑨ | 수피아여중 본관 | 남구 양림동 251 | 1927 | 조적조 지하1, 지상2 |
| ④ | 서석초등학교 본관 | 동구 서석동 14-1 | 1935 | 조적조 지상2 | ⑩ | 지성고시원 | 남구 백운2동 593-23 | 1930 년대 | 조적조 지상2 |
| ⑤ | 서석초등학교 별관 | 동구 서석동 14-1 | 1943 | 조적조 지상2 | ⑪ | 수피아여고 소강당 | 남구 양림동 251 | 1935 | 조적조 지상1 |
| ⑥ | 수창초등학교 본관 | 북구 북동 102 | 1931 | 조적조 지상2 | ⑫ | | | | |
| 3. 종교시설 | | | | | | | | | |
| ① | 원각사 | 동구 금남로 4가 51 | 1914 | 목조 지상1 | ③ | 수피아여고 예배당 | 남구 양림동 256 | 1921 | 조적조 지하1, 지상1 |
| ② | 북동성당 | 북구 북동 33 | 1938 | 조적조 지상2 | | | | | |
| 4. 상업시설 | | | | | | | | | |
| ① | 지영정밀 | 동구 수기동 37-3 | 1930 년대 | 목조 지상1 | ④ | 현대비철금속 | 동구 수기동74 | 1940 년대 | 목조 지상2 |
| ② | 일신당 | 동구 충장로 5가 47-1 | 1930 년대 | 목조 지상1 | ⑤ | 미니스톱 송정역점 | 광산구 송정동 1001-9 | 1920 년대 | 목조 지상2 |
| ③ | 광주정밀 | 동구 수기동31-2 | 1930 년대 | 목조 지상1 | | | | | |
| 5. 문화시설 | | | | | | | | | |
| ① | 광주극장 | 동구 충장로 5가 62-9 | 1935 | 철콘 지상3 | ③ | 종합유통 | 남구 사동 109-11 | 1931 | 목조 지상2 |
| ② | 오웬기념관 | 남구 양림동 92-87 | 1914 | 조적조 지상2 | | | | | |

| 연번 | 명 칭 | 소 재 지 | 건립 년도 | 구조 규모 | 연번 | 명 칭 | 소 재 지 | 건립 년도 | 구조 규모 |
|---|---|---|---|---|---|---|---|---|---|
| 6. 주거시설 | | | | | | | | | |
| ① | 백동기 가옥 | 동구 충장로 5가 52-1 | 1930 년대 | 6조적조 지상2 | ⑩ | 북동천주교회 사제관 | 북구 북동 33번지 | 1935 | 조적조 지상2 |
| ② | 김유성 가옥 | 동구 장동 80-3 | 1940 년대 | 목조 지상1 | ⑪ | 김성수 가옥 | 북구 북동 81-1 | 1940 | 목조 지상1 |
| ③ | 전영동 가옥 | 동구 장동 81-2 | 1940 년대 | 목조 지상1 | ⑫ | 한금석 가옥 | 북구 북동 60-2 | 1930 년대 | 목조 지상1 |
| ④ | 정계숙 가옥 | 동구 장동 83-1 | 1940 년대 | 목조 지상1 | ⑬ | 최승남 가옥 | 남구 양림동 168 | 1920 년대 | 목조 지상2 |
| ⑤ | 김미나 가옥 | 동구 장동 83-5 | 1940 년대 | 목조 지상1 | ⑭ | 우일선 선교사사택 | 남구 양림동 226-25 | 1927 | 조적조 지하1, 지상2 |
| ⑥ | 오 용 가옥 | 동구 장동 84-2 | 1930 년대 | 목조 지상2 | ⑮ | 최부자댁 | 남구 사동 128 | 1940 년대 | 목조 지상2 |
| ⑦ | 이국현 가옥 | 동구 동명동 154-73 | 1940 년대 | 목조 지상1 | ⑯ | 송인석 가옥 | 남구 구동 37-4 | 1944 | 목조 지상2 |
| ⑧ | 이상근 가옥 | 동구 동명동 154-73 | 일제 시대 | 목조 지상1 | | | | | |
| ⑨ | 최규실 가옥 | 동구 불로동 154 | 일제 시대 | 목조 지상1 | | | | | |
| 7. 산업시설 | | | | | | | | | |
| ① | 광주기계 | 북구 북동 60-1 | 1930 년대 | 조적조 지상1 | | | | | |

### (1) 공공시설

#### ① 전남도청 본관

〈그림 67〉 전라남도청 본관

전남도청은 여러 가지 역사적 사건으로 점철된 현장이다. 이곳은 일제하에는 전남 민중에 대한 수탈이, 해방 후에는 새로운 억압체계의 재편이 이루어졌던 곳이며, 현대에 와서는 광주항쟁을 상징하는 곳이기도 하다.

광주가 전라남도의 행정중심지가 되었던 것은 1896년 8월 4일 나주에 있던 전라남도관찰도가 옮겨오면서부터이다. 한일합방직후인 1910년 9월 30일 도관찰사를 도장관으로 바꾸고 관찰부를 도청이라 고치면서 광주시 광산동 현 도청자리에 서양식, 목조 단층건물이 세워졌다. 지금의 청사는 1920년~1930년대 전남 유일의 한국인 건축사였던 김순하에 의해 1925년에 설계되었던 것이다. 초기에 설계된 당시 건물의 형태는 붉은 벽돌을 사용한 2층 조적조 건물이었다. 중앙에 계단을 두고 남쪽으로 실을 배치한 편복도 형식의 건물은 북쪽을 향하고 있는데 이는 광주 읍성 때의 동헌(현 도청 광장 분수대 자리)을 바라보고 배치했다는 이야기가 있다. 해방 후 미군정청이 들어오면서 미국의 백악관을 연상시키는 흰색 페인트칠을 해 지금까지 유지되고 있다. 행정의 규모가 늘어남에 따라 불가피한 증축이 요구되어, 1975년 김태만에 의해 현재와 같은 3층으로 설계 증축되고 좌 · 우에 새로 지어진 건물들과도 확장시켜 연결하였다. 지금은 원래의 모습을 쉽게 파악할 수가 없는 아쉬움이 남는다.

### ② 전남도청 민원실

〈그림 68〉 전남도청 민원실

이 건물은 일제시대에 활동하던 건축가 김순하의 설계로 1930년에 건립된 것이다. 동구 광산동에 있는 도청건물의 좌측에 위치하고 있으며 지방유형문화재 제6호로 지정되어 있다. 지하 1층, 지상 2층의 조적조 붉은 벽돌 건물이며 2층의 주 공간은 창문이 상하로 나뉘어 있어 밖에서는 3층으로 보이는 아담한 건물이다. 도로면의 출입구 상부에서 옥상까지 전면을 유리로 장식하고 그 좌우 모서리를 곡면으로 처리한 점과 원형창 및 전면출입구 앞 계단 난간의 곡선처리 등 당시 건물로는 혁신적인 기법이 도입되어 있다.

현재는 붉은 벽돌이 보이지 않게 흰색 페인트칠이 되어 있고 정면 현관 출입구 부분만 석재를 사용한 것이 남아 있으며 내부는 새롭게 수리하였다. 정면 출입구와 측면 출입구가 내부를 통하여 연결이 되어 있었으나 현재는 막아놓은 상태이고 전면으로 돌출된 유리 뒤편으로 2층과 옥상 층으로 올라가는 계단이 보인다.

일제치하에서 활동한 몇 명 안 되는 한국인 건축가 김순하에 의해 설계된 건물로 시대를 앞선 선각자적 조형 구상이 나타나 있는 점에서 한국 근대 건축의 귀중한 작품의 하나로 높이 평가된다.

③ 전남지방경찰청 민원실

본 건물은 전남도청이 확장을 하던 1944년에 지어진 건물로 도청 민원실 뒤편에 도청민원실과 브리지로 연결되어 현재는 전남지방경찰청 민원실로 사용하고 있다.

원래는 붉은 벽돌로 사용을 하였지만 미군정이 들어오면서 도청 본관이 백악관을 연상하여 백색으로 색을 칠하면서 같은 색으로 칠을 하게 되는데 후에도 백색 칠을 하여 오늘에 이르고 있다.

〈그림 69〉 전남지방경찰청 민원실

벽돌로 기둥을 형성하고 그 사이 사이에 세로로 긴 창문을 층마다 두었으며 지붕에는 기둥상부로 연결되어 붉은 벽돌로 만들어진 두 개의 굴뚝이 서 있어서 원형의 벽돌을 짐작케 하고 있다. 정면부는 도청 민원실과 연결이 되어 그 형태를 알아보기 힘드나 후면부와 비교하고 도청 민원실과 브리지 연결부분으로 볼 때 출입구 부분을 설치하기 위해 벽면을 덧달아 낸 것으로 보인다. 이는 측면과의 통일감에서 이질적인 면을 보여주고 있어 어색함을 보여주고 있다.

후면부는 전면부와 마찬가지로 벽돌로 기둥을 세우고 사이에 창문을 두어 통일감을 주고 있다. 지붕의 페디먼트 부분에 창문을 두었는데 하부의 창문과 좋은 대비를 이루고 있다.

(2) 교육시설

① 전남여고 (구)본관

- 건립시기 : 1928년

일제강점기에 지어진 건물로서 이시기 광주에 지어져서 현존하고 있는 몇 안 되는 학교 건물 중 하나이다. 당시 한국인 여학생을 위한 여학교로서 광주학생운동의 발생지가 되는 전통이 깊은 학교이다. 현재는 등록문화재로 지정되어 보수 중에 있다.

2층의 조적조로 되어 있는 건물로서 학교 교문의 중심축선상에 배치되어 있다. 건물의

〈그림 70〉 전남여고 (구)본관

〈그림 71〉 중앙초등학교 본관

중앙부분에 수직을 강조하는 첨탑의 형식으로 주 출입구를 설치하여 좌 우 대칭의 평면을 가지고 있는 모습이다. 건물의 배면에는 기둥과 굴뚝을 이용하여 건물의 권위적인 면을 보여주고 있으며, 창은 이 시기에 많이 사용하였던 것으로 보이는 dome 창으로서 수직성을 강조해주고 있다.

② 중앙초등학교 본관

- 건립시기 : 1930년

광주 중심지에 위치한 초등학교로 일제시대에 건립된 것이다. 2층의 붉은 벽돌조적조 건물로서 주변의 교통이 번잡하고 이웃에 상가, 병원, 관공서 등, 시내 중심의 콘크리트 현대식 건물과 좋은 대조를 이룬다. 1층 관리 공간, 2층 체육관의 중심부 양옆으로 1, 2층 각 5개 교실이 八자형으로 배치되어 있어 정남향에 위치한 운동장을 감싸고 있는 평면 형태를 하고 있다. 복도를 북측에 두고 교실을 남향으로 배치하여 채광을 고려하였으며 관리동 양측에 계단실과 운동장으로 통하는 통로를 두어 전체 133m의 길이에 알맞은 건물배치를 하여 유기적으로 동선처리를 하였다. 중심부인 관리동 및 강당부분의 bay는 남측과 북측양면에 굴뚝을 돌출시켜 버트레스로 처리하였고 교실동은 남측은 삼각 버트레스로 각 교실을 분리하고 북측은 더스트 슈트(dust chute)를 돌출시켰다.

③ 서석초등학교 서석당(현 체육관)

- 건립시기 : 1930년
- 등록문화재 제17호(체육관, 본관)

붉은 벽돌조 건물로 박공형 지붕이 무겁게 얹어진 것 같은 느낌을 주나 벽돌쌓기로 벽면을 장식하여 면을 구획하고 있다. 벽 전체에 전혀 돌을 사용하지 않고 크고 작은 입체구성으로 외관의 아름다움을 나타냈을 뿐 아니라 벽돌쌓기의 정교함이 당시대의 우수한 조적기술을 나타내고 있다.

평면 형태는 장방형으로 정면에 넓은 현관이 있는데 현재는 창고용도로 쓰고 있고 우측면 아케이드 부분에 넓은 옆문을 두어 주 출입구로 사용하고 있다. 실내 경기를 위한 넓은 홀이 있고, 내부 후면에 바닥으로부터 75㎝ 높이의 연단이 있고, 연단 양측 뒤에는 준비실 및 준비실로 통하는 통로가 있어 각종행사나 연극 등을 할 수 있도록 꾸며져 있다. 또한 연단 하부에는 반지하실을 두어 창고로 활용하도록 하였다.

〈그림 72〉 서석초등학교 서석당(체육관)

벽면의 하부는 고막이 없이 영식쌓기로 조적하고 하벽과 상벽을 세워 내쌓기 돌림띠로 구분하였다. 상벽은 마구리면 부분을 매 켜마다 한 켜 걸음 들여 내쌓기하고 코니스부분은 3단 마구리면 내쌓기를 한 후 왕대공 트러스 위에 소골 슬레이트 마감을 하였다. 또한 양측면의 창열은 인방과 창대를 조적하여 상부 창과 하부 창을 구획하고 원형 및 반원형 창은 아치쌓기로 구성하였다. 아케이드 부분의 원형기둥이나 하부 벽 모서리 부분에 서로 다른 크기의 벽돌을 불규칙하게 배열하여 의장적으로 꾸미고 있다.

### ④ 서석초등학교 본관

- 건립시기 : 1935년

서석초등학교는 1896년 11월 6일 전라남도 관찰부 공립 소학교로 개교했다. 이후 1906년 11월 공립광주보통학교로 개칭하였다가, 1910년 11월에는 광주공립보통학교로, 이어 1934년에 광주제1보통학교, 1938년에 광주서석공립심상소학교, 1941년에는 광주서석공립국민학교, 1950년에 광주서석국민학교, 최종적으로 1996년 광

〈그림 73〉 서석초등학교 본관

주서석초등학교로의 교명 변천사를 갖게 되었다.

공립광주보통학교였던 1906년 광주향교 사마제를 임시 교사로 사용하다가 1907년 동문로에 교사를 신축하였다. 그 후 1927년 현 서석초등학교 자리로 2층 목조교사를 신축하여 이전하였고 190평의 조적조로 강당을 신축하였는데 1933년에 강당을 제외한 전교사가 화재로 소실되어 1935년에 다시 조적조 2층으로 본관을 신축하여 오늘에 이르고 있다.

〈그림 74〉 서석초등학교 본관 현관부

〈그림 75〉 서석초등학교 본관 우측 벽 원형 채광창

본 건물은 벽돌로 만들 수 있는 재미있는 요소를 많이 가지고 있다. 현관 부분은 영식쌓기를 하였으며 벽돌에서 오는 딱딱한 이미지를 상쇄하기 위해 전면 모서리 부분은 둥글게 처리를 하였고 부분적으로 둥글게 내쌓기하여 장식적인 측면을 고려하였다. 지붕 위에는 반타원형 아치를 두어 환기창을 만들었고 현관 2층 부분은 벽돌기둥을 관통하는 슬래브를 만들어 게양대를 설치하였다. 현관 우측벽면에는 원형 채광창을 두어 장식적인 측면과 채광문제를 고려하였다. 현재는 'ㄱ'자 날개 부분의 끝부분을 헐어내고 교사를 증축하고 있다.

⑤ 서석초등학교 별관

- 건립시기 : 1943년

1935년 화재로 소실되었던 본관과 체육관을 새로 건립한 이후에 1943년 새롭게 별관을 건립하였다.

지상 2층 규모의 조적조 건물로 외벽은 붉은 벽돌로 마감을 하였으며 기둥과 연결하여 굴뚝이 설치되어 있다. 전체적인 외형은 본관과 유사한데 체육관인 서석당을 중심으로 거의 대칭적인 형태를 하고 있으나 지붕 위의 환기창이 없고 'ㄱ'자로 꺾인 부분의 지붕 이음 형태가 다르다. 본관은 용마루가 연결된 형태인데, 별관은 별개의 지붕 2개가 맞닿아 하단부에서 연결된 형태이다. 각 교실은 편복도를 갖고 있으며 1층 교실들은 복도 반대편으로 직접 외부와 통하는 출입문을 가지고 있다.

〈그림 76〉 서석초등학교 별관

층을 구분하기 위해 수평의 돌림띠를 돌렸는데 창문의 상·하인방에 돌림띠를 설치하였으며 지붕과 벽면이 만나는 부분도 돌림띠를 설치하여 창문의 수직적인 요소와 알맞은 조화를 이루고 있다. 1, 2층 창문 사이의 벽은 한 켜 내밀어쌓기를 하였고, 양 옆은 각지지 않게 둥글게 마감하였다. 이는 본관, 별관의 공통된 형식인데 이 뿐만 아니라 건물 전면의 모서리들도 둥글게 쌓아올려 조적한 것을 보아 이 시기의 조적기술의 수준을 짐작할 수 있다. 본관과 마찬가지로 1층의 각 교실은 직접 외부로 출입하는 문을 가지고 있다.

### ⑥ 수창초등학교 본관

- 건립시기 : 1931년

1921년 10월 3일 광주 서방공립보통학교로 개교하여, 이후 1929년 2월 광주 제2공립보통학교로 개명되었으며 1950년 수창국민학교, 1996년 지금의 수창초등학교로 개명되었다. 본관은 일제 강점기 때 지어졌으며 2층의 붉은 벽돌로 된 모임지붕을 한 교사건물이다.

〈그림 77〉 수창초등학교 본관

1층 창의 상인방 윗부분에서부터 2층 창의 하인방 부분까지는 벽돌쌓기 방법을 달리하여 건물의 수평성을 강조함으로써 단조로울 수 있는 건물의 입면에 변화를 주고 있다. 지붕의 형태는 우진각의 형태를 하고 있으며 지붕 사이사이에는 돌출된 통풍구를 설치하여 지붕 부재의 썩음을 방지하고 있다. 한편 내부는 편복도형으로 교실이 배치되어 있으며 층고는 다소 높은 편이다. 내부에는 목재로 된 계단실의 모습을 보존하고 있다.

⑦ 광주교육대학교 본관

– 건립시기 : 1939년

〈그림 78〉 광주교육대학 본관

교육대학의 교문을 통한 중심축선상에 위치하고 있는 본 건물은 현재 교육대학에서 가장 오래된 건물로 현재는 교육대학 본부로 사용하고 있다.

동시대에 지어진 학교 건물의 공통점 즉 현관 부분을 강조하여 밖으로 돌출시키고 좌우 대칭의 형태로 붉은 벽돌 조적식 2층의 구조를 하고 있다. 중앙현관에는 페디먼트를 가지고 있으며 현관 상부에는 둥근 아치 모양의 채광창과 이를 받치고 있는 하인방, 또 하인방을 받치는 반원형 구가 있어 건물의 중심 포인트로 작용하고 있다. 편복도 형식으로 현관 로비를 중심으로 좌우 대칭의 일자형 평면을 가지고 있으며 외벽은 붉은 벽돌로 영식 쌓기를 하였는데 개구부 상부에는 모두 콘크리트 상인방을 설치하여 상부의 하중을 분산 시키고 있다. 개구부의 높이가 다를 경우 상인방의 위치도 다르게 나타나 벽체구성의 일관성이 결여되게 보이는 부분이다.

⑧ 수피아 홀

– 건립시기 : 1911년

현 신축본관 이전에 수피아여고에서 본관으로 사용하였던 건물이다. 기록에 의하면 이 학교를 설립한 배유지가 선교사 수피아(Jennie Speer)를 기념하기위해 건축한 것으로 전해지며 이 때문에 학교명도 수피아 여학교로 불리게 되었다고 한다. 지금은 특별교실과 학생회실로 사용되고 있다.

지하층은 창고 및 예배실 등의 수납·집회공간으로 외부에서만 출입이 가능하다. 1층에는 교실과 집무실을 배치하였으며, 2층은 일반교실과 특별교실로 구성되어있다. 벽은 회색 벽돌을 사용하여 네덜란드식 쌓기를 하였으며, 1층과 2층 사이에는 벽돌의 허리돌림띠를 두었다. 개구부의 형태는 창과 문 모두에서 1, 2층은 결원아치, 지하층은 평아치를 주로 사용하였다. 지붕틀의 구조는 내부천장에 우물반자가 설치되어 있어서 정확히는 알 수 없으나 왕대공트러스로 추측되며 지붕은 박공지붕에 평기와를 올렸다. 바닥은 제혀쪽매 마루널을 깔았으며 벽은 회반죽으로 마감하였다.

〈그림 79〉 수피아 홀

⑨ 수피아여중 본관

- 건립시기 : 1927년

1927년 미국 남장로교 부인회 생일 헌금을 희사 받아 건축된 것으로 알려져 있으며 이는 수피아 여학교의 두 번째 교사이다.

〈그림 80〉 수피아여중 본관

평면 형태는 중복도형이며, 지하층은 수납공간과 집회실로 1층은 집무실과 교실로, 2층은 특별교실과 일반교실로 사용하였으며 현관부분에는 포치를 두었다. 벽은 적벽돌로 미식쌓기를 하였고 포치의 박공을 받치는 화강석 기둥은 Tuscan Order를 사용하였다. 창문의 인방과 창대에는 화강석을 사용하였으나 좌우측의 1층 창문은 인방을 화강석 대신 벽돌을 사용한 평아치로 처리되었다. 지붕은 트러스 지붕틀에 골 함석판 잇기를 하였다. 또 창은 오르내리창으로 되어있으며 지붕에는 지붕창이 설치되어있다. 바닥은 제혀쪽매 마루널로 깔았으며 벽은 회반죽으로 마감하였다.

⑩ 지성고시원

- 용도 : 구)신학대학 기숙사
- 건립시기 : 1930년대

〈그림 81〉 지성고시원

본 건물은 정확한 용도와 건립연대를 알 수는 없다. 현재 거주하고 있는 이영채에 의하면 신학대학 건립시 기숙사로 사용되어 오다가 고시원으로 개조를 하여 현재까지 이르고 있다고 한다. 1951년도의 기록사진에 의하면 본 건물이 수피아 여중과 함께 있고 벽돌을 쌓는 방법과 신학대학 건립시기를 볼 때 1930년대의 건물로 추정되고 있다.

벽돌은 재래형 붉은 벽돌을 사용하였고 지하부분은 콘크리트를 사용하여 구조체를 만들었으며 1층은 벽돌을 사용하여 외벽을 마감하였다. 이영채에 의하면 벽체의 두께가 50cm가 넘어 천공작업을 하는데 많은 어려움이 있었다고 하는 점에서 그 구조의 튼튼함을 엿볼 수가 있었다. 창문의 상인방에는 모든 창문에 벽돌로 만든 평아치를 사용하고 있으며 지붕과 벽이 만나는 부위는 1/4내쌓기를 하여 마무리를 하였다. 측면 부분은 페디먼트를 두어 지붕이 측면에서 가려지게 처리를 하였다.

⑪ 수피아여고 소강당

- 건립시기 : 1935년

정확한 건립연대는 알 수 없지만 수피아 여자 중 · 고등학교의 별관 건물과 같은 시기에 건축된 것으로 알려져 있다. 이에 대해 학교 측은 당시의 기록은 없으나 1937년 9월 신사참배 거부사건으로 수피아 여학교가 폐교되었다가 광복과 더불어 복교되었는데 광복 전에 졸업한 학생이 체육관 청소를 했었다는 얘기로 보아 1935~1937년 9월 사이에 완공되었으리라 믿어진다고 말하고 있다.

독특한 박공지붕형태(gable on hip)를 하고 있으며 중앙 출입구는 돌출된 시설인 캐노피가 부가적으로 설치되어 있어서 출입자들이 비를 맞지 않도록 배려하였다. 창대돌을 수평으로 댄 수직형의 오르내림 창은 개화기에 우리나라에 소개된 근대 건축물이 지닌 귀한 정취를 잘 나타내고 있다.

현재 이 건물의 슬레이트 지붕은 한옥의 팔작지붕처럼 측면에 박공이 있는 형태이나 초기에는 지붕 정면에 '박공형 도머창(뻐꾸기창)' 3개가 있었다. 박공 면에는 그릴형 환기구가 설치되어 실내공기의 자연스러운 순환을 의도적으로 도모하였다. 지붕의 좌측에는 굴뚝이 높다랗게 올라 와 있었던 것으로 봐서 내부에 난방을 위한 시설이 있었던 것으로 보인다. 지붕 구조는 당시의 다른 건축물과 같이 목조 트러스 구조(왕대공트러스)로 되어 있고 바닥은 마루판을 깔았을 것으로 추정된다. 또한 건물 오른쪽 벽돌 벽에는 보조 출입구가 설치되어 있고 현관의 좌우측면에도 출입구가 배치되어 있다. 모든 출입구에는 위에 덧댄지붕(캐노피)이 설치되었다.

〈그림 82〉 수피아여고 소강당

단층의 적벽돌조 건물로 적벽돌을 6켜마다 길이쌓기와 마구리쌓기를 번갈아 하여 미식쌓기를 하였다. 고막이 부분은 시멘트 위에 외벌의 화강석을 올렸으며 환기구를 두고 있다. 개구부의 인방부분은 1B의 평아치를, 창대에는 화강석 위에 시멘트 몰탈을 바르고 백색페인트로 치장하였으며 정면 쪽에 3개의 지붕창을, 좌측면에는 굴뚝을 설치하고 합각부분 양쪽에 창을 내어 내부의 천창으로 채광이 가능하도록 하였다. 창은 오르내리창을 사용하였으며 천장 바로 밑으로 환기가 되도록 환기창을 낸 점은 체육관 건물의 기능에 정밀하게 신경을 쓴듯하다. 내부 천장은 반자를 설치하고 바닥은 제혀쪽매 마루널을 깔았으며 벽은 회반죽으로 마감하였다.

### (3) 종교시설

#### ① 원각사

- 건립시기 : 1914년

도심 내의 좁은 부지에 위치한 원각사는 1914년 4월 선암사의 금봉기림(錦峯基林) 스님에 의해 선암사 광주 포교당으로 세워졌다. 뒤이어 신봉 및 청호 스님으로 이어졌고, 1932년에 포교사 하석이 부임하였다. 그 이후 1939년 이필중이 선친 이규석의 유지를 받들어

〈그림 83〉 원각사 대웅전

중수 확장하였으며 현재는 송광사의 광주 포교당 역할을 하고 있다.

절의 문은 도시의 큰길인 중앙로에 접하여 있으며 일반적인 사대부의 집에서 볼 수 있는 솟을대문으로 되어 있다. 대웅전은 원래 정면 4칸, 측면 2칸 규모에 팔작지붕이었는데, 약 10년 전 무렵에 정면 5칸, 측면 4칸으로 확장했다. 이때의 증축은 사진에서 보이는 바와 같이 본래의 건물을 그대로 유지한 채 증축하여 외관이 다소 어색하게 보인다. 내부에는 석가모니 불과 관음보살, 지장보살상의 삼존불좌상이 봉안되어 있고 후불탱화와 지장탱화 · 신중탱화가 모셔져 있다.

2004년 9월 대웅전을 해체하고 2005년 3월 정면 5칸, 측면 3칸 규모에 팔작지붕을 얹은 다포집으로 불사를 진행하여 현재에 이르고 있다.

② 북동성당

- 건립시기 : 1938년

〈그림 84〉 천주교 북동성당

1926년 5월 프랑스인 부신부(夫神父)가 몇몇 신도들을 모아 놓고 광주에서 처음으로 미사를 드렸으며 그해 12월 노안의 박재수(朴在秀) 주임 신부가 광주에 와서 미사를 드렸는데 이 자리에서 북동성당 설립을 논의하게 되었다. 1930년 7월 북동에 3백평의 부지를 마련하여 작은 교회당인 공소(公所)집을 세워 미사를 드리다가, 아일랜드인 매신부(G.Marinan)가 1935년 2代 신부로 부임하면서 부지를 확장하고 37평의 성당을 신축하였다. 2년 후인 1937년 전라남도가 광주교구로 승격되면서 부임한 구신부가 성당을 새로이 지을 계획을 세우고 가요셉에게 설계와 공사를 맡겨 1937년 10월에 착공하여 이듬해인 1938년 6월에 연면적 106.7

평의 현재의 건물로 완성하였다.

전체적인 외형은 변형된 고딕형식 성당건축으로 일반적인 고딕형식 건물의 평면은 십자형인데 비해 이 건물의 평면은 가늘고 긴 사각형 형태이다. 정면에 종탑을 배치하고 트란셉트 부분의 좌측면에만 제의실과 고해실을 배치하였고 우측은 없다. 외벽은 고막이돌을 놓고 붉은색 벽돌을 쌓았으며, 종탑과 측면에 있는 창틀과 문에는 화강석으로 반원형의 인방을 설치하였다. 내부의 벽과 천정은 별다른 장식이 없이 흰색 회를 발라 마감하였다.

### ③ 유진 벨 기념관

- 건립시기 : 1920년 경

수피아 여학교를 설립한 외국인 선교사 배유지(Dr. Eugene Bell,1868-1925) 신부를 기념하기 위해 건립되었으며 연도는 정확히 알 수 없다. Speer Hall(1911년), 오웬 기념관(1911년), 그리고 선교사 사택(1920년)과 동일한 회색 벽돌을 사용한 점과 과거 사진에 나타나는 건물의 모습으로 보아 1911년에서 1927년 사이에 건립된 것으로 추정될 뿐이다.

〈그림 85〉 유진 벨 기념관

회색 벽돌의 2층 건물로서 1층과 2층의 출입구가 구분되어 있으며 경사지를 이용해 배치시켰다. 1층의 평면은 복도를 두고 좌우측에 실을 배치했으며 2층은 좌우전실을 통해서만 출입을 할 수 있도록 되어 있다. 외벽은 회색 벽돌로 네덜란드식 쌓기를 하였고 외벽에는 붙임기둥으로 보강하였다. 창은 아치 벽돌로 첨두아치를, 한 짝 창 그리고 1층의 창과 문은 평아치를 구성하였는데 첨두아치의Key Stone부분은 화강석 대신에 5개의 아치벽돌을 사용하였다. 또 정면과 배면의 환기창은 원형으로 처리하여 변화와 포인트를 주고 있다. 주변의 경관에 어울리는 단아한 건물로 아름다운 모습이다.

### (4) 상업시설

#### ① 지영정밀

- 건립시기 : 1930년대

〈그림 86〉 지영정밀

정면 3칸의 목조건물이다. 노후가 심하여 각형관을 보강하여 기둥으로 사용하고 있다. 정확한 건립연대는 알 수 없다. 주변사람의 말에 의하면 1930년경 지어진 건물로 측면 벽을 허물고 블록으로 다시 쌓았다고 한다.

1자형 평면에 칸마다 하나의 점포가 자리하고 있다. 마치 창고처럼 보이기도 하는 본 건물은 실내에 1평 남짓의 방이 있었는데 기둥 보강을 하면서 헐어냈다고 한다. 원형을 찾아볼 수는 없지만 읍성 안쪽에서 주로 거주하였던 일본 상인들이 상권을 형성하고 있을 때 한국인들은 충장로 4 · 5가나 수기동 쪽에 영세 상권을 형성한 장소로서 본 건물은 당시의 영세 조선 상인 점포를 보여주는 좋은 예로 보인다.

#### ② 일신당

- 건립시기 : 1930년대

〈그림 87〉 일신당

본 건물은 일제시대에 형성된 상가 골목의 중심으로 예전의 모습을 보여주고 있는 장소에 위치하고 있다. 정확한 건립년대를 알 수 없지만 본 건물에 점포를 하고 있는 일신당 백남권에 의하면 1930년대에 지어진 건물로 소유자가 2대에 걸쳐 소유를 하고 있다고 한다. 이로 미루어볼 때 일제시대의 건물로 추정하고 있다.

73년에 화재가 발생하여 일부 점포가 소실되었으나 소실이 되지 않은 부분이 오늘까지 이어지고 있다.

현재는 간판과 정면을 개조하여 옛 모습을 찾아볼 수는 없지만 건물 내부로 들어가면 나무기둥과 후면으로 이르는 문이 옛 모습 그대로이다. 또한 연달아 있는 점포로 환기량이 부족함을 보완하기 위해 지붕에 까치지붕을 두어 이를 보완하고 있다.

③ 광주정밀

- 건립시기 : 1930년대

정확한 건립연대를 알 수 없지만 광주정밀 최철상에 의하면 일제시대 조선인 상가가 밀집지어질 당시에 지어진 건물이라고 한다. 이로 미루어 볼 때 조선인 상가가 밀집되는 1920년대 후반이나 1930년경 초반의 건물로 추정이 된다.

〈그림 88〉 광주정밀

정면 3칸 측면 2칸으로 현재는 하나의 건물을 점포 3개가 사용을 하고 있다. 현재는 노후가 심하여 지붕은 천막으로 둘러놓았다. 내부 평면은 점포마다 한 평 남짓의 사무실을 두어 공간의 분할을 이루고 있다. 측면에는 채광을 위해 살창을 만들어 놓았으며 내부 기둥 및 가구 구조는 노후되어 파이프로 보강해 놓은 상태이다. 일본인 상가의 경우 2층이 많은 반면 조선인 상가는 일본의 건축양식과 한식건축양식을 절충하여 보다 간단히 건축하였는데 이 건물이 그러한 예라고 생각된다.

④ 현대비철금속

- 건립시기 : 1940년대

정확한 건립연대는 알 수가 없다. 하지만 송민호에 의하면 50년도에 본 건물을 매매하였는데 이전에 일본인이 점포로 10여년 정도 사용하였던 건물이라고 한다.

〈그림 89〉 현대비철금속

본 건물은 지상 2층의 정면 2칸 측면 1칸의 목조 건물이다. 내부에 1평 남짓의 별개 공간이 있는데 이는 사무실로 사용하였던 곳이라고 한다. 2층은 휴식을 취할 수 있는 침실의 공간으로 맞배지붕의 형태를 하고 있다. 1층의 점포는 환기를 위해서 지붕에 까치 지붕을 두었다.

현재는 이 일대가 금속 부품을 매매하는 골목으로 자리를 하고 있다. 이는 일제시대의 상가배치와 관련이 있는데 수기동 쪽은 주로 철공소들이 밀집되어 있고 충장로 4·5가 지역은 포목이 주로 이루어진 장소로 그 기본 골격이 오늘에까지 이르고 있다.

⑤ 미니스톱 송정역점

- 용도 : 구)일제시대 음식점
- 건립시기 : 1920년대

〈그림 90〉 미니스톱 송정역점

일본인에 의해 형성된 송정 매일시장 입구에 위치하고 있는 본 건물은 일제 강점기 때(약 1920년경) 음식점으로 사용한 건물이었다고 한다. 현재는 24시 편의점으로 사용을 하고 있으나 건물의 노후화로 내부에는 강관으로 기둥을 보강하고 있는 실정이다.

2층의 목조 건물로 1층 내부는 변형으로 인해 원형을 찾아 볼 수 없지만 2층은 원형 그대로 남아 있다. 지붕은 팔작 형태로 두 개의 굴뚝이 지붕을 관통하여 설치되었으며 서까래도 일본 고유의 형태인 방형 서까래를 설치하였다. 2층은 ㅁ자 모양으로 중앙이 트여 있고 그 외부에 실들이 배치되어 있다. 현재는 붕괴의 위험이 있어 2층 출입을 금지하고 있다. 정면은 5칸으로 각 칸마다 창문을 설치하였고 측면은 한쪽만 붉은 벽돌로 벽을 쌓았는데, 이는 아마도 내부 벽난로의 설치로 굴뚝을 세우기 위함이었다고 생각된다.

(5) 문화시설

① 광주극장

- 건립시기 : 1935년

1935년 10월에 수용인원 1250명의 광주극장을 개관하였다. 개관 당시의 건축도면을 구할 수 없어 정확한 추정은 할 수 없지만, 사진자료를 토대로 하였을 때 크기나 외양으로 보아 당시는 대단한 건물이었던 것으로 보인다.

평면은 전체적으로 길이 36m, 폭 20m의 직사각형 형상이다. 직사각형을 기본으로 하는 상영관의 정면부와 좌·우측으로 ㄷ자 형태의 서비스 공간이 덧붙여진 형태로 이를 박공지붕으로 씌워 하나의 형태로 만들고 있다. 상영관의 상부는 철제 지붕 트러스가 설치되어 있으며 지붕마루선이 무대에서 객석으로 올라가는 형식이다. 배면부에서 지붕마루의 높이는 16.8m 정도이고 정면부의 지붕마루의 높이는 18m 정도로 약 2°의 경사를 가지고 있다.

〈그림 91〉 광주극장

개관당시에도 현재와 같은 박공지붕이었을 것으로 추정되며 페디먼트 부분을 정면으로 노출시키고 아치창과 세모창으로 장식하여 고전적인 분위기를 연출하고 있다.

외부로 드러나는 건물의 정면은 볼륨감 있고 상징성을 가진 마감처리를 하고 있으나, 극장의 좌·우측면과 배면의 옛 사진은 남아있지 않아 원형의 모습을 확인할 수 없다. 그러나 당시에도 현재와 마찬가지로 별도의 마감처리를 하지 않고 벽돌이나 콘크리트 그 자체로 마감하는 방식을 사용했을 것으로 추정된다.

구조는 철근콘크리트 라멘조를 토대로 철골 지붕 트러스를 올린 형식이다. 철골 지붕 트러스는 상영관의 상부를 덮고 있으며 박공지붕을 제외한 ㄷ자형태의 서비스 공간은 콘크리트 평지붕으로 구성하고 있다. 4층에 배치된 관리, 사무 영역의 지붕은 상영관의 박공지붕과 같은 형식의 지붕을 취하고 있으나 독립된 구조로 되어 있다.

정면부가 높고 배면으로 갈수록 경사지게 내려가는 형상을 하고 있으며, 지붕 구조체 만이 아니라 콘크리트 구조체의 길이 조절을 통해 기둥을 전체적인 형상의 기울기에 따라 구성하였고, 총 39개의 기둥과 이를 연결하는 보로 구성되어 있다. 이러한 구조는 상영관을 감싸는 ㄷ자형의 공간을 지지하고 2층의 관람석을 실현시키는데 절대적인 역할을 하며, 상영관은 상부의 철골 지붕 구조물의 절대적인 영향을 받는다. 건물의 입면에 드러나는 기둥과 보는 외부에서 그대로 노출시키고 그 사이를 적벽돌로 채워넣었다.

1968년 화재로 증축·대수선을 하였으며, 1997년에 내부 좌석교체와 개보수 및 건물 전면 부분 일부를 변경하여 현재에 이르고 있다.

건축적인 특징은 화재이후 지붕에 단열과 방음을 위해 슬레이트 하부에 가마니를 사용하였으며, 건축물 전면에 목재 널판을 거푸집으로 이용하여 노출 콘크리트 원형 처마를 층별로 돌출 시켰다. 무대 하부에 현재는 사용하지 않은 보일러실과 기계실이 있으나 예전에는 무대 하부 장치인 원형 턴테이블이 있었다. 지하 기계실 입구 우측에는 발전기실이 있는데 전기가 부족했던 시절에는 많이 사용하였다고 한다.

② 오웬 기념관

- 건립시기 : 1914년

〈그림 92〉 오웬 기념관

오웬 기념관은 배유지 목사와 함께 전남 최초의 선교사로 광주에서 활동하다 순교한 오웬과 그의 할아버지 William을 기념하기 위하여 지은 양옥 건물이다. 오웬 (Clement C. Owen. 1867-1909. 한국명 오원 또는 오기원)는 1898년 11월 내한, 목포 선교를 시작으로 1904년 12월 광주에서 선교를 시작했다. 그는 1909년 4월 3일 과로로 인한 폐렴으로 사망하게 되고 그 후 그의 선교 업적을 기리기 위해 미국의 친지들이 성금을 보내와 그와 할아버지의 기념관을 지었다. 이 때문에 대리석 현판에는 'IN MEMORY OF WILLIAM L. AND CEMENT C. OWEN'이라 쓰여 있다.

1914년에 만들어진 오웬 기념관은 연건평 450여 평에 건립되어, 개화기 광주문화의 발상지라고 할 만큼 크고 작은 문화행사가 이곳에서 베풀어졌으며, 이 곳을 통해 이 고장의 문화운동이 파급되어 갔다. 기독교계의 모든 집회는 물론 강연회, 음악회, 영화, 연극, 무용 그리고 학교나 유치원의 학예회, 졸업식 등 이 지역의 공회당 기능과 역할까지 겸한 문화의 전당이라고 할 수 있었다.

오웬 기념관은 회색 벽돌을 네덜란드식으로 쌓아 벽을 만들고, 내부에 나무 기둥을 세워 목재 지붕틀을 받치고 있다. 평면 형태는 정방형이지만 내부 구조가 모서리에 위치한 설교단을 중심으로 좌우가 대칭이고, 설교단의 반대편은 2층으로 되어 있다. 바닥은 설교단을 향하여 약간 경사져 있으며 예배나 집회의 장소로 사용이 적합하도록 설계되어 교회나 집회시설로 사용되기도 하였다. 특히 이 기념관은 전남지방 사경회 성경학교 건물로 사용돼 왔으며 지난 1987년까지 서원전문대학 및 간호전문대학 강당으로 사용돼 왔으며, 현재는 기독간호대학 채플 및 광주양림교회(통합측) 주일학교로 사용되고 있다.

③ 종합유통

- 용도 : (구)녹성상회(체육관)
- 건립시기 : 1931년

현재 사직공원으로 올라가는 길목에 있는 이 건물은 1931년 광주 최초로 성립된 2층 체육관시설이다. 당시에 건물 전면에 초록별(에스페란토의 심벌마크로 초록색은 평화를 별은 인류의 희망을 상징한다.)을 달아 녹성상회라 하였다. 녹성상회의 대지 구입비와 건축비는 김후옥의 어머니에게 지원 받아 건축하였는데 1층은 체육관으로 2층은 사교장으로 사용을 하였다.

〈그림 93〉 종합유통

일본경찰은 신사 가까이에 매일 떠들고 소란스러운 체육관이 있어서는 안 된다는 이유로 지은 지 6개월 만에 폐쇄를 시켰다.

1층은 변형이 많이 되어 원형을 찾아 볼 수는 없지만 2층은 원형 그대로를 유지하고 있다. 2층 전면부에는 4개의 창이 둥근 아치를 이루며 위치하고 벽면 중앙 상부에는 붉은 별이 달려 있다.(박선홍의 말에 의하면 녹색에서 후에 붉은 색으로 바뀌었다고 한다.)

(6) 주거시설

① 백동기 가옥

- 건립시기 : 1930년대

정확한 건립 년도를 알 수 없다. 현 소유자 백동기에 의하면 1930년대에 지어진 건물이라 말하고 있다.

지상 2층의 벽돌구조로 층을 콘크리트 돌림띠로 구분하고 있고 창문의 하인방은 석재로

〈그림 94〉 백동기 가옥

〈그림 95〉 김유성 가옥

〈그림 96〉 전영동 가옥

하였다. 맞배지붕 형식으로 박공 부분에는 동시대 일본주택에서 공통적으로 보이는 통풍구가 형성되어 있다. 정면 외벽 상부에는 지붕과 만나는 부분에 1.5B크기의 1/4 내쌓기를 하였는데 이는 당시의 기술력과 의장적 요소를 표현하고자 하는 의지를 엿볼 수 있게 하는 부분이기도 하다.

처음 지어질 당시는 1층은 상가로 2층은 주택으로 계획한 듯 하나 현재는 1층 부분도 개조를 하여 1, 2층 모두 주택으로 사용을 하고 있다.

② 김유성 가옥

– 건립시기 : 일제강점기

목조 주택으로 비교적 과거의 형태를 많이 지니고 있는 주택중의 하나이다. 현재는 사람이 살고 있지 않다. 외부에는 정원이 꾸며져 있으며 내부는 기다란 장마루 복도를 중심으로 실들이 배치되어 있으며 일반적인 일식 주택에 있던 도꼬노마(그림이나 꽃꽂이를 감상하기 위해 다다미 방 벽면에 만들어둔 공간)나 오시이레(붙박이장)가 설치되어 있어 일본 주택의 구성요소를 잘 보여주는 건물이라 할 수 있다.

③ 전영동 가옥

– 건립시기 : 일제강점기

1층 목조 주택으로 ㄱ자형 평면을 하고

있다. 보통 일본주택에 있는 정원은 보이지 않는다. 창호와 내부구조는 일본주택을 모범으로 하고 있으나 가구의 결구는 전통 한옥의 양식을 하고 있는 절충식 주택으로 되어 있다.

④ 정계숙 가옥

- 건립시기 : 일제강점기

정확한 건립연대를 알 수 없으나 서까래의 모양이 각형인 것과 현관의 차양 구조, 복도형 실과 외벽 마감이 일제시대의 특징을 나타내고 있다. 현재는 우측면의 출입구를 주 현관으로 사용하고 있지만 본래 지어질 시기에는 정면을 현관으로 사용하였을 것으로 보인다. 정면에는 잘 가꾸어진 정원이 있다.

〈그림 97〉 정계숙 가옥

⑤ 김미나 가옥

- 건립시기 : 일제강점기

정확한 기록이 존재하지 않아 건립연대를 알 수 없으나 복도형 마루와 외벽의 마감을 석고로 뿜칠 한 것, 그리고 서까래의 모양으로 보아 일제시대의 건물임을 확인할 수 있다. 김미나의 말에 의하면 입주했을 당시 다다미가 있었으며 정원에 작은 연못도 있었다고 한다. 그러나 현재는 정원의 일부만 남아 있고 바닥을 매워 콘크리트 바닥으로 마당을 사용하고 있다. 최근 까지 대한통운 지점장 사택으로도 사용했다고 한다. 현재 건물구조는 변경하지 않고 현관부분의 차양과 창문을 개조하고 지붕을 개량하여 사용하고 있다.

〈그림 98〉 김미나 가옥

〈그림 99〉 오용 가옥

〈그림 100〉 이국현 가옥

〈그림 101〉 이상근 가옥

⑥ 오용 가옥

1층 부분은 상점으로 이용되고 있고 2층 부분은 목구조인데 서양식과 절충된 모습을 보이고 있다. 지붕은 비대칭적인 맞배 형식으로 한쪽으로 치우쳐서 물매가 있고 박공부분에는 통풍창을 두어 외관상 3층의 구조로 보이는 재미있는 구조이다. 창문은 격자형 창틀을 사용하였고 창문이 있는 부분은 벽체와 연결된 목조 차양을 모두 설치하고 있다.

⑦ 이국현 가옥

정면에 정원을 두고 후면에 출입구를 두어 출입한다. 길다란 복도가 여러 실 들을 에워싸고 있다. 기단은 2단으로 벽돌로 만들고 주초를 콘크리트로 하고 그 위에 기둥과 하인방을 결구하여 구조체를 형성하였다. 고막이도 벽돌로 쌓아서 설치하였고 통풍구는 벽돌 세장을 비워서 만들었다. 창문에는 나무판자로 루버를 만들어 사용하고 지붕의 처마는 도리에 직접 부연을 달아 만들었다. 현재 살고 있는 박금영의 말에 의하면 일제시대 당시 살았던 일본인들이 매년 휴가를 즐기러 온다고 한다.

⑧ 이상근 가옥

– 건립시기 : 일제시대

정확한 건립연대는 알 수 없으나 도꼬

노마와 오시이레 형식이 내부에서 발견되는 등 일본 주택의 구성요소가 보이는 점으로 미루어 일제시대에 지어진 건물로 추정된다. 대문의 맞은편과 건물 후면에 정원이 있다. 현재의 상태는 노후가 심하다. 간결하고 깔끔한 형식이 일본주거양식을 나타내준다.

⑨ 북동천주교회 사제관

- 건립시기 : 1935년

1930년 7월 노안본당 관할로 있을 당시 박재수 신부가 성당부지 300평을 구입하여 여기에 미사를 볼 수 있는 강당을 세웠다. 그 후 1933년 5월 민정호신부가 초대신부로 부임하였는데 민신부는 1935년 2월에 간단한 사제관을 세웠으나 제4대 주임신부로 부임한 구신부(Rev, Thomas Quinlan)가 중국인 교우 가요셉을 시켜 2층 양옥으로 신축하여 오늘에 이르고 있다.

〈그림 102〉 북동 천주교회 사제관

적벽돌 조적식 2층 건물로서 1층은 현관 및 계단실, 통로를 중심으로 상담실, 주방, 손님을 위한 침실 등으로 구성되어 있고 내방객들을 위한 거실 및 응접 공간을 따로 배치히고 있다. 2층은 주로 주임신부의 집무실 및 침실과 부제신부 침실로 배치되어있다. 단일 가족이 살기위한 주택과는 달리 각 실의 사생활을 보호해주기 위한 모습으로 계획되어 있다. 외벽은 맨 하단에 화강석의 장대석 고막이돌을 놓고 일정한 간격으로 환기구멍을 낸 위에 1.0B 영식쌓기로 조적하였다. 창 위에는 평아치를 틀고 1층 거실 부분과 2층 코니스는 3단 내쌓기를 하여 외벽의 단조로움을 줄이고 있다. 2층의 베란다를 겸하고 있는 전면 포치의 기둥은 얼핏 보기에는 2개의 기둥으로 보이나 실은 4개의 기둥으로 받치고 있다.

⑩ 김성수 가옥

- 건립시기 : 1940년

1940년 관사로 사용하다 일제의 패망 후 일반주택으로 용도변경 하였다고 한다. 1992년에는 조립식으로 50㎡의 증축을 하고 2002년 3월에는 주택의 일부를 철거하여 현재는 음식점으로 사용하고 있다.

〈그림 103〉 김성수 가옥

외벌대 기단위에 정방형 다듬돌 초석을 올리고 초석위에 방형 기둥을 세운 납도리 구조로 지붕은 팔작 형태를 하고 있다. 지붕에는 원형서까래를 사용하였는데 전통 한옥에서 보이는 후림과 조로는 보이지 않고 있다. 정면에 기다란 복도가 있고 복도를 따라 실들이 배치되어 있다. 고막이 부분은 붉은 벽돌과 검정 벽돌을 동시에 사용 하고 있으며 내부에는 일본풍인 오시이레와 도코노마를 사용하고 있다.

⑪ 한금석 가옥

- 건립시기 : 1930년대

〈그림 104〉 한금석 가옥

본 가옥에 대한 정확한 기록을 알 수는 없지만 김용중(84)에 의하면 1930년대에 지어진 가옥이라고 말하고 있다. 현재 증축된 문간채는 예전의 모습은 잃고 있으나 안채는 원형 그대로를 보존하고 있다.

대문을 들어서면 잘 가꾸어진 정원사이로 안채가 보이게 되는데 정면 5칸 측면 2칸의 규모로 두벌대의 기단위에 잘 다듬어진 민흘림형 방형초석을 두고 그 위에 방형 기둥을 세운 납도리구조이다. 고막이는 붉은 벽돌로 마감하였으며 차양은 부연을 달지 않은 홑처마 팔작지붕을 하고 있다. 전퇴에는 마루에 복도를 두었는데 이는 일제시대에 지어졌기에 일본식을 첨가한 부분으로 보인다. 지붕의 수키와는 보통보다 크기가 크며 지붕이 교차되는 곳에는 마디가 형성되어 마치 대나무를 연상케 한다.

⑫ 최승남 가옥

- 건립시기 : 1920년대

건립연대는 정확히 알 수 없다. 독립운동가 최상현의 동생이 기거하던 집으로 1920년에 지어진 최승효 가옥보다 후에 지어졌다. 최승남의 말에 의하면 1920년대에 지어진 것으로 추측된다.

〈그림 105〉 최승남 가옥

지상 2층의 목조건물로 일본식과 한국식의 혼합 양식이 나타나 있다. 외벌대의 기단위에 민흘림형 방형 초석을 두었고 고막이는 붉은 벽돌로 쌓았다. 통풍구는 십자형의 영롱 쌓기를 하여 마감을 하였고 방형 기둥을 세웠으며 홑처마에 납도리의 단순한 구조를 하고 있다. 사방에 창문을 두었는데 亞자창과 띠살창을 하고 있다. 2층에도 사방에 창문을 두었는데 用자창으로 하여 일본식의 의장을 강하게 느끼게 한다.

⑬ 우일선 선교사 사택

- 광주광역시 기념물 제15호
- 건립시기 : 1920년 경

기록이 남아있지 않아 건립연대를 알 수 없으나 동시대에 지어진 수피아 홀과 배유지 기념관으로 미루어 1920년경에 지어졌을 것으로 짐작된다.

〈그림 106〉 우일선 선교사 사택

양림동은 시내에서 멀리 떨어지지 않은 곳에 위치해 있으면서 숲이 많아서 최고의 주택지로 꼽혔던 곳이어서, 광주의 개화기에 서양 선교사들이 살면서 선교활동을 하고 외국문물을 전파했던 지역이다.

2층의 회색 벽돌로 지어졌으며 1층에는 공동 공간으로 거실이나 부엌, 가족실이 있고,

2층에는 사생활 공간으로 침실과 욕실 등이 배치되어있다. 지하층에는 창고와 보일러실이 있다. 거실에는 벽난로를, 2층에 sun room을 두고 있다. 현관은 동향으로 되어 있는데 이는 건물이 자리하고 있는 대지의 지형 때문이라 할 수도 있고, 한국의 전통적인 방위개념을 받아들였다고도 전해진다. 정면 현관을 약 40cm 두께로 쌓아가다가 2층 바닥부분에서 4켜 내쌓기로 주두를 만들어 단조로움을 없앴다. 현재 이런 방식을 사용하고 있지는 않으나 한국 근대건축의 흐름을 이해하는 데 도움이 될 것으로 생각된다.

구조는 회색 벽돌로 네델란드식으로 쌓았으며, 지하의 통풍과 채광을 위해 정면 부분에 영롱 쌓기를 하였다. 개구부는 모두 반원의 아치형으로 만들었고 창대부분은 벽돌 마구리 세워쌓기를 하였다. 창은 이중창으로 외부는 열개창, 내부는 오르내리창으로 구성되어있으며 오르내리창의 안쪽에는 gallery를 대어 채광을 조절하고 있다. 건물의 외벽에는 허리돌림띠를 사용하여 1층과 2층의 구분을 주었으나 지하층은 구분이 생략되어 있다. 지붕은 합각지붕에 정면 포치 쪽에 박공지붕을 붙인 형태이다.

우일선과 그의 가족은 이 주택에서 살면서 선교활동을 하다가 1986년 재단법인 대한예수교장로회 전남노회유지재단에 싼 값에 넘겼고, 광주시는 1989년에 대지 942평 가운데 건물을 포함한 주위 109평을 지방기념물로 지정하고 보수하였다.

⑭ 최부자댁

- 건립시기 : 1940년대

〈그림 107〉 사동 미상 가옥

정확한 건립 연대를 알 수 없다. 목조 2층으로 한국전통 주거에서 보이지 않는 독특한 창문 난간과 나무로 정교하게 만든 창문 차양, 그리고 거칠게 마감한 외벽의 마감 기법들로 볼 때 일제시대의 건물로 추정된다.

목조 2층 구조로 1층은 우진각 지붕을 하고 있고 지붕을 관통하여 2층이 올라 있는데 2층은 반박공지붕을 하고 있다. 정면 2층에는 벽면 전체를 창으로 하였고 창문 상부에는 판자로 차양을 만들었다. 전면 창에는 간결하고 정교한 난간을 설치하였다. 1층에는 차양이 없고 2층에 있는 창만이 차양이 설치되어 있다. 이는 1층의 추녀가 길게 나온 반면 2층은 추녀의 길이가 짧아 비로부터 창문을 보호하기 위한 일본식 주택의 구조를 엿보게 하는 부분이다.

(7) 산업시설

① 광주기계

- 건립시기 : 1930년대

겉에서 보기에는 3층의 건물로 보이나 실제는 조적조 1층의 건물이다. 현 건물의 소유자인 김용중(84)은 1930년대에 지어진 건물이라 말하고 있다. 붉은 벽돌을 사용하여 만든 공장으로 벽돌쌓기의 정교함을 보여주는 건물이다. 붉은 벽돌을 영식 쌓기로 하여 지붕의 목조 트러스를 받이고 있다. 개구부는 1/2들여쌓기를 하여 기다랗게 작은 창문을 많이 두었는데 이는 외벽이 내력벽인 관계로 개구부의 크기를 작게 하였고 당시의 조명 기술이 발달하지 못하여 공장안의 높은 조도를 얻기 위해 작은 고창(高窓)을 만든 듯하다. 박공부분에는 두 개의 환기구를 만들었는데 상・하인방 모두 벽돌을 길이 세워쌓기하여 치장하고 있다.

〈그림 108〉 광주기계

## 6) 최초의 건축가 김순하와 전남도청 회의실

(1) 건축가 김순하의 생애[51)]

일제시대에 한국인 건축가가 등장하고 실질적으로 그들의 작품이 실현되는 것은 1920년대 후반부터였다. 이는 1880년대 우리나라에 열강의 건축들이 소개되고 나서 50여년이 지난이후의 일이었다. 일제시대에 전남지방에서 활동했던 한국인 건축가로는 유일하게 김순하를 들 수 있다.

---

51) 천득염, 광주지방의 일제치하기 건축, 안당 임영배교수화갑기념논총, 1992.
대한건축학회, 대한건축학회40년사, 1985.
박선홍, 광주100년 2, 금호문화, 1994
정근식 외3인, 근현대의 형성과 지역 엘리트, 새길신서 40.

김순하는 1901년 2월 19일 강원도 삼척군 북평읍 효가리 415번지(현 동해시 북삼동)에서 김진우와 박건지의 4남 중 장남으로 태어났다. 그의 집안은 농사를 지었는데, 비교적 부유한 편이었다. 그는 어렸을 적부터 그림과 글씨에 재주를 보였으며, 집안의 경제적인 여유가 이러한 재주를 뒷받침해 주었다. 그는 1918년 3월 25일 고향에서 삼척공립보통학교를 졸업한 후 서울로 유학하여, 1922년 3월 20일 경기제일고등보통학교를 졸업했다. 곧 이어 그는 당시 유일한 건축 전문고등교육기관이었던 경성고등공업학교 건축학과(현 서울대학교 공과대학 건축학과)에 입학해, 1925년 2월 10일에 전문학교 입학자 검정시험에 합격했고, 같은 해 3월 25일에 졸업했다.

학교를 졸업한 그는 같은 해 5월 1일 토목기사로서 전남도청 토목과에서 근무하면서 건축계에 첫발을 내딛었다. 그는 1930년대 말까지 전남 지역에서 유일한 한국인 건축사였으며, 1940년대에 들어서야 비로소 박영만, 정옥진, 박해룡 등의 한국인 건축사가 등장했다.

당시 일본은 조선을 식민지화하는 과정에서 청사나 공립학교 교사, 은행 및 교통망 등의 시설 신축에 주력하고 있었다. 이때 대부분의 건축 활동은 일본인들이 담당했고, 이들은 "조선에서 건축계의 견실한 진전을 기약함"을 목적으로 하는 "조선건축회"를 1922년 3월 8일에 결성한 바 있었다. 회원은 총 122명이었는데, 한국인은 단지 김응순 한명 뿐이었다. 대부분의 회원은 관에 있거나 청부업 또는 재료업과 관련된 건축 관계 종사자들이었다. 김순하도 토목과에서 근무하던 1925년경 이 모임에 가입했다.

그는 이때부터 1934년 9월 20일 조선총독부로 자리를 옮길 때까지 일본인 건축사들과 경쟁하면서 광주의 근대적인 건축물 몇 가지를 설계했다. 그가 설계한 건물로 비교적 규모가 큰 것은 공공건물로는 전남도청사(1930년경 설계) 및 전라남도 회의실(현 민원실, 1932년 준공, 유형문화재 6호)이 있으며, 私的인 건물로는 호남의원(금남로 확장 때 철거), 중앙의원, 춘목암(1935년 준공), 정석호 댁(1930년대 초로 추정)등이 있는데 그의 작품은 섬세하고 우아한 것이 특징이다.

본래 도청 본관은 2층 적색 벽돌조로 건축되었으나, 해방 후 미군정청이 들어서면서(혹은 5.16쿠데타 직후에) 미국의 백악관처럼 흰색으로 도색되어 지금까지 내려오고 있다. 전라남도 회의실은 1981년에 지방문화재 제6호로 지정된 지하1층, 지상2층의 적색 벽돌조 건물이다. 도청 회의실을 설계할 때 그는 붓으로 기록했는데, 지금도 설계도면이 남아 있어 당시 건축설계문화의 단면을 보여 주고 있다. 특히 이 도면은 광주광역시 지정 문화재 24호로 지정되어 주목을 끌고 있다.

한편 전남도청 회의실의 건축은 일본인 도급업자에 의해서 이루어졌는데, 1931년 11월 3일 도급업자의 실수로 3층 천장이 붕괴되어 인부와 목수 등 9명의 사상자가 발생했다. 이 사고 이후 일본인들은 관청 건물을 건축하는 데 자신들이 배제된 것에 불만을 품고 설계가 잘못되어 생긴 사고라는 여론을 조작해, 김순하는 15일 동안 구류처분을 받았다. 후일 이 사건은 총독부 기술진이 현장조사 차 들려 조사한 결과 일본인 도급업자의 잘못으로 판명되었다. 아무튼 전남에서는 가장 중요한 도청의 설계를 김순하가 맡음으로써 그의 능력에 대한 평가는 이루어진 셈이었다.

김순하에 의하여 설계된 춘목암(春木菴)은 당시 광주에서 가장 인기 있고 규모가 큰 한국식 요리집이었다. 춘목암은 황금동 80-81번지 구 광주미국문화원 자리에 있었는데 4백41평의 넓은 부지에 연건평 2백21평의 큰 규모였다.

1917년경 마산에서 광주에 온 이춘실(李春實)은 황금동 네거리 콜박스 부근에서 우동집을 시작했다. 그의 뛰어난 요리솜씨와 타고난 근면성 그리고 정직한 경영으로 우동집은 해를 거듭할수록 번창하여 많은 돈을 모을 수 있었다. 그 덕으로 지금의 리버사이드호텔 자리 황금동의 넓은 부지에 저택도 갖게 되었으며, 구 광주미문화원 자리의 한쪽을 사들여 1925년경 춘목암이라는 요리집을 차렸다. 사업은 순조로웠으나 이춘실은 병을 얻어 1929년 세상을 떴다. 당시 아들은 아직 어려서 그의 여동생인 이진(李珍)이 남편 조성순(趙成洵)과 함께 요리집 경영을 맡게 되었다. 춘목암은 조성순의 능란한 사업 솜씨로 날로 번창하였으며 옆의 목욕탕까지 사들여 새로 건물을 지었는데 해방 후 이 자리에서 춘목암이 다시 영업하게 되었으며 뒤에 중국음식점인 춘화루(春華樓)가 들어섰다.

영업이 번창함에 따라 1933년경에는 무등산 기슭 증심사 입구에 각종 나무를 심은 대규모 정원에 분수시설까지 갖춘 호화스러운 춘목암 별장(현 삼애산장)을 신축하였다.

김순하는 춘목암의 경영자였던 조성순의 요청에 의해서 건물설계를 맡았다. 그 후 춘목암은 해방 직전 일제의 전시체제 전환에 따른 유흥업소 정비로 폐업되었고, 건물은 순천철도국에 매수되어 광주보선구 사무소의 직원합숙소로 사용되었다. 해방 후 이 건물은 적산으로 처리되어 미군 숙소와 미군 장교구락부로 이용되었다. 그러다가 1919년 9월에 광주미국공보원으로 사용되었고, 1970년대 후반에는 광주 미국문화원으로 개칭되었다. 현재는 옛 건물이 철거되고 그 자리에 주차장 건물이 들어섰다. 『조선과 그 예술』이라는 책으로 유명한 일본 동양대학 야나기(柳宗悅) 교수가 1937년 이곳에 들러 당시 호남은행장인 현준호에게 저녁 대접을 받은 이야기는 더욱 흥미롭다.

김순하의 건축양식은 목재를 사용하는 한국의 전통 건축양식과는 달리 벽돌과 콘크리트를 주로 사용하는 서양식 건축양식이었다. 이러한 건축양식은 서양인의 공관이나 종교시설 등을 통해 처음 조선에 소개되었으며, 일본인들이 관청이나 학교, 병원 및 각종 행정시설을 건축하면서 점차 유행하는 양식이 되어 갔다. 특히 가장 많은 영향을 미친 것은 일본의 근대 건축양식이었는데, 중요한 건물들의 대부분은 총독부 지시들에 의해 건축되었다.

일제시대의 건축물 중 많은 건물은 르네상스풍의 건물이었고, 나머지는 절충주의 혹은 네오바로크 양식이었다. 이러한 건축양식은 적합성, 단정함을 무시하고 장식 그 자체에 치중함으로써 건물을 상징화하는데 중점을 둔 것이었다. 따라서 식민지에서 일본 본국의 위엄과 권위를 효과적으로 높일 수 있어서 매우 선호되었다.

그러나 당시 광주지역의 건물들은 서울처럼 양식주의적인 경향이 뚜렷이 나타난 것은 아니나 그러한 규범을 따른 흔적이 보인다. 그 후 1920년대 일본 자본이 본격적으로 진출하고, 조선의 공업화가 진전됨과 동시에 서구의 합리주의, 기능주의 건축양식이 점차 도입되었다. 그렇지만 절충주의 건축수법은 해방 이후까지 여전히 잔존했다. 이러한 와중에서 김순하의 건축설계 작품은 섬세하고 우아한 것이 특징이었으며, 시대적인 경향을 크게 벗어날 수는 없었기 때문에 기능주의적이고 국제주의적인 건축양식의 경향을 점차 표현했다.

1934년 9월 20일 技手로 조선총독부 관방회계과로 자리를 옮긴 그는 1942년 4월 1일에는 기사로 승진했다. 사실 여부를 확인할 수는 없으나, 이 시절 그가 현재의 태릉 육군사관학교 내에 있는 과거 일본 군인의 훈련소 건물을 설계했다고 한다. 그 후 1943년 4월 6일 조선주택영단(현 대한주택공사) 기사 자격으로 건설부 건축과장으로 근무하다가 해방을 맞았다.

그는 해방 이후에도 조선주택영단에서 1946년 6월말까지 근무하다가, 1946년 7월 1일 토목건축회사인 우일사에 전무로 입사했다. 이때부터 그는 독자적인 개인사업을 구상했다. 그래서 1949년 12월에 우일사를 그만두고, 한국전쟁 직전인 1950년 3월 서울 중구 태평로에 삼육건설주식회사와 삼육건축설계사무소를 설립하여 대표로 취임했다. 이들 회사는 건축 설계 뿐만 아니라 직접 건설까지 담당했다. 그러나 회사를 설립한 지 얼마 안 되어 6.25전쟁이 발발했고, 그는 같은 해 12월 부산으로 내려가 건축업을 계속했다. 그 후 삼육이라는 건설회사 이름을 삼광으로 고쳐 전쟁의 폐허 속에서 시설 복구 및 건축 사업에 주력했다.

한편 해방 후 김순하는 건축과 관련된 여러 단체나 모임에서 주도적인 활동을 했다. 그는 초반에는 "조선건축기술단(경성고등공업학교 출신들이 중심이 되어 1945년 9월 1일 결성)", "조선건축사회(1945년 12월 결성)" 등에서 활동하다가 후반에는 "대한건축사협회"에서 주로 활약했다. 이 시기 그의 주요활동으로는 조선건축기술단에서 식민 기간 동안 변질된 건축 용어를 우리말로 고치기 위하여 1946년 2월에 결성한 "건축술어연구회"에 참여한 것과 주택문제에 관한 강연활동 등을 들 수 있다.

그의 이러한 활동은 한국전쟁 이후 더욱 활발해졌다. 그는 1954년 3월에 창립 총회를 개최한 "대한건축학회"에서 부회장에 당선되어 1958년까지 역임했다. 또한 경기도 지역의 건축대서사(1948년 서울에서 건축대서사 시험이 처음으로 실시됨)들을 중심으로 결성된 "(구)대한건축사협회"에서 3대 이후 회장을 역임했다. 그는 이 기간에 "건축사법"을 기초하기도 했고, "건축공사표준시방서 편찬위원회"에도 위원으로 참가했다. 그리고 "건축사법"에 의거해 1965년 4월 25-26일에 1급 건축사 자격시험이 치러질 때, 김순하는 시험관 자격으로 주도적인 역할을 했다. 그 후 시험합격자들을 중심으로 하여 새로운 협회 창설발기인을 구성, 1965년 10월 23일 "(신)대한건축사협회"가 결성되었다. 당시 그는 병원에 입원 중이었으나, 초대 회장으로 선임되었다. 이 외에도 그는 수많은 각종 건축·건설 모임 및 정부기관의 위원을 역임했다.

그는 다양한 활동의 와중에서도 서울 영등포 오류동에 일신산업주식회사 공장(1963)을, 충남 보산에 한국마방적주식회사(1964)를, 그리고 서울 후암동에 일신산업주식회사 주창균 회장의 집(1965) 등을 설계했다. 그리고 그가 사망하기 직전인 1966년에는 한국상업은행 본점을 감리하기도 했다. 김순하는 1966년 12월 27일 그가 1963년도에 설계한 서울 홍은동 자택에서 위암으로 사망했다. 그의 장지는 모란공원에 있으며, 사망 10주기 되던 해에 대한건축사협회에서는 그를 추모하는 비석을 세웠다. 그가 설립한 삼육건축사사무소는 현재에도 서울 종로구 안국동에서 그의 친척이자 전 서울시 건축사 회장인 유경철과 강진성에 의해서 운영되고 있다. 한편 그의 장남인 김완호는 연세대 건축과를 졸업하고 미국에서 김순하의 직업을 잇고 있다.

### (2) 김순하의 작품

#### ① 전라남도 회의실

전남도청은 일제하에는 전남 민중에 대한 수탈이, 해방 후에는 새로운 억압체계의 재편이 이루어졌던 곳이며, 현대로 거슬러 와서는 광주항쟁을 상징하는 곳이기도 하다. 광주가 전라남도의 행정중심지가 되었던 것은 1896년 8월 4일 나주에 있던 전라남도 관찰부가 옮겨 오면서 부터다. 한일합방 직후 1910년 9월 30일 도 관찰사는 장관으로 바뀌었고, 관찰부를 도청이라 고치면서 광산동 현 도청 자리에 서양식 목조 단층 건물이 세워졌다. 지금의 청사는 전남 유일의 한국인 건축사였던 김순하(金舜河)에 의해 1930년경에 설계되었던 것이다. 이 도청건물 바로 옆에 전라남도 회의실이 자리하고 있다.

본 회의실은 광주광역시 동구 광산동에 있는 도청건물의 좌측에 위치하고 있으며 지방유형문화재 제6호로 지정되어 있다. 지하 1층, 지상 2층의 조적조 붉은 벽돌 건물이며 2층의 주공간은 높이가 높게 통 칸으로 되고 외부에서 보았을 때 창문이 상하로 나뉘어 있어 밖에서는 3층으로 보이는 아담한 건물이다. 본 건물은 1930년대 광주라는 지방도시에 건립된 건물로는 대단히 시험적인 건물이었다. 도로면의 출입구 상부에서 옥상까지 전면을 수직선을 강조하여 유리로 장식하였고, 건물 전면의 좌우 모서리를 곡면으로 처리한 점과 원형창 및 전면 출입구 앞 계단 난간의 곡선처리 등 당시 건물로는 혁신적인 기법이 도입되어 있다.

현재는 붉은 벽돌이 보이지 않게 흰색 페인트칠이 되어 있고 정면 현관 출입구 부분만 석재를 사용한 것이 남아 있다. 정면 출입구와 측면 출입구가 내부를 통하여 연결이 되어 있었으나 현재는 막아놓은 상태이고 전면으로 돌출된 유리 뒤편으로 2층과 옥상 층으로 올라가는 계단이 보인다.

원래 이 지역은 광주읍성지가 있던 곳으로 1908-1918년에 걸쳐 樓門이 마지막으로 철거되었는데 그 뒤 현재의 도청 뒤편에 돌무더기 등 약간의 흔적이 있었으나 현재는 찾아볼 수 없다. 광주읍지 城址條에는 "石築周八千二百五十三尺"이라고 기록되어 있으며 "高三尺"이라 하였고 성의 외부는 斷崖절벽이 있었으며 성의 내부에서는 왕래에 용이하도록 성곽구조가 완벽했던 것 같다.

본 건물은 일제치하에서 활동한 몇 안 되는 한국인 건축가에 의해 설계된 건축물로 시대를 앞선 선각자적 조형구상이 나타나 있는 점에서 한국근대건축의 귀중한 작품의 하나로 높이 평가된다.

이 건물은 해방 후 전라남도 평의회의사당으로도 활용되었고 현재는 민원실로 사용되고 있다.

1930년대~1950년대의 금남로와 충장로 주변에는 한식기와 또는 슬레이트를 얹은 지붕의 단층목조가구와 조적식 2층의 일식 건물이 섞여 있었고, 금남로는 15m, 충장로는 현재와 같은 7m 정도의 노폭이었다. 개구부는 거의가 목조창틀에 유리를 박아 넣은 형태였으며 상층부는 주택, 하층부는 점포로 이용하거나 단층일 경우에는 전면 부분을 점포로, 안쪽을 주택으로 이용하였다.

입면의 형태는 하층부를 전면 창으로 하고 상층부가 상하로 길쭉한 장방형 창을 쓰는 경우가 일반적이었고, 전면부에만 타일붙임을 하거나 격자형의 장식을 넣은 것들이 많았다. 일층과 이층의 사이에는 1m 정도의 켄틸레버, 슬레이트 지붕, 천막 등을 돌출시켜 비를 막고 遮光을 시켰다.

② 전라남도 회의실 설계도

- 지정종별: 광주광역시 유형문화재 24호
- 수량: 일괄8매(총 9매중 1매 유실)
- 제작시기: 1930년대 초(건물은 1932년 준공)
- 건물 소재지: 광주광역시 동구 광산동 11번지

설계도는 건축에 종사하는 사람들이 사용하는 만국공용의 건축언어이다. 특히 설계도면은 건축적 작업 중에서 가장 먼저 이루어지는 창작활동으로 장차 이루어질 내용들을 포괄적으로 나타내주고 있다.

설계도는 작가의 내면세계를 건축적 언어로 나타내주는 귀중한 예술작품이다. 즉 건축가들은 일차적으로는 설계도면으로 자기의 작품세계를 얘기하고 이차적으로는 완성된 작품으로 검증받게 된다. 결국 설계도면이란 건축인 들이 추구하는 건축적 삶의 장이며, 건축인들의 연륜이 새겨진 얼굴인 것이다.

설계도면은 이처럼 건축인 들에게는 의미가 깊은 것이지만 우리의 선조장인들이 그들의 기능을 기록으로 남기는 것을 꺼린 탓인지 전통적인 한국건축의 조영과정에서는 건축도면을 찾아볼 수 없다. 물론 營建 의괴 등에는 부분적으로 건축도가 나타나는 경우도 있지만 이는 붓으로 그린 초기적 외양도일 뿐이다.

현재 우리가 사용하고 있는 설계도면은 조선조 말경 개화기에 이르러 외국인들에 의하여 현대적 건축도면들이 한국에 소개되면서 알려졌을 것이라 짐작된다. 특히 외국인들이 그들의 주거나 관공서를 건립할 때 그들의 풍토나 기호, 습관에 맞는 건축을 우리땅에 건립하면서 자연스럽게 건축기술이나 재료, 특히 설계도면이 소개되었을 것이라고 여겨진다.

따라서 본 설계도면은 일제시대에 일본인들에게 현대건축을 배운 한국인 건축가 김순하가 작성한 것으로 이 설계도면이 지니는 의미는 대단한 건축사적 가치를 갖는다 할 것이다. 즉 단순한 건축작품을 그린 도면이라기보다는 일제시대에 전라남도청 영선계에서 일본인들에게 현대식건축을 배워 당시 광주에서는 파격적인 건축을 계획하고 축조하여 오늘에 남긴 선각자적 의미를 나타낸다 할 것이다. 즉 아직 까지는 전남지방에서 이보다 앞선 설계도서가 발견되지 않고 있으며 설령 이 보다 앞 선 시기의 것들이라도 家圖정도인 배치도의 성격을 지닌 것들에 불과하다 할 것이다. 따라서 본 도면을 전국에서 유일하게 문화재로 지정하여 보존하는 것은 대단한 의미를 지닌다 할 것이다.

본 도면은 종이류 위에 가는 필과 검정색깔의 먹으로 그린 것이라 판단된다. 본 도면은 평면도와 단면도, 입면도등으로 구성되어 있으며 축척, 재료표시, 철근배근도, 도면번호 등이 나타나고 있어 현대건축의 도면과 비교하여도 손색이 없을 정도로 잘 되어 있다. 정면도와 측면도는 100분의 1이고 상세도는 20분지의 1의 축척을 하고 있다.

당시 광주에서는 시멘트나 철근등 건축자재가 아주 희귀할 때였는데 도청과 도청회의실 공사는 콘크리트 라멘조의 형식을 취한 3층건물로서 완벽할 정도로 구색을 갖춘 건축공사였다고 여겨진다.

광주에서 당시 활동하였던 원로 건축인 들의 말에 의하면 철근이 없어서 드럼통을 잘라서 철근대용으로 사용하는 경우가 많았다고 하는데 이 건물은 철근의 두께와 배근간격까지를 상세히 명시하고 있고 벽돌과 유리, 철근과 철재강재를 사용하여 소위 국제주의적 양식을 갖추려 한 콘크리트 라멘조의 3층 건물로 대단한 역사였을 것이다.

본 도면은 일제시대에 건축물을 그린 설계도면으로서 전남광주지방 최초의 현대식 건축 설계도면이다. 뿐만 아니라 한국의 전통건축을 조영할 때 우리의 선조장인들이 설계도면을 사용하였는지 분명하지 않다는 점을 고려하면 본 설계도는 의미가 대단히 큰 작품이라 할 것이다.

이와 유사한 시기나 혹은 훨씬 이전 외국의 경우는 대부분 건축가의 작품을 보여주는 도면이나 건축모형을 박물관에 잘 보관하고 있어 이를 소홀히 하고 있는 우리에게 시사하는 바가 크다 할 것이다. 즉 르네상스시대 건축 작품의 모형이나 설계도면을 쉽게 접할 수 있는 경우와 비교하면 우리의 처지가 이해될 것이다.

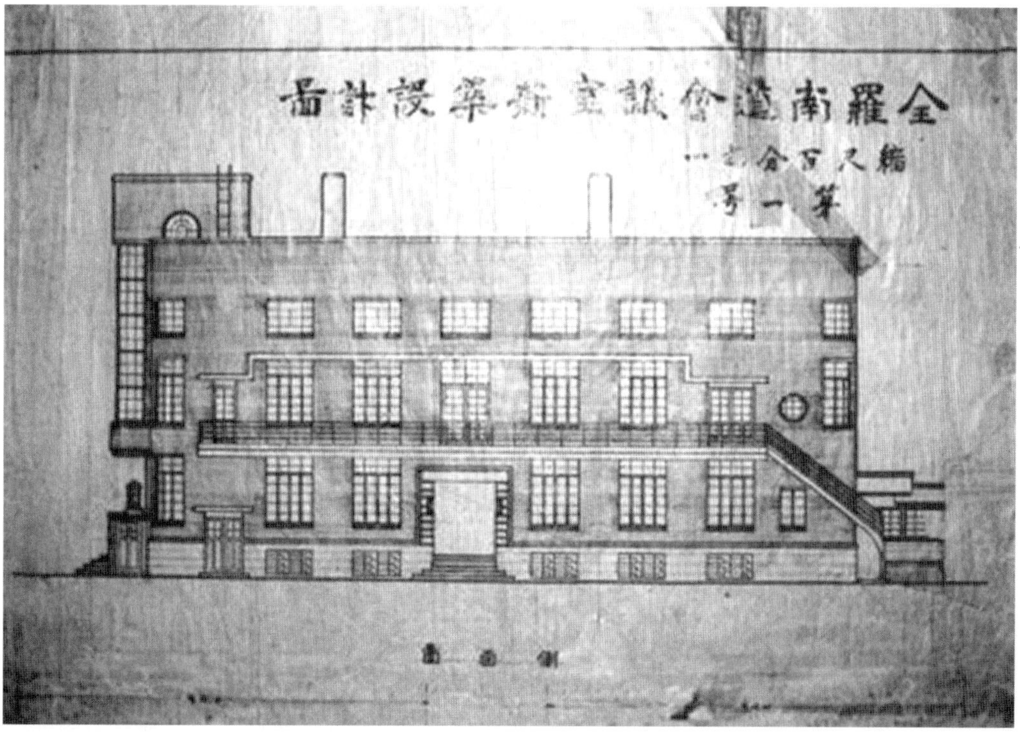


〈그림 109〉 유형문화재 제24호 전라남도 도청회의실 신축설계도

사진은 1976년 확장 전의 중앙로 모습 (광주민속박물관 사진)

# 제3편

# 광주지역의 해방이후 건축

# 1. 해방이후의 광주

일본이 연합국에 패망하자 일본인 관리들은 광주시 행정에서 손을 떼고 미군에 의한 군정이 2년 11개월 동안 실시되었다. 연합군이 진주하기 까지 20여일간 全南建準을 중심으로 도인민위원회와 치안대, 광주청년단이 결성되어 혼란한 치안유지와 민중지도 등 긴급한 사태들을 수습하였다.

미군이 광주에 처음 나타난 것은 9월 10일이었다. 10월 27일 초대 전라남도 미군정지사인 피그대령은 제주도를 포함한 도내 일원에 군정실시를 선포하였다. 미군정 실시와 함께 피그 군정지사는 일본인관리들로부터 일부 행정권을 인수받아 자치활동을 하고 있던 도 인민위원회 및 각 시군 인민위원회와 치안대를 해산시키고 한국인 도지사로 최영욱을 발령했다. 이어 광주부윤에 서민호, 광산군수에 최성준이 기용되었으나 어떤 지방에서는 적당한 인물이 없어 몇 달이고 군수자리가 공석으로 남아 있기도 했다.

1948년 8월 15일 대한민국 정부 수립과 함께 광주부는 1949년에 광주시로 바뀌면서 앞으로 다가오는 지방자치에 대비하여 시정의 내적충실과 제도적인 개선을 기하였다. 정부 수립 1년만인 1949년 8월 15일 지방분권 제도의 지방자치법이 공포되었으나 6 · 25동란으로 실효를 거두지 못한 가운데 전국은 전화에 휩싸이고 말았다.

1950년 6 · 25가 발발되고 나서 10월 3일 광주가 수복되기 까지 3개월간에 치룬 희생은 너무나 컸다. 패퇴하는 북괴군은 광주형무소에 수감됐던 현준호 · 최영욱 · 박란순 등 우익인사 220여명을 집단학살하고 그 후에도 얼마동안 광주 인근에 출몰하며 수차에 걸쳐 광주 습격을 시도하였다.

〈그림 110〉 사직공원에서 바라본 시가지 (1949년)

광주 수복으로부터 1955년 3월 3일까지의 토벌기간에 거의 대부분의 공비는 소탕되어 치안이 회복되었다. 6 · 25 동란 후 광주에는 2개의 포로수용소가 있었다. 일선전투에서 포로가 되어 이북으로 송환되는 것을 반대하는 반공포로 1만여명을 수용한 제5포로수용소와 군경토벌작전에 의해 체포된 일반포로 4만8천여명을 수용한 중앙포로 수용소이다. 제5포로수용소는 광주 · 송정리간 도로 남쪽 산기슭에 있었고, 중앙포로수용소는 전남의대 뒤편 간호전문학교 일대에 위치했다.

〈그림 111〉 도청을 중심으로 한 시가지 (1951년)

1952년 12월 10일, 당시 이승만 대통령은 광주에 도착, 전투사령부를 시찰한 후 주위의 만류를 무릅쓰고 중앙포로수용소를 시찰했다. 이곳에 들러 대한민국에 충성할 것을 다짐한 포로들에 감명을 받은 이대통령은 살인범을 제외한 자는 모두 석방시키라는 용단을 내리기에 이르렀다.

이러한 격변을 거치고 난 1955년부터 1964년까지의 10년간 광주시는 사회적으로 비교적 안정되어 갔으며 1962년 행정구역 축소에 의한 인구의 감소를 제외하면 계속 성장을 한 기간이라 볼 수 있다. 또한 이 시기에 광주시의 면적도 크게 확장되었다.

이렇게 되자 광주시의 도시 성장도 이 무렵부터 생산 · 유통 · 정보문화 · 거주 등 여러 시스템이 다원화 하면서 서서히 발전의 잠재력을 나타내기 시작했다. 즉 1946년부터 1958년까지 13년간에 걸쳐 광주에 세워진 각급 학교가 94개교에 달하여 취학 학생수도 6만8천명에 이르렀다. 특히 이 기간에 전남대학 · 조선대학 등 종합대학교가 설립되었고, 1929년에 광주체신청의 설치를 비롯하여, 1951년에 상무대

〈그림 112〉 서석로 일대 (1965년)

〈그림 113〉 광주체신청 (1956년 사진, 광주민속박물관)

의 존치, 1952년에는 광주고등법원과 고등검찰청, 그리고 호남신문사, 광주기독교방송국 등이 설립되어 1957년의 3차 산업 취업인구는 전체 고용인구의 48.1%에 달하는 34,309명에 이르러 소비도시로서의 성격을 잘 대변해 주었다.

60년대는 유례없는 정치적 파동이 잇달아 일어나는 시기였다. 3·15정부통령 부정선거를 규탄하고 독재정권의 퇴진을 요구한 4·19혁명으로도 학원가는 계속 술렁대기만 하였다. 광주 등 5개 대도시에 선포된 비상계엄령하에서 학생데모대와 경찰이 충돌, 광주에서만 사망 8명, 중상자 22명을 냈었다.

심각한 국내정세의 불안은 안정된 정치를 요망하게 되었으며 5·16군사정부의 등장으로 한국정치는 또다시 부적절한 전기를 맞았다. 혁명그룹은 육군 본부에 군사혁명위원회를 설치하고 입법·행정·사법 등 여러 기관을 장악하였다. 이들은 장면정권의 인수를 선언하는 한편 국회 해산과 일체의 정치활동을 금지시켰다. 이와 함께 전남지사에 송호림준장, 광주시장에는 박창환대령을 임명, 건국 이래 존속되어 왔던 지방자치제 실시에 종지부를 찍는다.

〈그림 114〉 전남방직 주식회사 전경

한편 국가재건최고회의는 재건국민운동본부를 두고 생활기풍의 확립, 부정축재자의 처리, 농어촌 고리채의 정리, 국토건설사업 등의 시책을 펴는 한편 민정 이양을 앞둔 정치적 현안문제들을 해결하며 국가재건의 마무리 과업을 수행해 나갔다. 이때 마련된 제1차 경제개발 5개년 계획은 제3공화국 출범 이후에도 계속 제2차, 제3차 경제개발 5개년 계획으로 이어져

70년대 초반까지 공업건설 위주의 고도성장을 이룩하였다. 이와 발맞추어 이 기간에 광공업이 그 주도적 역할을 하였고 광주의 공업발전도 급진적으로 이루어 졌다. 이 무렵부터 제조업 부문이 농수산 부문을 능가했고, 광주공업단지가 준공되어 상당수의 업체가 가동하기 시작하였다.

1970년 당시 광주의 인구는 50만2천명으로 10년 전인 1960년의 인구 30만9천명에 비해 약 20만명이 증가하여 도시성장의 성숙기에 점차 접어들기 시작하였다.

1965년 제46회 전국체전이 광주시에서 열려 광주발전의 계기가 되었다. 종합경기장과 실내체육관을 건설하는 한편 몰리는 인파의 소통을 위해 그동안 월산동을 경유하던 송정선을 돌고개에서 양유교에 이르는 길을 확장해 광주에서 처음으로 노폭 30m의 길이 양동을 경유해서 트였으며, 양유교에서 공설운동장에 이르는 천변도로가 개통되었다.

〈그림 115〉 무등경기장 일대 (1966년)

또 1968년에는 장형태시장이 부임, 이듬해 5월 시장자리에서 물러날 때 까지 불도저시장이란 별명을 들으며 광주시 개발에 박차를 가해 격동이 일었다. 그는 경양지를 매립 시청사를 기공하는 등 의욕을 보이고 광주의 숙원사업이던 금남로 확장 등 과감한 시정을 펼쳤으나 한편 물의도 많았다. 장시장은 한해 취로사업의 하나로 간선도로의 확장에 나섰고 광·송간 도로의 확장을 시작하여 결과적으로 많은 적자 요인을 남긴 채 광주시를 기채상환 및 이자로 재정곤란을 겪게 했다. 특히 광주역사 신축 과정서 광주의 명물이던 유서 깊은 태봉산을 헐어 경양지를 매립하고 시가지를 확장했기 때문에 현재는 그 위치조차 찾아보기 어렵게 되어 버렸다.

1971년부터 시작된 정부의 국토종합개발계획과 병행, 광주의 도시건설도 이 상위계획에 따라 점차 수정이 불가피하게 되었다. 또한 1973년 11월 호남고속도로의 개통으로 인하여 토지이용의 변화에 따른 용도지역의 재배치와 교통체계의 정비 등이 필요하게 되었다.

1974년은 광주의 가구수가 10만호를 넘어 섰고 1975년은 인구가 60만명을 넘어 선 해였

〈그림 116〉 광주역 광장 (1971년)

〈그림 117〉 광주공원 일대 (1975년)

다. 1965년부터 1974년까지의 광주인구는 연평균 6.1%의 증가율을 보여 산업사회로의 발전으로 인구구성비 또한 후진국형에서 선진국형으로 바뀌지는 전환기에 들어 도시문제가 일어나기 시작하였다.

70년 이후 계속된 기채의 압박으로 광주시의 재정은 쉽게 풀리지 않았다. 일부 사유재산을 매각하고 체불공사비 등을 해결하기 위해 큰 진통을 겪으면서 신규 사업을 일체 중지하는 시정을 펴기도 했다. 김재완시장은 광남로 확장사업을 펴는 한편 광주공원 시비 건립, 충장사 정화사업 등 광주천과 도로 중심 행정을 벌인데 비해 후임 전영춘시장은 하수도 사업에 중점을 둔 시정을 폈다.

〈그림 118〉 백운로타리에서 본 까치고개 (1973년)

〈그림 119〉 백운로타리 (1976년)

1975년 11월 전석홍시장이 시정을 맡은 해가 곧 제4차 경제개발 5개년 계획이 시작되는 해로 이때부터 세계개발은행 자금에 의해 백운동 주택단지 사업이 착수되었다. 1977년은 제58회 전국체전이 12년 만에 광주에서 개최되어 광주개발이 촉진되었고 광남로에 광주에서는 처음 지하도가 생기면서 지하도 시대를 예고했다.

이즈음 전일방송 개국과 MBC TV의 개설에 의한 매스컴의 확충, 전남대학교와 조선대학의 학생정원의 확대 등은 광주시가 정보문화서비스 센터로서의 기능을 갖게 한 요인이었다. 또한 1977년에 삼익 · 우진 등 대형주택업자들이 주택산업에 대거 진출함에 따라 아파트 건축붐은 새로운 성장 추진체로서 거주시스템의 커다란 변화를 가져왔다.

그러나 광주시는 물적 시스템이 충분히 갖춰지지 못한 채 인구집적이 선행되고 공업발전이 뒤따라가는 발전유형을 밟아 왔기 때문에 인구의 태반은 광주가 발전되어 모이는 흡인요인에 의해서가 아니라 농촌의 이농에 의해서 모이는 단순한 도시인이라는데 문제가 있었다. 결국 광주시는 쾌적한 생활환경으로서의 기능을 상실한 채 그 발전추세에 따라 적응해가는 형상을 보이는 도시구조로 전이해 갔다.

80년대 들면서 광주는 광주민주화항쟁 등 격동의 변화를 맞이했고 정치적으로 국민여론을 선도하는 중심적 역할을 하였다. 그러나 끊임없는 항쟁과 여러 번의 선거를 거치는 동안 지역차별과 지역감정에 대한 반론이 제기되기도 했다. 선거 때는 투표의 극단적 동서분리 현상이 나타나, 그동안 누적된 지역감정 문제가 새삼 국론으로 대두되기도 하였다. 이런 과정에서 광주와 대구, 대전을 잇는 국토종합개발의 차원에서 정부에 의해 서해안 중점 개발의 구상이 싹트기 시작하였다.

〈그림 120〉 5 · 18민주항쟁 당시 도청 앞 분수대

90년대에 들어와 광산군이 다시 광주직할시에 편입됨으로써 시역은 크게 늘어나고 서남해안시대 개막에 대비한 서남권 중추관리기능도시로서의 발판을 마련하였다. 이제 광주는 점차 공업기반 조성이 증대되는 가운데 하남공단 확장, 소촌 농공단지 종합단지화, 첨단과학 산업연구단지, 광주과기대 등이 건설됨으로써 생산도시화의 장기발전계획이 가시화 되는 단계에 접어들었다.

〈그림 121〉 하남공업단지 (1989년)

또한 이러한 생산도시화 계획과 병행하여 광주권 광역도시기반의 확충을 비롯하여 도심철도 이설, 교통망의 개선, 상무신도시 개발, 호남선 전철화, 주암댐 계통 광역상수도 확장, 광산업추진, 아시아문화중심도시 조성 등 굵직한 핵심 전략사업이 이미 착공 내지는 추진되고 있어 가까운 장래에 바람직한 광주의 미래상이던 밝은 광주 건설도 멀지 않았다고 기대한다.

## 2. 해방이후 광주의 건축

본 편에서는 해방이후인 1945년부터 1999년까지 광주지역의 건축문화에 관하여 고찰하였다. 건축적 현상을 시기적으로나 지역적으로 명쾌하게 구분지어 서술한다는 것은 대단히 어려운 일이나, 흔히 정치체제의 변화와 행정단위를 중심으로 특정시기에 특정지역에서 발생된 건축적 현상을 통시적이고 공시적인 시각에서 고찰할 수는 있다.

이러한 관점에서 해방이후의 시대적 상황을 5년 혹은 10년의 간격을 두고 구분 지을 수 있으며, 이러한 구분은 건축적 현상과도 대부분 일치한다. 즉 해방이후의 약 5년간은 혼돈의 암흑기, 1950년대는 전쟁에 의한 파괴와 복구기, 1960년대는 군사혁명에 의한 강요된 침묵의 시험적 태동기, 1970년대는 경제성장의 기치아래 가능성과 새로운 변환을 시도한 시기, 1980년대는 지속적인 발전과 개성적인 건축의 실현기라 할 수 있겠다.

그러나 1990년대의 건축적 상황은 1980년대와는 크게 달라졌다. 1900년대 초 산업화의 영향으로 대량생산방식과 인구의 증가는 도시의 생산성을 기하급수적으로 향상시켰으며, 우리의 생활도 질적인 변모를 가져왔다. 건축적 현상도 소위 정보시대로 표현되는 21세기의 새로운 환경변화를 예고하였다. 이에 따라 광주의 건축도 정보시대에 걸맞는 신재료·기술과 새로운 조형을 추구하게 된다.

2000년대에 들어서면 1970~1980년대에 교육을 받은 건축가들이 주인공이 되며, 이들은 또한 건축대전 등 작품공모전에 출품하거나 지역 또는 수도권 또는 지역 설계사무소에서 기량을 닦아온 건축가들로 그들만의 독자적인 조형세계를 탐구해 나아가게 된다. 그리고 이들은 변천하는 시대에 대비하는 미래 지향적 사고력과 실험적 실천력의 의지를 가지고 수공예(手工藝)적 산물이었던 건축으로부터 공업적 산물이 되는 건축으로 바뀌어 가는 양상을 보이며, 직 · 간접적으로 건축생산 방식과 직능인으로서의 사회적 역할에 깊이 관여하며 건축가로서의 역할도 점점 증대된다.

일제강점과 해방, 동족간의 전쟁과 국토의 분단이라는 특수한 상황은 우리의 건축을 정상적으로 발전할 수 없게 하였다. 그러나 1960년대 이후에 급속한 경제개발과 이에 따른 건설산업의 놀라운 발전으로 새로운 발전의 전기를 마련하였음을 부정할 수 없다. 다만 이러한 해방이후 한국건축계의 양적인 발전과 그 성과에 대하여 질적으로는 어떠한 성과가 있었느냐에 대해서는 다양한 의견이 있을 수 있다.

광복 65주년을 맞이하여 지역건축의 흐름을 되돌아보고자 하는 노력은 매우 의미가 있는 일이라 할 것이다. 즉, 광주라는 한정된 지역을 설정하여 지역건축문화의 독자성이나 특수한 상황을 견지하면서 광주지역건축의 현주소를 찾고자 하는 것이 본 연구의 출발이다. 다만, 전반적으로 한국전체에 대한 시대적 상황을 광주라는 좁은 지역으로 국한한 미시적 관점에서 고찰하는 것이 본 연구의 범주이며 한계임을 밝힌다.

### 1) 해방이후 건축물의 특징

#### (1) 공공시설

〈그림 122〉 현) 광주세무서 (1950년대 사진)

해방이후 공공시설은 기존 시설을 이용하거나 필요에 의해서 새롭게 건축되기도 했는데 이때부터는 철근콘트리트 구조가 주로 사용되었다. 평면형식은 현관을 기준으로 좌우대칭 또는 부분대칭의 형태가 나타났다. 입면에서는 콘크리트로 루버를 만들어 수직적인 의장을 표현하고 창문은 부수적인 의장요소로 사용되었다가 구조의 발달과 더불어 자유로운 파사드를 연출할 수 있는 기교가 발달하게 되었다. 철근콘트리트 건물이 지어지던 초기에는 타일을 외장 마감재로 사용한 경우가 많았는데 현대로 진행할수록 외장재는 다양화되었다.

(2) 교육시설

해방직후에는 대학교 건물을 중심으로 건축 활동이 이루어졌다. 김한섭 선생의 설계로 전남대 의과대학 합동강의실이 건축된 것을 비롯하여 조선대학교 약대, 조선대 본관 등이 건축되었고, 한국전쟁 이후 안정기에 접어들면서 광주교대부속초등학교, 전남대 학생회관, 공대1호관 등이 건축되었다.

이 시기에는 현관을 중심으로 좌우대칭, 정면진입, 편복도 형태가 가장 많이 나타났으며, 위계적이고 폐쇄적인 형태의 평면을 가지고 있었다. 특히 현관의 중요성이 대두되어 현관의 상부에 루버를 둔다거나 수직띠를 설치하고, 페디먼트[52]를 두어 장식을 하는 경우가 많았다. 이 무렵부터 3층 이상의 규모로 건립된 건물들이 나타나기 시작하였고 조적+철근콘트리트조 또는 석조+철근콘크리트조의 구조가 주로 사용되었다. 그리고 콘크리트를 이용한 수평띠와 수직띠가 의장적 요소로 사용되기 시작하였다.

(3) 금융시설

해방 이후 세워진 금융시설 중에서 가장 빠른 것은 충장로 2가에 세워진 산업은행을 들 수 있다. 광주의 초기 은행건물의 모습을 잘 간직하고 있었으며 이 시기의 건물로는 대단한 위용을 보여주고 있다. 중 2층으로 구성된 객장과 영업장을 갖추고 있었고, 전면에 몇 단의 계단이 있어 지나가는 행인들을 위한 휴식공간으로 사용되기도 했었다. 이후 경제발전과 더불어 금융시설들은 점차 대형화되고 있고, 이로 인해 금남로 주변은 거의 모든 금융시설들이 밀집된 금융중심지로 발전했으나 외환위기를 거치면서 인수합병으로 인해 상당수의 초기 금융시설들이 철거되었다.

(4) 종교시설

1949년 580평의 대지에 12칸의 목조기와집을 구입하여 설립한 남동성당은 신자수의 증가로 확장이 요구되어 1952년 철근콘크리트조에 벽돌 조적벽의 구조를 가진 새 건물을 신축하였다. 이후로 1950년대에 첨단영락교회, 원동성당, 비아동성당, 그리고 1960년대에 양

52) 서양고전건축의 건물에서 박공 면의 끝부분을 구성하는 삼각형 부분

림교회 등이 콘크리트 구조를 사용하여 건축되었다. 현재의 종교시설은 그 건축구조와 형태가 자유로워서 다양한 건축의 세계를 경험할 수 있게 되었다. 불교건축만 하더라도 원각사는 전통적인 방식을 고수하여 건축 중이고 관음사는 현대적인 새로운 해석으로 전혀 다른 형태를 보이고 있다. 이와 같은 양상은 교회 건축도 마찬가지여서 전통적인 양식의 계승, 모방에서 전혀 새로운 현대적인 건축물의 창조에 이르기까지 다양한 건축적 체험이 가능하다.

### (5) 주거시설

전통주거형태와 서양식, 일본식주택의 영향으로 혼재된 양상을 보이던 주거건축은 1960년대에 이르러 아파트 붐이 일게 되었다. 최초의 관영아파트인 광천동 시민아파트, 농성동 서민아파트를 시작으로 최초의 민영아파트인 미도아파트 등이 건설되었고, 도시의 인구집중현상과 함께 건축물이 늘어나기 시작했다. 1970년대에는 금남맨션, 무등아파트 등 10층 이상의 고층아파트 건립이 시작되었다. 1980년대를 앞두고는 서민을 대상으로 한 주공아파트가 도처에 건설되기 시작하였다. 1993년 광천동 광명하이츠가 30층에 도달하여 초고층아파트 시대가 열렸으며, 2006년에는 광주 북구 운암동 운암주공아파트 1, 2단지가 도시재건축사업을 통해 3,490가구의 대규모 아파트 단지로 변모했다. 이후 단순히 높이 짓는 문제에서 벗어나 좀 더 나은 환경을 추구하기 위해 아파트 평면의 발전이 있었다.

주거단지 개발의 측면에서 보면 광주의 경우 1970년대부터 대지조성사업, 주택건설사업, 그리고 재개발사업 등 다양한 방식의 도시개발 사업이 도입되었으며, 1994년에는 36개 구역을 대상으로 광주 최초의 도시재개발기본계획을 수립하였다. 최근에 이르러서는 단지개발에 있어서 친환경적인 건축이 도입되기 시작하였으며, 구도심의 기능을 회복하기 위한 일련의 도시환경정비 정책들이 시행되고 있다.

### (6) 문화시설

해방이후에는 부분대칭의 형태가 많이 나타나며 주 진입부는 장방형으로 나타난다. 1960년대에 와서는 구조 및 재료의 발달로 인해 주요구조부가 장식적인 요소가 수직루버의 형태로 나타나기 시작하였다. 이때부터 철근콘크리트 구조의 출현으로 구조적인 자유를 얻게 되어 3층 이상의 구조가 가능하게 되었다. 이후 기둥 없는 대규모의 스팬을 확보할 수 있는 기술적 발전에 힘입어 문화시설들은 점차 대형화되기 시작하였다.

### (7) 산업 · 상업시설

해방직후의 산업/상업시설은 이전과 마찬가지로 좌우대칭인 형태가 많이 나타났으나 이전과는 달리 종방향의 입면이 도입되었고 전면에는 수직루버를 설치하여 장식적인 요소까지 입면에 표현하였다. 그리고 조적조를 주 구조체로 하여 바닥이나 계단을 콘크리트로 한 건물들이 등장하게 되었다. 층수도 1층보다는 2층 이상인 경우가 많이 나타나게 되었고 외벽은 벽돌을 조적하고 모르타르로 마감하는 방식이 나타나게 되어 해방이전과 확연한 차이를 보여주고 있다.

## 3. 건축계의 혼돈과 여명 : 1946~1950

### 1) 건축개관

1945년 8월 15일, 제2차 세계대전에서의 일본의 패망은 한국에 해방을 가져다주고, 건축계를 비롯한 문화면에서 새로운 의욕이 넘치게 되었다. 서울에서는 신속하게 중견을 망라하여 「조선건축기술단(朝鮮建築技術團 ; 동년 9월 1일)」을 결성하였는데, 그 목적은 '건축에 관한 각종 연구, 조사, 연락 및 지도를 행하여 사계(斯界)의 발전을 도모하고 아울러 건축국책(國策)에 협력함'에 있었고, 그 목적을 위한 사업으로,

① 건축에 관한 학술기예(學術技藝)의 연구 및 조사.

② 건축기술자의 등록배치(登錄配置) 및 지도.

③ 건축교육의 진흥 및 노무자의 기능 향상.

④ 건축 각 부문에 연락 협력 및 건축과 사회 각 부문과의 연락 협력.

⑤ 건축에 관한 사회적 인식의 계발과 보급.

등이 설정되었다.[43] 1947년에는 會의 명칭을 「조선건축기술협회(朝鮮建築技術協會)」로 고치게 되고, 임원으로 金允基(고문, 前기술단장), 金世演(위원장), 朴仁俊, 孫亨淳(부위원장) 등이 맡아서 했으며, 위원으로는 우리에게 잘 알려진 金舜河, 金正秀, 李喜泰, 李天承, 金光鉉 등의 건축가외에 지방회원과 공대 재학생 · 공무원을 포함하여 700명 이상이 되었다. 「조선건축기술협회」는 휴전 후(1954년) 발족하게 되는 「대한건축학회(大韓建築學會)」의 전신이 되었다.

43) 會則과 會員名單은 그 會의 기관지인 「朝鮮建築」을 참조하였음

이 시기 건축계에 있어서 또 하나의 활동단체는 1945년 12월에 창립된 「조선건축사협회(朝鮮建築士協會)」이다. '장차 탄생될 신 국가의 명실상부한 건축사가 되기를 지향함'을 그 기본 목표로 한 협회의 임원은 金世演, 鄭德鉉(고문), 金台植(회장), 張起仁(부회장) 등이 맡아서 했다.

〈그림 123〉 충장로 2가 (1930년대)

하지만, 이상과 같은 의욕적인 활동에도 불구하고 당시의 여건은 건축가들에게 창작적 설계를 할 수 있는 기회를 제공해 주지 못했다. 기껏해야 현상공모와 같은 몇몇 행사가 창작적 건축활동의 전부였다. 건축제도는 일제하에서 만들어진 〈건축대서사(建築代書士)〉 제도로서 큰 변화를 보이지 못했고, 건축물 또한 창작의지를 담지 못해 일본 건축의 모습 그대로인 경우가 대부분이었다. 또한, 설계가 된 작품이다 하더라도 건축자재의 구입이 어려워 설계안대로 시공된 경우가 드물었으며, 대부분 官주도 공사로서 설계에서 시공까지 관청 자체로 이루어진 경우가 많아 건축계가 쉽게 일어날 수 없었던 시기이다.

광주의 경우는 지역적인 낙후성으로 이러한 현상이 더 심하였다. 미군의 군정, 우익과 좌익, 정권다툼 등 정국의 회오리 속에서 광주의 건축계는 현상 유지에 급급하게 되는 무위(無爲)의 세월을 보내게 된다. 어쩌다 세워진 건축물은 일제시대의 건축양식을 답습한 것이 많았고, 건축자재의 부족은 서울보다 훨씬 심각한 상황이었다. 여타의 지역과 마찬가지로 대규모의 건설붐이 조성될 여건이 아니었다. 강철 생산이 없는 시기였기 때문에 목조로 대가구(大架構)를 대용하게 되고, 국가재정이 어려워 목조 또는 벽돌조의 소규모 건설만 있었다.

1930년대~1950년대의 금남로와 충장로 주변에는 한식기와 또는 슬레이트를 얹은 지붕의 단층목조가구와 조적식 2층의 일식 건물이 섞여 있었고, 금남로는 15m, 충장로는 현재와 같은 7m 정도의 노폭이었다. 개구부는 거의가 목조창틀에 유리를 박아 넣은 형태였으며 상층부는 주택, 하층부는 점포로 이용하거나 단층일 경우에는 전면부를 점포로, 안쪽을 주택으로 이용하는 세장형(細長形) 주택[44]의 형식을 취하고 있다.

44) 세장형주택(casa a schiera) : 가로에 면한 부분은 폭이 좁고 안쪽으로 길게 들어간 대지에 건축.

〈그림 124〉 충장로 2가 (1953년)

입면의 형태는 하층부를 전면창으로 하고 상층부가 상하로 길쭉한 장방형 창을 쓰는 경우가 일반적이었고, 전면부에만 타일붙임을 하거나 격자형의 장식을 넣은 것들이 많았다. 일층과 이층의 사이에는 1m 정도의 켄틸레버, 슬레이트 지붕, 천막 등을 돌출시켜 비를 막고 차광(遮光)을 시켰다.

### 2) 건축계 동향

해방 전까지 광주에서 활동했던 건축가 김순하(金舜河)는 해방이 되자 상경하여 건축가로서의 입지를 더욱 굳히게 되고, 광주에서 활동하는 건축가는 건축대서사인 朴永晩, 丁玉鎭, 朴海龍과 조선대학교 교수 金禹錫, 일본에서 수학 후 조선대학교 강사로 있는 金漢涉 정도였다.

당시 광주 · 전남 지역에 있어 최초의 건축문화활동 단체로서 「전남건축문화협회(全南建築文化協會)」를 들 수 있다.[45] 이 단체는 1946년 5월에 창립되어 건축설계업무를 착수하였다.[46] 이후에 이 단체가 「대한건축학회」의 전신이었던 「조선건축기술협회」의 전남지부로 변환되었기 때문에 사실상 「전남건축문화협회」의 결성시기를 「대한건축학회 광주 · 전남지부」의 출발점으로 보아도 무방할 것 같다. 현재 이 단체에 관한 내용을 정확히 진술해 줄 만한 생존자가 없어 아쉬움으로 남는다.

「전남건축문화협회」에 대해서는 〈조선건축(朝鮮建築)〉 제1권 제2집에 소개한 글이 현재까지 밝혀진 자료의 전부이다. 이를 살펴보면 다음과 같다.[47]

---

45) 「전남건축문화협회」와 관계된 건축가들의 회고는 다양하다.
"처음에는 전남 건축인들이 자생적 · 독자적으로 만들어 운영하였다." (전남대 林永培 교수)
"이 무렵, 광주 지방에는 「공업단」이라는 단체가 있었는데, 이 지방 건축인들이 자발적으로 만들어 많은 활동을 하였다." (광일건축 蔡奎鐺 소장)
이와 같은 점에서 볼 때, 「全南建築文化協會」와 「工業團」은 같은 단체이거나, 「공업단」이 나중에 명칭을 변경하여 「전남건축문화협회」로 되었음을 추측해 볼 수 있다.

46) 대한건축학회, 대한건축학회40년사, 새한정판, p.40, 1985.

47) 안창모, 韓國建築界의 範疇化作業에 대한 考察, 건축역사연구, 제2권 제2호 통권4호.

「전남건축문화협회」 / 〈조선건축〉 제1권 제2집, 1947년 6월.

○ 조직구성 - 회　　장 : 박영만
　　　　　　　부 회 장 : 박해룡 · 김재규, 총무부장 : 김한섭
　　　　　　　기술부장 : 정옥진, 편집부장 : 김성추

○ 사업활동 - 기관지 〈건축문화(建築文化)〉 출간,
　　　　　　　국민주택현상공모(國民住宅懸賞公募)
　　　　　　　(심사위원 : 이균상 · 김순하), 농촌주택개량 연구, 민가실측답사

이 단체에 대한 공식적인 기록은 더 이상 전해지지 않아 자세한 내용을 파악할 수 없으나, 「조선건축기술단」의 일지를 통해 그 궤적을 살펴보면 다음과 같다.

- 1947. 2. 13.~19. : 이균상, 김순하 양씨 광주행 / 전남건축문화협회 초청
- 1947. 5. 6. : 전남건축문화협회 김한섭씨 상경래방
- 1947. 6. : 조선건축 제1권 제2집에 전남건축문화협회 소개
- 1947. 6. 18. : 전남건축문화협회 회장 박영만씨 상경 래방
- 1947. 10. 17. : 전남지부장 박영만씨 래방

〈조선건축〉이라는 잡지에 소개된 상기 단체 관련 일지를 보면 「전남건축문화협회」는 조선건축기술단의 창립초기 기술단이 전국적인 조직을 갖추기 이전에 이 지역건축인들이 중앙과는 별도로 조직한 자생적인 건축 단체로 약 1년여 간에 걸쳐 존재한 것으로 판단된다. 「전남건축문화협회」는 1947년 「조선건축기술단」이 「조선건축기술협회」로 명칭을 변경하며 전국적인 조직으로 체제를 확립하는 과정에서 「조선건축기술협회 전남지부」로 재편되었는데, 이는 위의 일지에서 문화협회장을 지낸 朴永晩의 호칭이 전남건축문화협회 회장에서 조선건축기술협회 전남지부장으로 변화한 것으로부터 알 수 있다.

### 3) 주요건축

이 시기의 광주에 세워진 건축물은 金漢涉의 『전남대학 의과대학 합동강의실(1946년 설계, 1947년 준공, 벽돌조의 계단식 강의실)』이 기록상으로 유일한 것이다. 이 밖에도 원로 건축가들과의 대담으로부터 밝혀진 것으로는 『조선대학교 본관(1948년 설계, 1949년 준공,

李吉成 作)』과 『조선대학교 약학대학(1948년 설계, 1951년 준공, 金禹錫 作)』이 있고, 전남대학교 의과대학의 『세균학교실(現 동물사 A동)』과 『간호학과 강당』도 이 시기의 건축물이다.

〈그림 125〉 전남대학교 의과대학 합동강의실

〈그림 126〉 전남대학교 의과대학 합동강의실 내부

### (1) 교육시설

| 구분 | 건 축 명 | 내용 및 변천과정 | |
|---|---|---|---|
| 교육시설 | 全南大學校 醫科大學 合同講義室 | 현위치 | 동구 학동 5(전남대학교 학동 캠퍼스) |
| | | 개 요 | ㅇ 설 계 자 : 金漢涉<br>ㅇ 규 모 : 지상 2층, 지하 1층, 적벽돌조, 목조지붕틀<br>ㅇ 용 도 : 강의실, 창고 등<br>ㅇ 건축년도 : 설계 및 착공 1946, 준공 1947 |
| | | 내 용 | 광주의 40년대 건축 중 기록상으로 유일한 이 건물은 벽돌조의 계단식 강의실이다. 처음 만들어졌던 당시에는 全南大學校 醫科大學의 전신이었던 光州醫學專門學校의 講義室로 사용되었다.<br>구조는 수공예적 방법, 즉 조적조에 의한 구조체로서 해결하였고, 바닥 또한 제대로 된 철근을 구하기 힘들었던 시기였던 만큼 건물의 구조적 안정에 중점을 두고 설계되었다. 따라서 계단강의실의 경사는 기능에 의해 결정되었다기 보다는 구조체가 안전할 수 있는 방식에 의해서 결정될 수 밖에 없었다. 지금의 관점에서 보면 지나치게 급한 경사이지만, 당시 상황으로는 최선의 방책이었으며 기능상의 하자는 전혀 없었다.[48]<br>건물의 외형적 특징으로는 구조체의 노출과 장식의 생략을 들 수 있으며, 건물 하부를 세벌대 장대석 모양의 인조석 물씻기로 마감했을 뿐이다. 또한, 기단 처리와 건물 정면의 육중한 기둥, 그리고 기둥머리의 매듭방법 등은 서구의 절충주의 양식을 벗어나지 못하고 있음을 보여주고 있는 예이며, 정면 출입구에서 보여지듯이 무미건조한 합목적의 기능주의는 배격했다.[49] |

<table>
<tr><th>구분</th><th>건 축 명</th><th colspan="2">내용 및 변천과정</th></tr>
<tr><td rowspan="10">교<br>육<br>시<br>설</td><td rowspan="3">全南大學校<br>醫科大學<br>세균학교실</td><td>현위치</td><td>동구 학동 5(전남대학교 학동 캠퍼스)</td></tr>
<tr><td>개 요</td><td>ㅇ 규 모 : 지상 1층, 적벽돌조<br>ㅇ 용 도 : 강의실, 실험실, 창고 등<br>ㅇ 건축년도 : 1947</td></tr>
<tr><td>내 용</td><td>구)남광주역에서 연결되는 철로변에 있으며, 운동장을 중심으로 생화학, 세균학, 병리학, 해부학, 약리학, 생리학, 본관 건물과 함께 있었던 건물로 2003년 철거되었다. 과거의 동물사는 간호학교 동산뒤편의 영안실(1970년대의 영안실이며, 현재는 도로변 응급실 쪽으로 이전)쪽에 있었다.</td></tr>
<tr><td rowspan="3">朝鮮大學校<br>藥學大學</td><td>현위치</td><td>동구 서석동 57-1(조선대학교 내)</td></tr>
<tr><td>개 요</td><td>ㅇ 설 계 자 : 金禹錫<br>ㅇ 규 모 : 지상 3층, 적벽돌조<br>ㅇ 용 도 : 강의실, 교수실, 실험실, 창고 등<br>ㅇ 건축년도 : 설계 1948, 준공 1949</td></tr>
<tr><td>내 용</td><td>붉은 벽돌조 3층 건물로서 전체적으로 대칭을 이루며 개구부와 계단실 등을 중앙과 좌우로 돌출시켜 매스의 분리감을 살렸다. 또한, 각층에 두른 띠들은 단조로움을 피하기 위한 효과로 계획된 듯하다.</td></tr>
<tr><td rowspan="2">朝鮮大學校<br>本館</td><td>현위치</td><td>동구 서석동 57-1(조선대학교 내)</td></tr>
<tr><td>개 요</td><td>ㅇ 설 계 자 : 李吉成<br>ㅇ 규 모 : 지상 6층, 조적조<br>ㅇ 용 도 : 강의실, 교수실, 행정실, 실험실, 창고 등<br>ㅇ 건축년도 : 설계 1948, 1차 증축 1962, 2차 증축 1982<br>ㅇ 현존여부 : 현존</td></tr>
<tr><td rowspan="2">광주사범대<br>강당</td><td>현위치</td><td>북구 풍향동 1(광주교대 내)</td></tr>
<tr><td>개 요</td><td>ㅇ 규 모 : 지상 1층, 조적조<br>ㅇ 용 도 : 광주교대 박물관(원 용도는 강당이었음)<br>ㅇ 건축년도 : 설계 1948<br>ㅇ 현존여부 : 현존</td></tr>
</table>

48) 금성종합설계공사, 建築家 金漢涉, 토탈디자인, p.28, 1984. 6.

49) 김홍식, 人間·建築 그리고 反省, p.6.

## 4) 현존하는 건축물

| 연번 | 명 칭 | 소 재 지 | 건립년도 | 구조규모 | 연번 | 명 칭 | 소 재 지 | 건립년도 | 구조규모 |
|---|---|---|---|---|---|---|---|---|---|
| 1. 교육시설 | | | | | 3. 문화시설 | | | | |
| ① | 조선대학교 본관 | 동구 서석동 57-1 | 1948 | 조적조 지상6 | ① | 광주교대 박물관 | 북구 풍향동1 | 1948 | 조적조 지상1 |
| 2. 상업시설 | | | | | 4. 주거시설 | | | | |
| ① | 대우전기 | 동구 수기동 4-5 | 1947 | 목조 지상1 | ① | 김현수 가옥 | 동구 수기동 23 | 1947 | 목조 지상1 |

### (1) 교육시설

#### ① 조선대학교 본관

- 건립시기 : 1951

〈그림 127〉 조선대학교 본관 (2002년 사진)

조선대학교는 1946년 9월 광주야간대학원으로 설립, 같은 해 11월 조선대학원으로 개칭하였으며, 1948년 5월 재단법인 조선대학으로 설립되었다가 1953년 3월 종합대학으로 개편되었다.

무등산을 등 뒤에 두고 광주의 랜드마크적인 역할을 하는 건축물로서 학교의 정점에 높이 솟아있는 지붕의 형태들이 마치 무등산을 형상화한 듯하다.

1951년 최초 건축당시는 5개의 박공지붕에 6층 조적조 건축물로서 당시의 구조와 자재, 시공방법이 그대로 드러나 있어 한국전쟁 중의 열악한 건설현장의 상황을 보여주고 있다. 이후 증축을 거듭하여 현재의 모습이 갖춰졌다.

현재 무리한 증축으로 인해 구조상 문제가 발견되어 본관 중앙에 가장 높이 솟아 있는 건물은 제한적으로 사용하고 있다. 건물의 총 길이는 약 370여m이며, 건물의 구조는 단위모듈이 3.6m, 기본모듈이 7.2m로 구성되는 총 19개의 박공지붕이 산모양으로 배열되어 있다. 건물 우측에는 새로이 증축된 원통형의 6층 학생회관 건물과 연결되어 있다.

건물의 층고는 기준층이 약 5.2m이나 박공 하부는 층이 변화된다. 전면 광장은 건물의 길이 방향으로 선형으로 발달하고 있어서 활동의 중심공간이 없고 일렬로 배치된 휴게시설로 인해 옥외공간의 활동이 다양하지 못하다. 산허리에 입지한 거대한 용량에 비해 기본시설인 배수로, 경사지 처리시설의 미비로 후면은 낙석의 위험과 우수의 범람으로 주변 환경을 저해하고 있다.

이러한 기능성의 비판에 반하여 그 외부형태의 독특한 인지성과 무등산과 어우러진 친근감 때문에 오히려 광주를 상징하는 건물이라 여겨지고 있다. 2004년 9월 중앙 5개 박공부분 건물에 한하여 등록문화재 제94호로 지정되었다.

(2) 상업시설

① 대우전기

- 건립시기 : 1947년

현재는 4개의 점포가 한 건물을 분할해서 사용하고 있다. 해방이후 일본인 밀집 상가였던 이 부분에 뒷부분의 안채와 함께 점포를 내기 위해 신축한 건물이다. 안채 상량문에 1947년이 명시되어 있다.

〈그림 128〉 대우전기 (2002년 사진)

상가 뒤에는 안채가 자리 잡고 있으며 물건을 쌓아두었던 창고도 보인다. 구조는 기본 골조를 목재로 하여 흙을 이용하여 벽체를 만들었으며 지붕은 정면이 들어 올려지고 후면이 내려가는 구조로 기울어진 슬라브 형태를 취하고 있다. 안채로 들어가기 위해서는 점포와 붙어 있는 문간채를 지나 들어가야 하는데 문간채는 화장실이 딸려있는 노후한 모습이다.

(3) 문화시설

① 광주교육대학교 박물관

- 건립시기 : 1948년

건립당시에는 다목적 강당으로 사용하였던 건물로 현재는 박물관으로 사용하고 있었으나 조만간 철거될 예정이다. 측면은 9칸으로 보이도록 기둥을 돌출시켜 면을 분할하였는데

〈그림 129〉 광주교육대학교 박물관 (2002년 사진)

중앙 다섯칸은 창문을 설치하였고 양 끝을 제외한 칸에는 출입구를 설치하여 대칭을 이루게 구성하였다. 출입구에는 차양을 설치하여 비를 피할 수 있게 하였으며 지붕의 형식은 맞배형식으로 구성되어 있다.

구조 형식은 기둥을 벽돌로 쌓아 만들었으며 지붕은 이중구조로 중간에 흙을 넣어 시공함으로써 단열의 효과를 볼 수 있게 하였으며 흙 위에 기와를 올려 마감하였다. 벽체는 2중 벽체로 시공하여 단열, 방음을 고려하였고 내부 바닥은 목재마루를 설치하고 하부에 통풍구를 설치하여 언뜻 보기에 일본양식으로 보여지게 건축되었다.

(4) 주거시설

① 김현수 가옥

- 건립시기 : 1947년

〈그림 130〉 김현수 가옥 (2002년 사진)

김현수 가옥은 해방직후 1947년에 지어진 목조주택으로 일본의 주거양식과 전통 한옥의 양식이 혼용되어 지어진 ㄷ자형 팔작지붕의 주택이다. 기단은 붉은 벽돌을 마구리세워쌓기 하고 그 위에 원형 장초석을 세우고 두리기둥을 세워 가구를 형성하였다. 지붕은 부연을 단 겹처마 형식을 하고 있다. 언뜻 보기에는 일본주택으로 보이나 자세히 살펴보면 전통 한옥의 요소를 찾을 수 있는 한·일 혼합양식의 요소들이 보인다. 벽체의 구성은 외를 엮고 흙을 바른 다음 판자를 붙이고 그 위에 몰탈 마감을 한 후 몰탈을 뿜칠하여 벽면을 거칠게 처리하였다. 주 현관을 들어서면 홀을 통해 ㄱ자로 꺽인 장마루 복도가 있는데 홀과 복도를 중심으로 실들이 배치되어 있다.

## 4. 전쟁에 의한 파괴와 복구의 10년 : 1951~1960

### 1) 건축개관

해방 후 5년간 막 활발해지려고 했던 건축계의 활동은 1950년의 한국전쟁 발발로 인해 좌절되고 말았다. 그러나 건축인들의 의욕은 전쟁 중에도 식지 않아 1952년 피난 수도 釜山에서 「참전기념탑(參戰記念塔)」, 「국군충혼탑(國軍忠魂塔)」의 현상 설계공모 등으로 창작 활동을 계속하였다[50]. 1953년 7월, 휴전으로 전쟁이 끝나자 곧 서울로 환도하게 되었고, 폐허가 된 전국 각 도시는 복구가 필요했으므로, 이는 건축가 활동의 첫 무대가 된 셈이다. 이 복구를 위한 사업과 건설은 다음 해인 1954년부터 박차를 가하게 되는데, 해방 후 한국의 건축은 사실상 이때를 시작으로 보아도 무리는 아닐 것이다.

1950년대 후반에 해당하는 이 무렵은 자유당 정부 시절의 말기로서 한국동란의 후유증과 정치적 혼란으로 큰 건축 프로젝트는 기대하기 어려웠지만, 전화(戰禍) 복구를 위주로 하여 공장, 상업건축, 교사, 극장, 은행 등이 차례로 세워져 갔다.

또한, 1954년 4월에는 「조선건축기술협회」의 정신을 살린 「대한건축학회」가 발족되고 그 기관지 〈건축〉이 1955년 6월에 창간되었다. 당시의 임원으로는 회장 金允基, 부회장 李均相, 金舜河 외에 이사 27명으로 구성되어 있었다.

이즈음 건축의 수요는 이미 건축의 개성을 요구할 만큼 다양한 시기에 접어들었고, 창작가로서의 건축가의 자아의식이 발아되었다. 이에 1956년 9월에 「대한건설협회(大韓建設協會)」가 설립되었고, 1957년 1월에는 姜明求, 李喜泰, 羅相振, 李天承 등을 주축으로 「한국건축작가협회(韓國建築作家協會)」가 결성되었다. '장래 건축가의 역할과 진로, 국제적 교류와 시대적 사조의 형성, 건축교육문제, 건축인 상호교류' 등을 목적으로 출발한 「건축작가협회」의 회원은 14명[51]으로 이들은 해방된 한국건축의 실질적인 출발기라고 할 수 있는 시기에 건축계의 기수 역할을 하였던 장본인들이다. 1959년에 가입회원은 더욱 늘어나 명실공히 한국의 건축을 대표하는 단체가 되었으며, 명칭은 지금의 「한국건축가협회(韓國建築家協會)」로 바꾸었다.

---

50) 대부분의 현역 작가들이 참가한 이 현상공모는 李光魯의 당선작 외에도 우수작이 많아 건축가들의 잠재력을 보여주는 계기가 되었다.

51) 李天承(회장), 李喜泰(총무위원), 裵基瑩(사업위원), 金熙春(연구의원), 鄭寅國, 金台植, 姜明求, 嚴德紋, 金正秀, 朴學在, 金重業, 洪淳五, 羅相振, 李明徹.

〈그림 131〉 전남대 인문대 1호관-(구)문리대 강당

〈그림 132〉 전남대 의대 간호원 기숙사

광주의 해방이후 건축도 다른 도시와 마찬가지로 전후복구가 출발이 되었다.[52] 도처에서 복구공사가 진행되어 침체된 업계는 숨을 돌리게 되었고, 한편으로는 많은 사업가들이 공사수주에 덤핑현상으로 도산하기도 하였다. 특히 학교건축이 활발히 진행되어 『전남대학교 문리대 강당(丁玉鎭 作)』, 『전남대학교 법대 본관(1955. 10, 現 출판부)』, 『전남대학교 공대 본관(1955. 11, 現 학군단)』, 『전남대학교 학생회관(1956. 4, 現 철거)』, 『전남대학교 본부(1957. 12, 金成秋 作, 現 평생교육원)』, 『전남대학교 공대1호관(1960, 김상윤 作, 現 철거)』, 『광주사범대학』과 『광주사범부속초등학교(1957~59, 金漢涉 作)』, 『교육대학 3호관』 등이 지어졌는데, 특히 건축가 김한섭(이 시기에 전남대학교 부교수로 재직)의 활동이 두드러졌다. 金漢涉의 작품으로는 1951년의 『광주제사공장 복구설계』와 『중앙극장(1956)』, 『사범대학과 사범부속국민학교』, 광주 최초의 철근콘크리트 5층 건물인 『龍兒빌딩(1957)』, 『YWCA 회관(1958)』, 『전남의대 간호원 기숙사(1960)』, 『중앙여자중고등학교(1960)』, 『서광주세무소(1960)』 등이 있다.

이 밖에도 작가가 누구인지 밝혀지지는 않았지만 『봉남빌딩』, 『양림교회』, 『산업은행』, 『전신전화국』 등이 주목할 만한 건물로 전해진다. 그리고 『YMCA회관(조자용 作)』은 그 명맥이 지금까지 전해지고 있다.

---

52) 해방직후 광주지역의 건축동향에 대한 蔡奎鐺 소장의 증언이다.
"해방직후 있었던 건축활동들은 대부분 복구공사였지요. 그 때는 건축계는 물론이고 사상적으로도 무척 어려운 시기였습니다. 이데올로기 때문에 친구들끼리도 우익 · 좌익 문제로 갈등이 많았어요. 그런 시점에서 여순반란사건이 터졌죠. 좌익에 의해 경찰서가 습격당하고, 학교와 관청이 소실되는 사건이 많을 때였습니다. 6 · 25는 두말할 나위가 없겠죠. 그런 복구공사를 위시로 해서 건축이 이루어진거죠."

이 시기에 있어 주목해야 할 점은 1957년 충장로 4가에 있는 金漢涉 설계의 『용아빌딩』이 이 지역에서 최초로 철근콘크리트조 지하 1층, 지상 5층의 고층건물을 시도함으로써 본격적인 근대주의 양식의 도입을 가져오게 된 점이다.[53] 『용아빌딩』은 작가 김한섭씨가 일본에서 근대주의 건축을 수학하고 귀국한 후, 르 꼬르뷔지에(Le Corbusier)의 도미노 이론에 충실하여 설계한 것으로 이때부터 철근콘크리트조의 바닥과 뼈대, 전면 커튼월(유리), 측면 벽돌쌓기 형태의 4~5층 사무소 건물들이 20여년 동안 유행처럼 번지게 된다.

〈그림 133〉 용아빌딩 SKETCH

1958년에 설계된 김한섭의 또 다른 작품 『YWCA회관』은 철근콘크리트에 의해 추구할 수 있었던 기하학적 아름다움과 조형주의를 표현한 작품으로 용아빌딩과 함께 이후 사무소 건물의 외관을 지배하는 지침서가 되다시피 한다. 이 회관은 원통형 매스와 장방형 매스가 결합하고 원판형의 지붕이 씌워지는 등의 당시로서는 과감한 시도들이 있었고, 근대주의 조형언어(造形言語)의 대표격인 수직 켄틸레버와 수평띠 개구부의 필로티 처리 등을 보여준다.

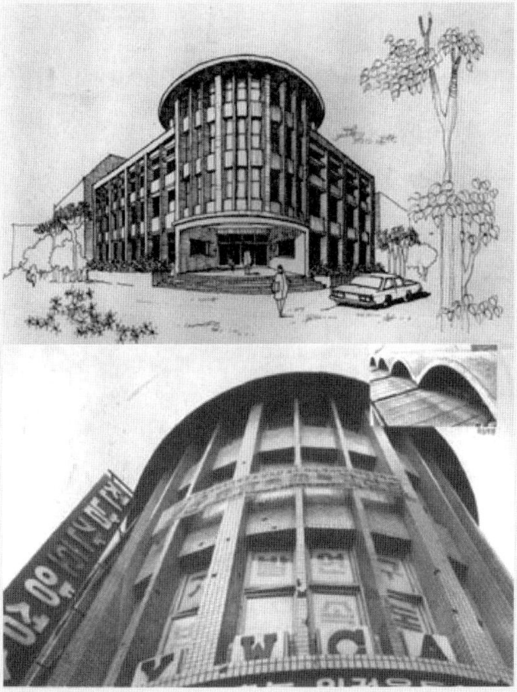

〈그림 134〉 YWCA 회관

이후 기존의 1~2층짜리 조적식과 목조 주택들이 철근콘크리트조와 조적식을 혼합한 3~4층짜리 점포로 교체되는 작업이 50년대 후반부터 계속되어 현재까지도 시내 중심가로

53) 철근콘크리트의 사용은 『조선대동창회관(1951년)』이 최초라고 보는 이도 있으나, 설계자 金禹錫 소장은 철근이 아니라 드럼통이나 철제 발판을 길게 절단하여 사용한 것이라고 전한다.

에 그 모습이 보이고, 대부분이 필요에 의해 파사드만 그때 그때 변형시키고 있는 실정이다. 이러한 현상은 기능을 더 이상 수용하기 힘든 상태에서 표피만을 갈아치우는 상업주의로 치부되기도 하지만, 새로운 형태로 탈바꿈하려는 리노베이션의 연속적인 진행을 보여주어 건축가들에게 교훈적 선례를 제공하고 있기도 하다.

### 2) 건축계 동향

이 시기에 광주에서도 해방 후 처음으로 건축단체가 생겨나게 되었다. 「조선건축기술협회」의 의지를 계승한 「대한건축학회」가 발족(1954)된지 2년 후인 1956년에 金漢涉, 金禹錫, 李光國 등 건축계 인사들이 주축이 되어 전남지부를 창설하고, 초대 지부장으로 金漢涉을 선출하였다. 또한, 「대한건설협회」가 창립될 때 그 지부역할을 하였던 「한국건설협회 전남지부」가 창립된지 3년 뒤인 1959년 5월에 「사단법인 대한건설협회 전남지부」로 재발족되고,[54] 「한국건설협회」 전남지부장이던 南容鎭이 초대 지부장으로 선출되었다. 그리고 건축행정계에서는 광남개발의 대표였던 崔順南이 전라남도청 초대 영선계장을 역임하며 활동하였고, 전남대학교 영선계의 초때 계장 丁玉鎭과 2대 계장 金成秋도 학교시설 중심의 작품활동을 하였다.

〈표 6〉 대한건축학회 / 대한건설협회 전남지부 초대지부장

| 名　　稱 | 創立年代 | 初代 支部長 |
|---|---|---|
| 大韓建築學會 全南支部 | 1956 | 金 漢 涉 (56. 11 ~ 63. 7) |
| 大韓建設協會 全南支部 | 1956 | 南 容 鎭 (56. 9 ~ 62. 8) |

한편, 건축사법(建築士法) 제정 이전인 이 시기에 건축대서사 활동했던 건축가는 초대 대서사 3인인 박영만, 정옥진, 박해룡과 2대 대서사 김태만 외에 송정공업고등학교 출신인 金石培, 金鎬瑾, 李漢柱, 朴憲東, 金圭鎬와 전 조선대 교수였던 金禹錫[55]이 있다.[56] 하지만, 이들의 작품이 대부분 잘 알려져 있지 않아 아쉽다.

54) 「대한건설협회 전남지부」는 해방이전의 「전남토건공업조합(全南土建工業組合)」에 그 기원을 둔다. 「전남토건공업조합」은 해방이후에 「전남토건협회(全南土建協會)」로 그 명칭을 바꾸어 활동해 오다, 「대한건설협회」가 창립된 1956년 9월에 「한국건설협회전남지부」로 개편되었고, 다시 3년 뒤인 1959년에 협회의 명칭을 서울과 통일시키기 위하여 「대한건설협회전남지부」로 바꾸었다. 현재는 광주시의 직할시 승격으로 「대한건설협회광주지회」와 「대한건설협회전남지회」로 분리되어 활동 중이다.

55) 金禹錫 본인은 건축대서사가 아니었다고 증언하였다.

56) 都市와 建築(1943. 9), 전선건축대서사명부(全鮮建築代書士名簿) 참조.

## 3) 주요건축

### (1) 공공시설

<table>
<tr><th>구분</th><th>건축명</th><th colspan="2">내용 및 변천과정</th></tr>
<tr><td rowspan="6">공<br>공<br>시<br>설</td><td rowspan="3">서광주<br>세무서</td><td>현위치</td><td>서구 쌍촌동</td></tr>
<tr><td>개 요</td><td>ㅇ 설 계 자 : 金漢涉<br>ㅇ 규 모 : 지상 2층, 철근콘크리트조, 760㎡<br>ㅇ 용 도 : 사무실<br>ㅇ 건축년도 : 1960</td></tr>
<tr><td>내 용</td><td>일본 건축가 단게(丹下)의 廣島平和記念會館陳列館의 느낌이 나도록 계획된 건물인데 당시의 광주기술로써는 잘 소화하지 못한 기술상 실패한 건물이다. 외형은 옆으로 긴 네모꼴 입방체를 피로티 처리해서 기둥이 받치고 있는 형상인데 당시 철근 배근공이 피로티 배근에 익숙하지 못했으므로 양옆 날개처럼 돌출한 부분이 꺾어져서 할 수 없이 철파이프로 받쳐놓았다고 한다. 이는 설계의 이미지를 형상화하는 데 있어 시공의 중요성을 말해주는 단적인 예이다.<br>현관 채양은 일주문 식으로 현관 양옆에 2개의 기둥만을 세워 떠받치고 있고 그 형태도 아름다운 곡선을 살려서 기하학적 간결미에 다른 느낌의 요소를 결합, 조화를 꾀하고 있다.<br>특히 중앙 홀의 계단은 넓은 개방공간에 원형의 돌음계단 형식으로 처리했는데 일체의 지지기둥을 배제하고 1층 바닥과 2층 바닥 끝만을 연결함으로써 기능적 구조미를 표현하고 있다. 말하자면 이 건물은 기능주의자들이 선호한 입방체에 의한 간결미, 비례미를 추구한 것이다.</td></tr>
<tr><td rowspan="3">YWCA<br>회관</td><td>현위치</td><td>동구 금남로 현 삼성생명자리</td></tr>
<tr><td>개 요</td><td>ㅇ 설 계 자 : 金漢涉<br>ㅇ 규 모 : 지상 3층, 철근콘크리트조, 1,150㎡<br>ㅇ 용 도 : 사무실<br>ㅇ 건축년도 : 1958</td></tr>
<tr><td>내 용</td><td>이 건물은 김한섭의 초기작품으로 철근콘크리트에 의해서 추구할 수 있었던 기하학적 아름다움을 구조방식에서 찾은 것이다. 즉 가로의 모퉁이에 해당하는 건물의 중앙에 1층이 띄워진 원통형 구심체를 놓고 양쪽에 수평으로 뻗은 덩어리로 날개를 달아 안정감을 주는 수법을 쓴 것이다. 여기 원통형 구조물에는 1층에 현관을 두고 2, 3층에는 특수 회의실을 두었으며 지붕은 궁륭형으로 처리해서 건물의 기념성을 강조하고 있다. 양쪽 날개에는 맨 위층에 원호가 물결치듯이 반복하는 구조체를 입방체 위에 올려놓음으로써 이 건물의 주제인 원통형의 이미지를 받쳐준다. 말하자면 모퉁이의 좁은 대지를 최대한 살린 표현주의적 작품이다.<br>외표면에는 수직 루버와 수평선의 교차에 의한 부드러운 촉감을 유발토록 했으나 이것도 미스의 철골조에 의한 맛을 목재 및 콘크리트의 교감으로 재구성하고 있다고 볼 수 있다.<br>지금은 헐려서(1982년) 새 건물이 들어서 있는 데 아무리 우수한 건물이라도 그것의 사회적 수명이 30년을 넘지 못함을 나타내 보여준다고 하겠다. 광주의 도심에 당시 여성지도자들의 활동장소로써 대단한 사회적 의미를 함께한 건물이다.</td></tr>
</table>

<table>
<tr><th>구분</th><th>건축명</th><th colspan="2">내용 및 변천과정</th></tr>
<tr><td rowspan="4">공<br>공<br>시<br>설</td><td rowspan="2">동부<br>소방서<br>구)광주역</td><td>현위치</td><td>동구 대인동 324-12</td></tr>
<tr><td>개 요</td><td>ㅇ 설 계 자 : 작가미상<br>ㅇ 규 모 : 지상 2층, 철근콘크리트조<br>ㅇ 용 도 : 소방서(원용도 광주역사)<br>ㅇ 건축년도 : 1961, 1970년 현 동부소방서로 증축 사용<br>ㅇ 현존여부 : 현존</td></tr>
<tr><td rowspan="2">전남지방<br>경찰청<br>장비계<br>사무실</td><td>현위치</td><td>동구 금남로 1가 12-2</td></tr>
<tr><td>개 요</td><td>ㅇ 설 계 자 : 작가미상<br>ㅇ 규 모 : 지상 2층, 조적조<br>ㅇ 용 도 : 사무실(원용도 경무국 사무실)<br>ㅇ 건축년도 : 1959, 787.5㎡<br>ㅇ 현존여부 : 2002년 철거</td></tr>
</table>

## (2) 교육시설

<table>
<tr><th>구분</th><th>건 축 명</th><th colspan="2">내용 및 변천과정</th></tr>
<tr><td rowspan="3">교<br>육<br>시<br>설</td><td rowspan="3">광주교대<br>부속<br>초등학교</td><td>현위치</td><td>북구 풍향동 1</td></tr>
<tr><td>개 요</td><td>ㅇ 설 계 자 : 金漢涉<br>ㅇ 규 모 : 지상 1층, 조적조<br>ㅇ 용 도 : 교사<br>ㅇ 건축년도 : 1959</td></tr>
<tr><td>내 용</td><td>6·25 이후 안정기에 들어가면서 국민교육의 시범교육장으로 지어진 건물이다. 긴 스팬을 요구하는 교실이라는 점을 감안하여 조적조에 의한 트러스 구법을 이용하였다. 그러나, 창문과 창문사이의 벽체는 기둥역할을 하도록 만드는 시멘트벽돌 거푸집 구조방식을 이용함으로써 당시의 사회적 현실과 기술수준에 맞는 설계를 하였다. 그리고, 공간을 합리적으로 이용하도록 저학년과 고학년의 층수를 달리한다든가, 각 학년간에 담장을 설치하는 방법으로 이전과는 다른 교육환경을 조성하려고 노력했다.<br>외형은 앞의 2층 건물은 중앙에 현관을, 양측면에 출입구를 두어 강조했다. 기둥을 돌출시켜 율동감을 주고 그 사이의 창은 나누어 간결하게 처리하였다. 중앙현관의 채양은 기둥없이 길게 내밀면서 현관문을 깊숙이 넣어 깊이감을 주었다. 뒷 건물은 약간 높은 위치에 자리잡고 있기 때문에 단층으로 처리하고 외관은 평범하게 구상되었다. 다만 지붕구조를 2단으로 하고 그 사이에 고창을 계획해서 뒤쪽 교실내부까지 깊숙히 빛이 들어가도록 고려한 점이 특이하다.<br>화장실은 내부에 설치할 수 없는 당시의 사정을 고려하여 외부에 설치하되 형태를 특별히 신경을 썼다. 외형은 외쪽지붕을 가진 단순한 긴 육면체로, 출입구를 측면에 내고 정면은 덩어리의 느낌을 주는, 마치 절판구조에 의한 치장콘크리트 구조물과 같은 느낌이 나도록 계획을 했다.</td></tr>
</table>

| 구분 | 건 축 명 | 내용 및 변천과정 | |
|---|---|---|---|
| 교육시설 | 구)전남대 학생회관 | 현위치 | 북구 용봉동 300(전남대학교 내) |
| | | 개 요 | ㅇ 규 모 : 지상 2층, 조적조, 709.5㎡<br>ㅇ 용 도 : 학생회관<br>ㅇ 건축년도 : 착공1955. 8. · 준공1956. 4 |
| | | 내 용 | 학생관은 지금의 학생회관의 용도로써 초창기에는 학생식당, 교수식당, 휴게실로 이루어졌다고 한다. 그러나 그때 당시는 지금처럼 동아리가 활성화되지 않아서 거의 학생관의 이용이 없었으며, 이런 이유로 폐허처럼 흉칙한 모습으로 변했다고 한다. 현재 철거되고 전남대학교 교수회관이 신축되고 있다.<br>외관은 상당히 모던한 형태를 지니고 있는 데 이러한 특징은 후에 벽돌 위에 덧칠한 페인트 때문에 더욱 강하게 나타난다. 형태는 사각형과 수평의 요소들이 나름의 규칙을 가지고 서로 연결되어있는데 사각box의 결합들이 태양빛에 의한 음영에 의해 더욱 두드러져 보인다. 이곳의 포인트는 외부에 노출되어있는 계단으로 box의 조합과 함께 동적인 요소의 가미로 차가운 분위기의 건물을 보다 부드럽게 해주고 있다. |
| | 구)전남의대 간호원 기숙사 | 현위치 | 동구 학동 5(전남대학교 학동캠퍼스 내) |
| | | 개 요 | ㅇ 설 계 자 : 金漢涉<br>ㅇ 규 모 : 지상 2층, 철근콘크리트조, 925㎡<br>ㅇ 용 도 : 교사<br>ㅇ 건축년도 : 1960 |
| | | 내 용 | 이 작품은 부분적으로 의장적인 효과를 노려서 각 설계 요소들이 결합되긴 했지만 전체적으로 아름다운 덩어리로까지 승화되지 못한 것이다. 특히 옥탑의 외쪽반곡(反曲)의 지붕은 당시 작가의 설계에 자주 등장하는 표현요소지만 여기에서는 전혀 조화를 이루지 못하였다.<br>건물의 정면은 한쪽에 덩어리를 돌출시켜서 아랫층을 필로티로 띠우고 상부에는 색깔을 가진 벽돌과 촉감을 가진 뚫린 블럭쌓기를 교대해서 조형적인 면모를 창출한다. 또한 뒷면 비상구 쪽에는 2층 발코니에 무늬가 다른 뚫린 블럭쌓기를 하여 내부가 가려지도록 하며, 계단 자체는 기둥하나로 받치고 둥근 파이프 난간을 간결하게 둘렀다. 이런 요소를 부분적으로 보자면 마치 20년대 거장들의 작품을 보는 듯 하지만, 전체적인 덩어리로의 조화를 잃고 있다. |
| | 전남대 공대1호관 | 현위치 | 북구 용봉동 300(전남대학교 내) |
| | | 개 요 | ㅇ 설 계 자 : 김상윤<br>ㅇ 규 모 : 지상 2층, 조적조<br>ㅇ 용 도 : 학생회관<br>ㅇ 건축년도 : 착공1957. · 준공1960. 9 |
| | | 내 용 | 전남대 공대 1호관은 당시 전남대 시설과 직원 이었던 김상윤씨에 의해 설계되었다. 붉은벽돌로 지어진 이 건물은 당초 화학관련 실험실로 계획하였으나 나중에 여러 학과 교수실과 연구실로 사용 하였다. 1997년 2월 철거를 하고 새로이 자동차 공학관을 신축하였는데 철거하면서 나온 벽돌과 하부석재는 자동차공학과 주변의 도로포장에 사용되었다. |

## (3) 상업시설

| 구분 | 건 축 명 | 내용 및 변천과정 | |
|---|---|---|---|
| 상업시설 | 용아빌딩 | 현위치 | 동구 충장로3가 |
| | | 개 요 | ㅇ 설 계 자 : 金漢涉<br>ㅇ 규 모 : 지상 5층, 지하1층, 철근콘크리트조, 1,220㎡<br>ㅇ 용 도 : 상가 ㅇ 건축년도 : 1957 |
| | | 내 용 | 이 건물은 김한섭의 초기적 대표작품이다. 광주에서 처음으로 고층 철근콘크리트 라멘조를 사용하였는데, 당시 시공기술의 미개발로 지하실물푸기와 방수 등은 전근대적인 방법이 동원되었지만, 구조방식은 Le Corbusier의 건축에서 볼 수 있는 근대양식이 채택되었다. 전체 매스는 수직으로 올라간 네모꼴 입방체(옥상층) 위에 반원통형 지붕틀을 가진 펜트하우스를 올려놓음으로써 단순한 기하학적 구조를 취하고 있다. 정면만 일체의 벽이나 기둥을 두지 않고 층 전면을 하나의 목재 창틀로 끼워넣은 다음, 2층에서 4층까지 세로 루버를 세움으로써 전면적으로 하나의 커튼월 느낌이 나게 했다. 창나누기 등에 있어서도 철재와 다른 목재의 수공예적 특성을 살림으로써 단순한 무미건조감을 탈피하였다. 기타 상세에 있어 보옆의 쇠시리 처리, 바닥시공에 있어 걸레받이와 모서리에 서로 다른 타일을 붙인 점 등은 건축에 대한 수공예적인 아름다움을 표현한 것이다. 이러한 경향은 김한섭 작품의 70년대 초까지 계속되어 나타난다. 현재 현존여부는 확인할 수 없는데 아마도 파사드를 변경한 것으로 추측된다. |

## (4) 금융시설

| 구분 | 건 축 명 | 내용 및 변천과정 | |
|---|---|---|---|
| 금융시설 | 구)산업은행 | 현위치 | 동구 충장로2가 |
| | | 개 요 | ㅇ 설 계 자 : 박영만 ㅇ 규 모 : 지상 2층<br>ㅇ 용 도 : 은행 ㅇ 건축년도 : 1956 |
| | | 내 용 | 광주의 대표적 번화가인 충장로에 위치한다. 광주의 초기 은행건물의 모습을 그대로 유지하고 있는 산업은행은 외벽면의 돌붙임 마감과 노출기둥 때문인지 육중하고 다소 권위적인 느낌을 준다. 1950년대의 건물로는 대단한 위용을 보여주고 있다. 현재 건물이 자리하고 있는 위치는 건축당시에 은행으로서 적절한 입지로 선택되었을 것이나 지금은 시내의 중심인 우체국 옆에 위치하고 있어 이전 논란이 대두되고 있는 건물이다.<br>은행의 전면은 몇단의 계단이 있어 시민들은 이곳에서 오고가던 길에 쉬기도 하고, 장사를 하기도 한다. 이곳은 충장로로 진입하는 도중에 있는데, 그 위치상 가로변에 거의 여유를 주지 못하는 화려한 색색의 상가들 속에서 다소나마 시각적인 변화를 주는 장소이다.<br>산업은행의 현관을 들어서면 먼저 중2층으로 처리된 객장과 영업장이 보이는데, 천장이 높아서 시원한 감을 주고, 천장에 길게 매달려 내려오는 조명기구도 고풍스러운 모습이다. 일반시민의 이용이 많지 않아 다른 은행에서와는 다르게 조용하고 차분하고 평온한 분위기를 주는 건물이다. 외장재료 뿐 아니라 내장재료도 눈에 띄거나 하는 화려한 재료가 아니어서 더욱 그러한 분위기를 내고 있다. 이는 물론 오래된 시설이기 때문이기도 하다. |

## 4) 현존하는 건축물

| 연번 | 명 칭 | 소 재 지 | 건립<br>년도 | 구 조<br>규 모 | 연번 | 명 칭 | 소 재 지 | 건립<br>년도 | 구 조<br>규 모 |
|---|---|---|---|---|---|---|---|---|---|
| 1. 공공시설 | | | | | | | | | |
| ① | 동부소방서 | 동구 대인동 324-12 | 1961 | 철근콘크리트<br>지상2 | | | | | |
| 2. 교육시설 | | | | | | | | | |
| ① | 조선대학교<br>대학원 | 동구 서석동 57-1 | 1951 | 조적조<br>지상1 | ⑦ | 전남대학교<br>학군단본부 | 북구 용봉동 300 | 1955 | 석조<br>지상1 |
| ② | 전남대학교<br>구의대본부 | 동구 학동 5 | 1951 | 조적조<br>지상2 | ⑧ | 전남대학교<br>인문대1호관 | 북구 용봉동 300 | 1955 | 조적조<br>지상3 |
| ③ | 조대부고<br>본관 | 동구 서석동 240 | 1956 | 조적조<br>지상2 | ⑨ | 전남대학교<br>사회교육원 | 북구 용봉동 300 | 1957 | 조적조<br>지상3 |
| ④ | 지산초등학교<br>별관 | 동구 지산동 340 | 1959 | 조적조<br>지상1 | ⑩ | 광주교대<br>교육연수원 | 북구 풍향동 1-1 | 1957 | 조적조<br>지상2 |
| ⑤ | 춘태고시원 | 동구 서석동 513 | 1960 | 석조<br>지상3 | ⑪ | 광주교대<br>원형화장실 | 북구 풍향동 1-1 | 1959 | 철근콘크리트<br>지상1 |
| ⑥ | 전남대학교<br>출판부 | 북구 용봉동 300 | 1955 | 석조<br>지상1 | ⑫ | 삼도초등학교<br>강당 | 광산구 도덕동 327 | 1958 | 조적조<br>지상1 |
| 3. 종교시설 | | | | | | | | | |
| ① | 남동성당 | 동구 남동 55 | 1952 | 조적조<br>지상2 | ⑤ | 비아동성당 | 광산구 비아동<br>66-5 | 1957 | 조적조<br>지상1 |
| ② | 첨단<br>영락교회 | 북구 대촌동 740-1 | 1950<br>년대 | 조적조<br>지상1 | ⑥ | 임곡동성당 | 광산구 임곡동<br>799-1 | 1958 | 조적조<br>지상1 |
| ③ | 양림교회 | 남구 양림동 92-10 | 1960 | 조적조<br>지하1,지상2 | ⑦ | 원동본당<br>삼도공소 | 광산구 삼도동<br>137-1 | 1959 | 블록조<br>지상1 |
| ④ | 원동성당 | 광산구송정2동<br>579-25 | 1954 | 조적조<br>지상1 | | | | | |
| 4. 상업시설 | | | | | | | | | |
| ① | BYC<br>광주센터 | 동구 충장로 4가<br>4-2 | 1955 | 조적조<br>지상1 | ③ | 임씨가구 | 동구 계림동 242-5 | 1959 | 조적조<br>지상1 |
| ② | 수정안경원 | 동구 수기동 50 | 1958 | 목조<br>지상2 | ④ | 경도상회 | 동구 충장로 5가<br>52-1 | 1960 | 철근콘크리트<br>지상3 |
| 5. 문화시설 | | | | | | | | | |
| ① | 스카우트<br>광주전남연맹 | 동구 광산동 13 | 1950<br>년대 | 목조<br>지상1 | ④ | 태평극장 | 동구 호남동 48 | 1957 | 철근콘크리트<br>지상2 |
| ② | 뉴 계림극장 | 동구 동명동 344 | 1953 | 조적조<br>지상3 | ⑤ | 송정극장 | 광산구 송정동<br>840-33 | 1960 | 철근콘크리트<br>지상3 |
| ③ | YMCA회관 | 동구 금남로 1가<br>19-4 | 1954 | 철근콘크리트<br>지상3 | | | | | |
| 6. 주거시설 | | | | | | | | | |
| ① | 춘설헌 | 동구 운림동 산151 | 1950<br>년대 | 조적조<br>지상1 | | | | | |
| 7. 교통시설 | | | | | | | | | |
| ① | 극락강역 | 광산구 신가동<br>211-2 | 1959 | 블록조<br>지상1 | | | | | |
| 8. 산업시설 | | | | | | | | | |
| ① | 전남방직 | 북구 임동 100 | 1951 | 조적조<br>지상1 | ② | 일신방직 | 북구 임동 122-1 | 1951 | 조적조<br>지상1 |

### (1) 공공시설

#### ① 동부소방서(구 광주역사)

- 건립시기 : 1952년

〈그림 135〉 광주 동부소방서 (2002년 사진)

1914년 대전~목포철도 연결에 이어 1922년 7월에 광주~송정리간 철도가 연결되고 광주~담양간에 철도가 1922년 12월에 개통되어 기차가 다녔다. 1944년 2차대전으로 군수물자에 사용하기 위하여 철제인 철로를 철거하였다. 광주역은 대인동 소재 현재 동부소방서 자리에 있었는데 1950년 6·25전란때 폭격으로 역사가 소실이 되어 1961년에 다시 광주역을 개축 사용하다가 1969년 현 중흥동 자리에 광주역을 신축 이전하고 이전 건물은 1970년에 광주소방서로 증축을 하여 현재까지 사용을 하고 있다.

1970년 증축 당시 증축된 5경간은 기존의 5경간의 부분과 이질적 재료 즉 타일로 외벽을 마감하여 한 눈에 증축 여부를 알 수 있다. 사람의 주 출입구는 증축된 중간부에 위치를 시켰는데 현관 상부에는 캔틸레버 차양이 있어 기존의 차양과의 대비를 이루고 있다. 흔히 이 건물을 구역(舊驛)이라 부르고 앞길을 구역전통(舊驛前通)이라고 부르고 있는 광주시민들의 오랜 정취가 서린 곳이다.

〈그림 136〉 전남지방경찰청 장비계사무실 (2002년 사진)

#### ② 전남지방경찰청 장비계사무실

- 건립시기 : 1959년

1959년 금남로 1가 15번지에 있던 청사를 현 광산동 부지에 이전하면서 함께 지은 건물이다. 원 용도는 경찰국 경리과 사무실로 사용되어 오다 경찰청 장비계 창고와 경우회 회관으로 사용되었다.

건물은 서양풍으로 현관을 중심으로 좌우대칭으로 정면과 후면에 각 2개씩의 굴뚝을 보이고 있다. 1층상부에는 사각형의 환기구를 두었으며 지붕에도 돌출시켜 환기창을 두고 있다. 현관 상부에는 50cm정도의 파라펫[57]을 설치하고 그 상부로 세로로 긴 창을 두어 상부로의 수직을 강조하고 있다. 배면에는 후에 증축한 것으로 보이는 창고가 있어 건물의 원형에 부적합한 형태로 되어 있다. 아쉽게도 이 건물은 2002년에 철거되고 이 장소에 민주의 종이 건립된 소공원이 들어서고 말았다.

### (2) 교육시설

#### ① 조선대학교 대학원

- 건립시기 : 1951년

현재 조선대학교 대학원 본부의 현판이 걸려 있는 본 건물은 대학원 행정실과 학생회 사무실, 그리고 일반업무용 사무실로 사용하고 있다. 중앙에 포치형식으로 돌출시킨 출입구를 두고 중앙복도식으로 구성된 단층 철근콘크리트 건물이다.

〈그림 137〉 조선대학교 대학원 (2002년 사진)

중앙 현관을 앞으로 돌출시켜 필로티를 형성하였고 현관 상부에만이 2층을 두어 내부공간으로 사용하고 있다. 중앙 로비를 중심축으로 좌우대칭의 평면을 하고 있으며 복도를 따라 실들이 배치되어 있다. 지붕 상부에는 까치지붕을 두었는데 이는 당시의 유행으로 보이는 요소이다.

#### ② 전남대학교 (구)의대본부

- 건립시기 : 1951년

과거의 의대 정문과 같은 위치에 건축되었으며(1951년), 지상 2층의 조적조 건물이다. 당시 의대건물로서는 동물사 A동과 함께 유일하게 남아 있고 현재는 간호학과에서 강의실과 사무실로 사용하고 있다.

'ㄱ'자형 평면으로 중앙현관에 포치를 두고 상부는 수직루버를 사용하여 건물이 다소 높

57) Parapet, 건물 지붕 주위나 발코니 등의 가장자리에 설치된 낙하방지를 위한 낮은 벽체.

〈그림 138〉 전남대학교 (구)의대본부 (2002년 사진)

게 보인다. 창문에는 콘크리트로 인방을 설치하였는데 수평 인방이 밖으로 많이 돌출하여 마치 차양과 같은 느낌이 든다. 내부의 보에는 계단형 헌치[58]를 두었는데 이는 당시의 기술력과 미적 감각을 보여주는 요소가 되고 있다. 지붕의 상부에는 까치지붕에 창문을 두었으며 측면의 창문 상부에는 벽돌로 평아치를 만들었는데 콘크리트 캔틸레버와 대비를 이루면서 조화를 이루고 있다.

③ 조선대학교부속고등학교 본관

– 건립시기 : 1956

〈그림 139〉 조선대학 부속고등학교 본관 (2002년 사진)

조선대학교 본관을 오르다 보면 옹벽 밑으로 보이는 붉은 벽돌 2층 건물이다.

조적조 2층 건물로 평면은 '一'자형 평면에 편복도를 가진 가로로 긴 형태이다. 각 층은 하얀색의 콘크리트 돌림띠로 구분하였고 세로로 긴 창문을 많이 설치하여 가로로 길어 단조롭기 쉬운 수평적인 평면에 수직적 요소를 가미시킨 의장이라 할 수 있다. 중앙 현관은 날렵해 보이는 포치를 두어 주 출입구로 하였고 포치 상부에는 수직의 루버를 설치하여 상승감을 더욱 증가시켜 단순한 평면을 입면으로 변화시킨 모습이라 할 수 있다. 지붕은 우진각형 지붕으로 사이사이에는 까치지붕이 설치되어 있다. 지붕의 모든 면을 파라핏으로 돌려 지붕의 형태가 잘 보이지 않는다.

58) haunch, 콘크리트 구조물에서 부재의 두께나 높이가 급격하게 변화되는 부분에서 응력의 집중 등에 의하여 구조물이 국부적인 손상을 입는 것을 방지하기 위하여 단면을 서서히 증감시키는 것.

④ 지산초등학교 별관

- 건립시기 : 1959년

일제강점기인 1923년 지산공립보통학교로 개교한 후 1959년 별관건물을 신축하여 교사로 사용하던 것을 현재는 부설 유치원으로 사용하고 있는 붉은 벽돌 조적조 건물이다.

〈그림 140〉 지산초등학교 별관 (2002년 사진)

평슬라브로 되어있는 여러 다른 교사건물과는 달리 경사지붕으로 되어 있다. 콘크리트로 된 하인방을 하얀색으로 마감하여 건물의 붉은색과 어울리도록 하였으며, 건물의 배면에는 기둥과 굴뚝을 건물의 입면에서 돌출시켜 세움으로써 단조로울 수 있는 조적조 건물에 입체감을 부여해주고 있다. 건물 전면에는 경복궁 내의 연경당에 있는 선향재의 차양이 연상되는 덧지붕을 씌우면서 아케이드를 구성하여 벽을 막아 복도로 활용함으로써 유치원 아이들이 유용하게 공간을 사용할 수 있도록 고려하였다.

⑤ 춘태고시원

- 긴립시기 : 1960년

본 건물은 (구)춘태여자 상업고등학교가 1960년부터 학동으로 이전하기 전까지 교사로 사용하던 건물이다. 한때는 입시학원으로 사용되어 오다가 현재 고시원으로 사용하고 있다.

〈그림 141〉 춘태 고시원 (2002년 사진)

매스의 형태는 단순한 박스 형태지만 외벽 마감한 돌로 인하여 건물의 이미지가 서양식이라는 느낌을 주고 있다. 경사지에 위치하기 때문에 정면은 3층 후면은 2층처럼 보인다. 출입구는 정면 중앙에 하나만 두고 있다. 창의 상부와 하부에는 석조로 상·하 인방을 두었으며 지붕은 측면의 박공 부분을 내쌓기로 처리하여 매스의 단순함에 변화를 주었다.

⑥ 전남대학교출판부(구 전남대학교 법대 본부)

- 건립시기 : 1955년

〈그림 142〉 전남대학교 출판부 (구 법대, 2002년 사진)

전남대학교 내에서 과거의 흔적이 남아 있는 가장 오래된 석조 건물로 본래 법대 본관으로 이용되었다가 한동안 박물관 자료실로 사용되었고 현재는 전남대학교출판부로 쓰이고 있는 곳이다.

건설당시에는 인접한 외부공간과 어울리는 모습이었으나 그 자리에 도서관 신관이 건립됨으로 인하여 마치 도서관의 부속건물처럼 보인다.

전체적인 평면형태는 날개부분이 짧은 'ㄷ'자 모양으로 입구를 중심으로 좌우대칭형이다. 입구부분을 포함한 3개의 페디먼트[59]는 석재의 이미지와 더불어 강인한 이미지를 나타내고 있다. 창을 경계로 한 위, 아래 석재 돌림띠는 건물 전체를 두르고 있어 거친 석재 입면과 대조를 이루며 입면형태의 안정감을 더해준다. 거친돌로 쌓아 러스티케이션[60]의 모습을 보이고 있는 고색이 완연한 건물이다. 현재는 현관문을 건축당시의 철제문에서 현대식 강화유리문으로 교체하여 사용하고 있다.

⑦ 전남대학교 학군단 본부(구 전남대학교 공대 본부)

〈그림 143〉 전남대학교 학군단 (구 공대, 2002년 사진)

- 건립시기 : 1955년

이 건물은 전남대학교가 개교할 초기에 전남대 공대 본관이었던 것으로 현재는 학군단으로 쓰이고 있다.

3단 높이의 계단을 올라 실내로 진입하게 되어 있고, 평면형태는 일자형으로 중앙의 페디먼트 지붕이 입구의 이미지를 강조하고 있으며 좌우 대칭의 평면을 하

59) pediment, 고전건축에서 박공면의 끝부분을 구성하는 삼각형 부분을 말하며, 문이나 창 위에 설치되기도 한다.

60) rustication, 외벽 마무리 방법으로 표면을 거칠게 가공한 돌을 줄눈이 깊게 새겨지도록 쌓은 방법.

고 있다. 지붕은 맞배의 형태를 하고 있으나 끝부분이 막혀 있어 무량갓 지붕처럼 보이기도 한다. 내부는 여러 차례 개조하여 사용하고 있다. 출판부 건물처럼 거친 석재면 러스티케이션 조적 사이에 다듬은 석재 돌림띠가 외벽을 두르고 있어 안정감을 부여하고 있다.

### ⑧ 전남대학교 인문대 1호관

- 건립시기 : 1955년

전남대학교 캠퍼스에서 제일 먼저 건축된 건물로서 도서관 신관 뒤편에 자리하고 있다. 전남대의 입지상 무등산을 바라보며 캠퍼스가 ㄷ자형으로 내려다보이는 구릉위의 좋은 위치이다.

〈그림 144〉 전남대학교 인문대 1호관 (2005년 사진)

입구 부분은 석재를 사용하여 볼트처럼 꾸몄으며, 중앙을 기점으로 전체 건물형태가 대칭을 이룬다. 건물 요소요소에 원형창과 아치형상의 창문을 조화롭게 배치하여 조형효과로 그 당시 즐겨 사용하였던 고전적 모티브가 엿보인다. 붉은 벽돌과 청색의 박공지붕이 강한 대조를 이루며 건물의 인지성을 높이고, 3층 중앙부의 길다란 매스와 양 날개부분의 단층 강의실이 안정된 모습으로 연결되어 있다. 양 날개부분의 단층 강의실에는 조적벽 사이에 원형 채광창을 두어 채광효과와 더불어 미적인 요소도 더했고, 각 층의 창문 사이벽체에도 장식을 하여 단조로움을 피했다.

고색이 완연한 신고전주의적 이미지를 풍기는 아름다운 건물로 2004년 9월 등록문화재 제96호로 지정되었다.

### ⑨ 전남대학교 평생교육원(구 전남대학교 본관)

- 건립시기 : 1957년

전남대학교 용봉동 캠퍼스의 정문으로부터의 강한 축선상에 위치한 건물로 좌우대칭의 고전적인 형태를 취함으로써 전체적으로 안정감을 준다. 3층 규모의 원 건물에서 증축된 중앙시계탑 부분은 위로 높게 돌출되어 수직성을 강조한 권위적인 모습을 하고 있다.

주재료는 붉은 벽돌로서 통일된 재질감과 모듈을 사용한 창문배치에서의 단정함을 느낄

〈그림 145〉 전남대학교 평생교육원 (2002년 사진)

수 있다. 의장면에 있어서 수직성과 수평성을 적절히 맞춘 건물이다. 뒤쪽의 방들은 부분적으로 증축이 가해졌다. 준공 후 의대에 있었던 본부가 용봉캠퍼스로 이전을 해왔으며, 현재는 대강당 옆으로 본관이 신축되어 이전한 뒤에 평생교육원으로 이용되고 있다. 전남대의 정문에서 형성된 강한 축선상에 위치한 건물로 과거 대학본부로써 위계성과 높은 인지성을 지닌다. 건물의 형태면에서도 1950년대 광주지방에서 건립한 최신식의 건물이었을 것으로 추측된다.

### ⑩ 광주교육대학교 교육연수원

- 건립시기 : 1957년

〈그림 146〉 광주교육대학교 교육연수원 (2002년 사진)

당시 광주지역에서는 벽돌조에 의한 목조지붕틀 구조가 일반적이었다. 본 건물도 조적조와 목조지붕틀을 주 구조체로 하면서 바닥을 콘크리트 슬래브로 처리하며 특히 벽돌 거푸집 기둥을 시도한 것이 특징으로 보이며 김한섭의 작품이다.

평면구성은 一자형으로 단순하지만 양쪽 끝의 계단실을 내밀기 처리하여 단조로움을 없애고 형태의 변화를 주었다. 외관은 기둥을 돌출시키고 매 층의 차양을 내밀어 이들에 의한 선 구성을 하며, 붉은 벽돌과 색몰탈로 면 구성을 하였다. 이 방식은 뒷면까지 적용되지만 전면을 반복하는 것이 아니고 뒷면의 기능에 맞게 창문을 적게 하고 면을 강조함으로써 면을 구성하였다. 현관은 기둥을 중앙에 하나만 세우고 그 위에 보 없이 슬래브를 올려놓았는데 이는 당시 건축기술로 보아 상당한 모험을 한 것 같다. 발코니는 재료가 부족한 어려운 여건에서도 구조적 안전을 확보하기 위하여 중앙이 위로 휘도록 하였다.

⑪ 광주교육대학교 원형화장실

- 건립시기 : 1959

〈그림 147〉 광주교육대학교 원형화장실 (2002년 사진)

화장실이라는 특수한 용도와 규모의 왜소성으로 공사비의 문제를 고려치 않고 작가의 의지를 십분 발휘한 건물이다. 전남대학교 교수였던 김한섭의 작품이다.

평면형태는 둥글게 하고 지붕의 처마를 약간 내밀고 기둥을 돌출 시키면서 지붕을 떠받친다. 기둥은 지붕의 깊이감을 주기 위해 최대한 안으로 넣고 창틀 나누기는 간결하게 처리하였다.

출입구는 남녀를 구분할 수 있도록 수직 판벽을 건물 밖으로 돌출 시켜서 상호 동선을 구분하였다. 수직판벽의 머리에 지붕보다 약간 낮게 튀어나온 둥근모양의 차양을 돌림으로써 건물에 안정감을 주고 경쾌한 율동감을 발생시킨다. 출입구는 벽기둥 안쪽에 위치시켜 깊이감을 상승시키고 문살 나누기도 창과 마찬가지로 바른 네모꼴로 처리해서 무게감을 주고 있다.

이 건물은 화장실이면서도 아름다운 조형미를 추구한 것으로 당시 입방체의 건물만 볼 수 있었던 광주 사회에 커다란 반향을 일으켰다. 말하자면 철근콘크리트 구조로 빚어낼 수 있는 조소성에 대한 실험작이었다고 할 수 있다.

⑫ 삼도초등학교 강당

- 건립시기 : 1958년

〈그림 148〉 삼도초등학교 강당 (2002년 사진)

삼도초등학교는 1921년에 개교한 학교로 당시의 건물은 남아 있지 않고 1958년도에 건립된 강당과 그 이후에 지어진 본교사동이 자리하고 있다. 강당은 허리높이만큼 콘크리트 벽면으로 구성하고 상부를 벽돌로 쌓았으며 지붕은 슬레이트를 얹은 맞배지붕으로 하였다. 창문상부와 하부에 콘크리트로 인방을 설치하고 두 개의 굴뚝을 세워 외관을 형성하고 있다. 출입구는 측면으로 통하게 계획하였으며 하부에는 통풍구를 만들어 내부 바닥의 통풍을 돕고 있으며 합각 부위에는 갤러리를 설치하여 강당 내부에 통풍과 환기를 돕고 있다. 1989년에는 지붕과 내부 천정을 보수하여 오늘에 이르고 있다.

(3) 종교시설

① 남동성당

- 건립시기 : 1952년

〈그림 149〉 천주교 남동성당 (2002년 사진)

1949년 7월 현재의 부지에 목조 기와집 12칸, 부속건물 3동(당시 임내과 의원)을 구입하여 같은 해 12월 8일 광주에서 두 번째로 설립된 본당이다. 이후 교회 신자수의 증가로 본당의 확장이 요구되어 1952년 120평의 새로운 건물을 신축하게 되고 1983년에는 성당 후면에 대로가 개설됨으로 정문이 이설되었다.

건물의 평면은 가늘고 긴 사각형으로 외벽은 붉은색 벽돌을 쌓았으며 정면좌측에 종탑을 배치하고 수직을 강조하는 루버를 설치하였다. 종탑 최상부는 블록 1장 크기의 수평 루버가 설치되어 수직루버와의 조화를 이루고 있다. 정면입구에 들어서게 되면 2층으로 올라가는 돌음계단을 설치해서 계단에서 오는 면적을 줄이게 하였다. 성당 내부는 2층을 받치는 십자형 기둥에 성수를 담아놓는 성수대를 설치해 놓았으며 창문은 전통방식인 띠살창을 설치하여 분위기를 연출시키고 있다.

② 첨단 영락교회

- 건립시기 : 1960년대

건물의 정확한 건립 연대는 알 수 없다. 주변 사람들의 말에 의하면 6·25전쟁이 끝나고 지어졌다는 이야기와 건물의 양식으로 볼 때 1960년대 중반에 지어진 건물로 추정될 뿐이다.

콘크리트로 기둥을 세우고 벽면을 붉은 벽돌로 마감한 아담한 교회 건물로 정면은 중앙에 출입구 하나를 두고 좌우 대칭으로 세로로 긴 창문을 설치하여 벽면의 수직성을 나타내 주고 있다. 벽면의 단순함을 없애기 위해 그리스 신전의 양식처럼 주 기둥 위에 아키트레이브와 같은 보를 걸치고 보 위에 트리글리프와 페디먼트를 두어 그리스 신전의 의장성을 모방한 듯한 느낌을 주고 있다. 현재는 측면부에 조립식으로 증축을 하여 사용하고 있지만 머지않아 철거를 할 예정이다.

〈그림 150〉 첨단 영락교회 (2002년 사진)

③ 양림교회

- 건립시기 : 1960년

양림교회는 1904년 12월 25일 배유지 선교사 사택에서 시작되어 성장하다가 1920년 4월은 노회 결의에 따라 북문밖교회(現 중앙교회)가 분립하였다. 1924년 10월 25일에는 양림교회와 금정교회(現 제일교회)로 분립하였고 양림동에 돌아와 1926년까지 오웬기념각에서 예배를 드리다가 1926년 양림동 290번지에 교회당을 신축(한국기독교장로회)하였고 1960년에 본 건물을 신축하여 본 교회에서 분교(대한예수교장로회)하게 된다. 이후 다시 1979년에 신자수의 증가로 다시 분교를 하게 되는데 원래의 예배당은 1967년 10월, 204평으로 새로 지어졌고, 1994년 교회창립 90주년을 기념하여 1천여평의 새로운 성전을 건축하였다.

〈그림 151〉 양림교회 (2002년 사진)

여느 교회건축에서와 같이 긴 장방형의 평면 형식으로, 입구가 있는 정면에는 첨탑형의 종탑을 두었는데 수직성이 강조된 의장을 지닌다. 붉은 벽돌로 쌓은 두꺼운 벽에는 2열의 길다란 수직창문이 나 있어 종탑의 형식과 조화를 이룬다. 정면은 좌우 대칭이 아니어서 조화를 이루지 못하나 쌍탑을 두지 않은 탓에 생긴 어쩔 수 없는 의장의 선택인 것 같다.

④ 원동 성당

– 건립시기 : 1954년

〈그림 152〉 천주교 원동 성당 (2002년 사진)

원래는 만 신부에 의해 전통적인 주택을 개조하여 성전으로 사용하다가 1954년에 주한 미8군의 협조와 호주교화 아동의 연금으로 새로운 성당을 신축하게 된다.

구조체는 콘크리트로 골조를 세우고 외벽은 붉은 벽돌과 돌 마감을 하여 자세히 보지 않으면 서양건물처럼 보이기도 한다. 정면에는 가벽과 기둥이 서 있으며 가벽 중간에는 커다란 십자가가 있어 마치 사람의 얼굴 형상을 하고 있는 듯하다. 평면은 좌우 대칭형으로 양쪽 벽에는 사용하지 않는 서양풍의 난간을 두어 벽면의 단조로움을 줄이고 있다. 실내에 들어가기 위해서는 정면에 가벽을 돌아 주 출입을 하게 되어 있는데 내부에는 전통적인 성당에서 보이는 회중석(會衆席)인 네이브와 측랑(側廊)인 아일로 나뉘어져 있다.

⑤ 비아동 성당

– 건립시기 : 1957년

〈그림 153〉 천주교 비아동 성당 (2002년 사진)

1957년 북동본당 비아공소로 현 위치에 건립되었다. 10년 후인 1968년 임동 본당 관할로 이관되었다가 1970년 12월 1일 광천동 본당 관할로 이관되었는데 당시 신자수는 100여명 정도였다. 그 후 1987년 양산동 본당이 설정되자 양산동 본당관할로 이관되어 현재에 이르고 있다.

본당으로 시작하지 않아 규모가 크지가 않다. 여러 차례 증축을 하여 본래 원형의 모습을 찾아 볼 수는 없지만 기본의 원형은 아직도 남아 있다. 지붕의 형태는 맛배형식으로 정면 박공부분에는 원형 채광창을 두었고 원형창 아래는 좌우대칭의 장방형 창을 두어 벽면의 균형감을 주고 있다. 후면 벽은 붉은 벽돌로 내쌓기를 하여 십자가모양을 만들었는데 십자가가 교차하는 부분에는 원형 아치를 만들어 채광창을 만들었다.

⑥ 임곡동 성당

- 건립시기 : 1958년

〈그림 154〉 천주교 임곡동 성당 (2002년 사진)

임곡에는 1955년 처음으로 문영식에 의해 복음이 전파되었다. 이미 천주교가 자리를 잡아가고 있었던 원동본당에서 이보다 불모지인 임곡을 전교하기 위하여 1955년에 성당을 신축할 부지를 매입하고 1956년 3월 기공식을 가져 1958년 8월 성당을 준공하였다.

건물의 평면은 가늘고 긴 사각형으로 외벽은 붉은색 벽돌로 쌓았으며 중앙에 종탑을 설치하고 출입구를 두었으며 양 옆칸은 낮은 박공형 지붕을 얹이 정면 3칸의 구성을 하고 있다. 외벽은 들여쌓기를 하여 창문을 설치하였고 외벽 중간부에 출입구를 설치하여 외부에서의 근접성을 높여주고 있다. 내부 천장은 완자창을 설치하여 한국전통건축에서 나타나는 의장성을 보이고 있다. 외양은 여느 교회건축에서와 마찬가지로 수직성이 강조된 고딕풍의 면모를 보인다.

⑦ 원동본당 삼도공소

- 건립시기 : 1959년

1951년부터 노안본당의 회장과 청년회는 공소 설립 뜻을 가지고 베드로 집에서 교리를 시작하여 1958년 성당 신축공사를 시작한 후 1959년 10월에 완공하여 오늘에 이르고 있다.

기본골조는 콘크리트로 세우고 블록을 쌓았고 외벽면은 드라이비트로 마감하였다. 건물에는 종탑을 설치하지 않고 외부에 두었다. 박공형의 정면에는 3칸으로 공간을 구획하였고 중앙칸은 골조를 높이 쌓아 십자가를 올렸다. 정면은 수직을 강조하는 루버를 설치하고 루

〈그림 155〉 천주교 원동본당 삼도공소 (2002년 사진)

버를 관통하는 슬래브를 만들어 출입구로 사용하고 있다. 슬래브 상부에는 십자가 표시를 한 벽면이 보이는데 이는 한눈에도 성당임을 말해주는 요소로 작용하고 있다. 후면도 드라이비트로 십자가 모양을 만들어 놓고 있다.

깔끔하지는 않으나 교회건축의 상징성을 현대적으로 표현하려한 의도가 보인다.

(4) 상업시설

① BYC광주센터

- 건립시기 : 1955년

〈그림 156〉 BYC 광주센터 (2002년 사진)

해방이후 6·25를 넘기고 전쟁복구 시기에 지어진 지상 2층의 건물이다. 정면은 변형이 되어 그 원형을 찾을 수 없지만 측면과 후면은 원형 그대로 남아 있어 당시의 건축기법을 살펴볼 수 있다. 외벽을 내력벽인 붉은 벽돌로 쌓았으며 슬래브를 콘크리트로 하고 2층을 구분하였다. 2층을 오르기 위한 계단은 점포 안에 설치하였는데 이는 협소한 대지를 활용하기 위한 선택이라 생각된다.

측면에는 2층만 작은 창이 나 있는데 이는 내력벽의 역할을 하기위해 개구부의 크기를 줄인 것이라고 생각된다. 흔히 도시 내의 소규모 상가건축에서 나타나는 단순한 건축구조나 의장을 하고 있다.

② 수정안경원

- 건립시기 : 1958년

본 건물은 양 옆 건물까지 3개의 건물이 하나로 연결되어 있다. 본래 건물은 주택의 용도로 지어졌었는데 건물의 일부를 헐어내고 1958년에 벽돌건물로 증축을 하여 현재에 이르고 있다고 한다. 1995년에는 주택으로 사용하던 부분을 일부 용도변경을 하고 일부를 근린생활시설로 용도를 변경하였다.

〈그림 157〉 수정안경원 (2002년 사진)

언뜻 보기에는 붉은 벽돌 건물로 보이나 일본인 주택과 절묘하게 연결이 되어 자연스럽다. 정면은 수직으로 내쌓기를 하여 창문을 두었는데 모서리 부분은 둥글게 처리하여 계단실을 두었다. 계단실에 원형 채광창을 두어 단조로운 벽면에 변화를 주고 있다. 측면 부분은 2층의 일식 주택이 자리를 하고 있는데 전면과 후면에 대칭적인 창문을 두고 있다. 창문부분은 나무판자로 차양을 만들어 놓았는데 이는 다른 일식 주택에서 공통적으로 보이는 부분이다.

③ 임씨가구(구 계림동 목욕탕)

- 건립시기 : 1959년

계림동은 경양호 매립으로 생성된 마을로 일본인 집단 거주지를 만들다가 해방이 되었다. 이 계림동 주택가에 위치한 본 건물은 원래 창고를 목적으로 지어진 건물이었으나 후에 목욕탕으로 사용을 하였다고 한다. 얼마 전까지 창고로 다시 사용하였던 듯 하나 현재는 사용하지 않고 있다.

〈그림 158〉 임씨가구 (2002년 사진)

지상 1층 규모의 맞배지붕 건물로 지붕

중앙에는 솟을지붕인 까치지붕이 있다. 정면 주 출입구에는 포치를 두고 포치 위로 사각형의 분할을 통해 루버를 만들고 루버안에 창문을 설치하였다. 출입구 옆에는 아치창을 두었는데 루버와 대조되어 조화를 잘 이루고 있다. 측면에는 큰 창문 1개와 작은 창 3개를 두었는데 작은 창은 사람 키보다 높은 곳에 있고 큰 창문은 사람의 눈높이에 맞춰져 있는데 하인방만 석재로 만들어져 있다.

④ 경도상회

- 건립시기 : 1960년

〈그림 159〉 경도상회 (2002년 사진)

충장로 4, 5가 지역은 일제강점기에 상권이 형성될 당시와 비슷하게 포목 등 옷감과 혼수용품인 목물 가구, 고무신, 쌀, 곡물, 어물 등이 지금도 판매되고 있는 시가지이다. 경도상회도 포목집을 하는 상가로 지상 3층의 철근콘크리트 건물이다.

모두 점포로 사용을 하고 있으며 한때 2층은 음식점으로도 사용하였다고 한다. 현재는 1층 한복점, 2층 다방, 3층 당구장으로 사용하고 있으며 전면부는 수직을 강조하는 루버를 설치하였는데 특이하게 나무로 루버를 만들었다. 측면에는 공간을 둔 블록을 교차로 쌓아 벽돌면의 의장미를 살리는 부분으로 본 건물의 가장 큰 특징이라 할 수 있다. 후면부는 붉은 벽돌로 쌓았는데 이는 후에 증축하여 다소 왜곡된 외관을 가지고 있다. 1960년대 건물로서는 전반적으로 건실하고 의장도 아름답다.

(5) 문화시설

① 스카우트 광주 · 전남 연맹

- 건립시기 : 1950년대 초

정확한 건립 연대는 알 수 없으나 6 · 25 전란시 본 건물을 군인 막사로 사용하였다는 임문선씨의 말을 근거하여 1950년대 초에 지어진 건물로 추정된다. 이후 1968년에는 그 옆에 철근콘크리트 건물을 신축하여 오늘에 이르고 있다.

건물은 원형 드럼통을 절반 잘라 놓은 듯한 반원기둥의 모양으로 모든 면을 함석으로 덮어 마감하고 있다. 창문은 함석을 오려 그대로 들어 올려 나무 막대기로 내려오지 못하게 지지하고 있으며 그 안에 목재 창을 달아 사용하고 있다. 정면의 중앙에는 나무로 포치를 만들어 현관으로 사용하고 있다. 이런 형태의 건물을 퀀셋(Quonset)형 건물이라 하는데 이와 유사한 건물이 전남대학교 기숙사 앞에 한 동 더 있었는데, 처음에는 학군단 건물로 사용하다가 나중에 동아리방으로 사용했으며 두 건물 모두 현재는 철거되었다.

〈그림 160〉 스카우트 광주 · 전남 연맹 (2002년 사진)

② 계림극장

- 건립시기 : 1953년

1953년에 개관한 계림극장은 전면부를 개조하여 오늘에 이르고 있는데 복합영화관에 밀려 2000년 5월 17일부터 휴관을 한 상태로 건물매각을 하였다. 현재 역시 내부수리중이라는 간판을 내건 상태로 비워져 있다. 전면부는 커튼월 방식으로 유리와 돌을 붙여 현대식 건물인 듯 보이나 측면과 후면 그리고 슬레이트 지붕은 옛 모습을 그대로 간직하고 있다. 주 출입구는 기둥으로 필로티를 형성하여 매표소를 두었으며 외벽은 붉은 벽돌로 마감을 하였고 지붕부에는 1/4내쌓기를 하여 지붕의 구조를 받치고 있다. 지붕 상부에는 기다랗게 만들어진 까치지붕이 있는데 이는 여느 극장에서와 마찬가지로 실내의 환기시설 부족으로 내부의 통풍을 돕기 위한 방법으로 보여진다.

〈그림 161〉 계림극장 (2002년 사진)

③ YMCA회관

- 건립시기 : 1954년

〈그림 162〉 YMCA 회관 (2002년 사진)

〈그림 163〉 YMCA 회관 (1970년대)

〈그림 164〉 현재의 YMCA 회관 (2005년 사진)

광주 YMCA는 1920년 7월 29일 최흥종 목사에 의해 창립되어 1928년 김후옥의 후원으로 충장로 5가 68번지(광주극장 옆)에 최초의 회관을 건립하게 되었다. 이후 1954년 현 금남로 1가로 이전하여 오늘에 이르고 있다. 내부의 구조는 기둥을 줄이기 위해 보를 많이 사용했는데 보 끝이 양쪽으로 벌어지는 모습으로 되어 있으며 지금은 가려져서 보이지 않지만 철골이 사용되어 건축되었다. 강당부분은 원통형으로 지붕을 만들어 넓은 공간을 보 없이 구성한 예이다. 당시 건물로는 최신 기술이 사용된 이 건물은 설계자 조자용에 의해 한번 리모델링되었다.

이 건물은 화려한 치장은 하지 않고 공공문화시설에서 보이는 높다란 로비도 없다. 이를 보완하기 위해 1층 일부를 파내고 공간을 트이게 해 놓았다. 트인 입구는 금남로와 연결되어 시민을 위한 통로가 되고자 하는 설계자의 의도가 엿보이는 부분이다.

YMCA회관의 현재 모습은 시민제안 형식의 현상설계를 거쳐 2003년 조성호에 의해 다시 한번 리모델링된 것이다. YMCA회관 후면 도로 및 옥상 공간을 청소년과 시민들의 문화공간으로 조성하고 청소년과 시민들의 만남의 장소, 쉼터, 문화공간으로 활용하기 위해 YMCA와 유관기관, 지역주민, 전문가 등이 참여하여 정성껏 마련한 일곱 빛깔의 꿈이 어우러지는 마당을 만들었다.

④ 태평극장

- 건립시기 : 1957년

태평극장은 원래는 농약창고였다고 하며 농약관계 사업을 하던 申成龍이란 사람이 중심이 되어 극장을 건립하였다고 한다. 1957년 동시상영관으로 문을 연 뒤 두 편의 영화를 염가에 동시 상영해 서민들이 즐겨 찾았던 극장으로 90년대 초 대대적인 시설보수작업을 거쳐 개봉관으로 재기를 시도했으나 첨단 복합상영관에 밀려 2002년 5월 1일자로 휴업계를 낸 상태이다. 건물외관에는 "여기는 1957년부터의 극장입니다."라는 글귀와 함께 단조로움을 없애기 위해 중깃과 가새로 벽면을 분할하여 중후한 입면표현을 하였다. 현재는 헐리고 주자장으로 방치되어 있다.

〈그림 165〉 태평극장 (2002년 사진)

⑤ 송정극장

- 건립시기 : 1960년

현재는 사용하지 않지만 광산구청 뒷길에 광산구에서 유일한 송정극장이 자리하고 있다. 현재는 폐관을 하여 1층을 상가로 임대하여 사용하고 있고 2층부터 시작되는 극장 시설은 방치되어 있는 상태이다. 전면은 가로로 긴 밀어열개 창을 달아 수평으로의 방향감을 주고 있다. 협소한 대지를 이용하기 위해 관리자의 출입구와 관람객의 출입구를 동일출구에 두었으며 2층에서 동선이 분리되게 계획하였다. 단면의 형태도 전면부가 높고 후면부로 갈수록 단을 두어 낮게 하여 무대로 사용하고 있는데 이는 전형적인 극장 건물의 형태이다. 지붕에는 까치지붕을 두어 부족한 환기를 돕고 있다.

〈그림 166〉 송정극장 (2002년 사진)

### (6) 주거시설

#### ① 춘설헌

- 건립시기 : 1950년대

〈그림 167〉 허백련의 춘설헌

춘설헌은 남종화의 대가 의재(毅齊) 허백련이 1946년부터 그가 타계한 1977년까지 기거하면서 작품 활동을 하였고 육당 최남선, 작가 게오르규 등 국내·외의 명사들과 교류하던 곳이다. 증심사 입구의 상가들을 지나 올라가다 보면 오른쪽에 높다란 언덕이 있는데 그 위에 춘설헌이 위치하고 있다. 원래 이 자리에는 일제시대 때 동아일보 편집국장이던 崔元淳이 신병을 요양하던 집이 있었으나 1950년 낡은 집을 허물고 다시 지었다

건물은 벽돌 조적조에 양식기와를 얹은 맞배지붕 형태의 현대식 건물이다. 전통건축에서 흔히 나타나는 기단부는 보이지 않지만 뒤쪽 건물에는 낮은 한단의 시멘트 기단이 있다. 측면과 후면에 유리로 된 2짝 미서기창이 달려 있고 뒷 건물은 네짝 미서기문을 통해 출입이 가능하다. 박공부분인 측면을 볼 때 약간 오른쪽으로 치우쳐 현관이 있고 현관을 들어서면 바닥에 장마루를 깔아놓은 대청과 2칸의 방이 있는데, 1칸은 다다미방이고 1칸은 온돌방이다. 오랜 일본생활에 길들여진 의제의 취향을 살려 1칸의 다다미방이 있는 것이 특징이다. 이 2칸의 방이 의제가 작품 활동을 하던 곳이다. 2칸의 방 옆에 부엌이 있고, 그에 연이어 다음 건물이 중심축에서 약간 옆으로 벗어나서 자리잡고 있다. 건물 2동이 모두 1950년 겨울에 지어졌으며 외벽은 시멘트몰탈로 마감하였다. 주변에는 삼나무, 오동나무, 벚나무, 은행나무, 차나무 등이 심어져 있다. 1986년에 지방기념물 제5호로 지정되었다.

### (7) 교통시설

#### ① 극락강역

- 건립시기 : 1959년

극락강역은 1922년 7월 1일 간이역으로 영업을 개시하여 1938년10월 1일 보통역으로 승격하였으며 1950년 6·25 전란으로 역사가 소실되어 1959년 현재의 역사를 신축하게 된다.

1999년에는 사무실을 증축하여 오늘에 이르고 있다.

극락강역은 블록조 슬레이트 단층 구조로 지어졌다. 맞배지붕으로 지붕아래에는 차양을 두었는데 1999년에는 차양아래에 사무실을 증축하여 사용하고 있다. 1자형 평면에 벽돌로 기둥을 만들고 블록으로 벽면을 마감하는 구조로 되어있다. 창문 상부에는 인방을 설치하지 않고 하부에는 창샘블록을 사용하여 빗물이 내부로 들어오는 것을 방지하고 있다.

〈그림 168〉 극락강역 (2002년 사진)

(8) 산업시설

① (주)전방(구 전남방직 주식회사)

- 건립시기 : 1951년

1930년 일본의 「가네보(鍾淵)방적」이라는 회사는 광주에 방지공장을 세우기로 하고 광주에 시민공원과 위락시설을 기증하기로 하였다. 그러나 1933년 일본 관서지방의 대홍수로 물가상승과 시멘트, 철근의 품귀로 당초 계획보다 축소되어 1935년이 되서야 방직공장이 건립되었다. 1945년 해방과 함께 가네보가 일본으로 돌아가게 되어 문을 닫게 되는데 당시 미군통역이었던 김형남씨가 1948년에 다시 공장을 인수하여 다시 가동되었다. 1950년에 한국전쟁이 발발하여 공장은 폐허가 되었으나 1951년에 복구를 시작하여 1953년에는 당시 자본금 600만원으로 전남방직 주식회사를 설립하게 되었고 전쟁의 폐허를 딛고 재가동을 하게 된다. 1956년에 본사를 서울로 옮겼고 영암, 시흥, 천안으로 사업장을 넓혔으나 아직 광주공장은 남아있다. 1961년 이후로는 김용주에 의해 운영되고 있으며 1987년부터 부지 일부를 활용하여 중고차 매매 및 유통업을 하는 계열사를 운영하고 있다.

〈그림 169〉 전남방직 광주공장

② 일신방직

– 건립시기 : 1951년

〈그림 170〉 일신방직

일신방직은 전남방직을 전신으로 하고 있는 이유로 전남방직과 주소지가 같다. 즉 한 울타리에 있다가 2개의 회사로 분리된 셈이다. 한국전쟁 이후 재가동되어 사업이 확장되기 시작한 1961년 8월 일신방직(주)로 분할 설립되었다. 애초에 鐘淵방적 전남공장이었던 것이 해방 후 적산(敵産)으로 간주되었다가 김형남, 김용주, 김용성 형제에게 불하되었던 것이다. 이후 1961년 공장이 분리되어 전남방직을 운영하였으며 숭실대 설립자이기도 한 김형남이 일신방직을 맡게 되었고, 전남방직은 김용주가 맡아 운영하게 되었다. 간결하게 기능에 충실한 전형적인 一字形 맞배지붕의 공장건물이다.

## 5. 행정주체에 의한 건축의 발흥기(發興期) : 1961~1970

### 1) 건축개관

1961년 5 · 16 군사혁명으로 시작된 1960년대는 정치적 혁신기운, 민족주체의식, 경제개발계획 등으로 건설 수요가 다시 늘게 되고, 건축계에게 부과되는 요구도 다양하였다.

갑작스러운 건축수요가 이념이 정립되지 못한 상태에서 받아들여진 관계로 여러 시행착오를 경험하고 다소 혼란한 점도 있었으나, 60년대는 한국의 건축이 적어도 형태상에서는 크게 발전한 시기였다고 할 것이다.

유명한 예로, 50년대 후반에 일본과 프랑스에서 건축수업을 마치고 돌아온 金重業의 활약은 대단한 것이었다. 그가 60년대 초에 구현한 몇 개의 건축은 스승 르 꼬르뷔제(Le Corbusier)의 분위기에서 벗어나서 스스로의 건축관으로 굳혀진 작품들이었다. 대표작으로 「서강대학교 본관(1960년)」과 「프랑스대사관(1962년)」 등을 들 수 있는데, 프랑스대사관은 한국의 전통 형태와 서구의 기능적 구조가 무리없이 결합된 경이로 받아들여졌으며, 한국

현대건축의 한 획을 긋는 출발점으로 높이 평가되었다.

이와 같은 형태와 스타일의 발전을 가져온 요인 중 중요한 것은 구현하고자 하는 건축에 적합한 재료의 발전이다. 콘크리트 구조의 발전과 국산 금속판 커튼월(Curtain-Wall)의 개발은 그 시대 건축에 있어서 가장 획기적인 일이었다.

이와 같은 맥락에서 이 시기 건축에서 보인 주된 특징의 하나로 건물들이 20층 이상이 되는 고층화 · 대형화 현상과 그에 수반되는 계획 · 구조에 관련된 특징으로 코어시스템(Core System)의 채용과 유닛공간(Unit Space) 개념의 도입을 들 수 있다. 앞에서도 언급했지만, 이러한 특성은 재료와 공법의 뒷받침 없이는 불가능한 일이다. 60년대에 들어와 다소의 진척이 있었다고 하지만, 특수 분야에 있어서는 외국기술과 재료를 도입해야 했으며, 20층이 넘는 건물에 통나무 비계를 써서 시공한 예가 결코 희귀한 일은 아니었다.

서울에서의 건축붐은 광주에 있어서도 예외는 아니었다. 서울보다 소규모이기는 하지만 상업시설과 은행 건물, 극장과 학교, 공공건물 등 다양한 분야에서 건축 활동이 전개되었고, 이러한 호황이 1970년대에 들어서는 민간사업(주택)으로 이어져 계속된다.

〈그림 171〉 전남대학교 농과대학 1호관

60년대 광주의 건축은 주로 50년대에 활약했던 건축가에 의해서 주도되었는데, 대표적인 건축물은 金漢涉의 『전남적십자병원(1961)』, 『전남의대부속병원 선염병동(1961)』, 『태평극장(1961)』, 『전남대학교 농과대학(1963)』, 『광주여대 문리대도서관(1965)』, 『광주상고(1965)』, 『무등경기장(1965)』, 『동아백화점(1966)』, 『대한결핵협회 전남지부(1966)』, 『권소아과 의원(1967)』, 『광주은행 남부지점(1969)』 외에 계획안으로서 『무등산 관광시설 종합계획(1964)』, 『전남의대부속병원 증축설계(1966)』가 있으며, 다른 건축가의 작품으로 학교건축에 『전남대학교 공대2호관(1966년 착공, 林永培 · 夫坧量 作)』, 『사레지오 남녀고등학교』, 『교육대학 부속초등학교』, 관람 · 집회 시설에 『현대극장』, 『시립박물관(광주공원 내)』 등이 있다.

또한, 근년에 작고한 金泰萬은 『제일극장(1961)』, 『제일고등학교(1961)』, 『동신고등학교(1961)』, 『전남방직공장(1966)』 등의 작품을 남겼고, 丁玉鎭은 『호남전기(현 로켓트건전지)』, 『광주극장』, 『아세아극장(1966)』, 『중앙과자점』, 『한미제과』와 같은 작품을, 蔡奎鐺은 『광

〈그림 172〉 전남대학교 공과대학 2호관

〈그림 173〉 (구)상업은행 (1989년)

〈그림 174〉 (구)조흥은행

주세무소(1968)』, 『한미빌딩(1968)』, 『광천동 시민아파트(1969)』, 『상업은행(1969)』과 같은 작품을 남겼다. 이 외에도 건축대서사였던 정락범과 전라남도 영선계(營繕系)에서 근무했던 최순남 등을 들 수 있다. 특히 이 당시에는 지역경제의 활성화를 위해 은행 건물이 많이 들어서게 되었는데, 『제일은행』, 『조흥은행』, 『한일은행』, 『농협광주지소』 등이 그 예다. 그리고, 『광주역[新驛]』이 들어서면서 구역(舊驛)은 『동부소방서』로 사용하게 되었고, 기타의 건물로 『전남의대부속병원(1960)』, 『제일교회』, 『구 원호청』 등이 있었다.

하지만, 광주의 건축은 여전히 지역적 낙후성을 벗어나지 못하고 있었으며, 서울에서 보였던 고층건물이나 대형건물도 건설되지 않았다. 1960년대 초 광주지역의 건물들은 '토지사용의 최대효율'이라는 건축주의 요구와 조형성을 고수하려는 건축사의 작가적 의지 사이의 갈등이 건축물의 외관에 가장 많이 보이던 시기라 할 것이다. 입면은 창틀, 수직루버, 수평띠 등을 의도적으로 돌출시켜 강한 음영을 건물의 외피에 드리우고 옥상층의 옥탑형태에서 다양한 매스를 조합하려는 건축가의 의지가 드러난다(옛 일등여관, 동아빌딩). 하지만 이러한 시도들은 요철이 거의 없는 제한된 장방형의 매스 표면에서 이루어지는 것들로 그 표현이 극히 제한되어 있었다.

1960년 말부터 1970년대 초 광주의 사무소 건축은 같은 시기 서울이나 타 지역에서 나타났던 국제주의 양식의 도입에 의한 수구주의적 입장이나 조형주의를 감성적으로 수용하여 추종하는 양상을 찾기 어렵다. 단지, 사무소 건물들은 '기능과 경제성'이라는 이해의 결과로서 건축을 정의하면서, '형태미'에 대한 집착을 고집하지 않는 경향을 나타낸다. 실제로 이들의 설계과정에서는 형태의 창안에 집착하기 전에 먼저 해결해야 할 기술적 문제들이 산적해 있었던 것으로 인식되며, 따라서 제한된 시간과 비용 안에서 최대한의 해결안을 도출해내는 것이 우선적으로 고려되었을 것이다.

60년대 광주건축에 있어 특기한 점은, 주거건축에 있어 일어난 아파트 붐이다. 최초의 관영(官營)아파트라 할 수 있는『광천동 시민아파트』와『농성동 서민아파트』가 건설되고, 60년대 후반부터서는 민영(民營)아파트가 대자본으로 태동하려는 움직임을 보였다.『미도아파트』,『공무원아파트』가 이 시기 아파트 건축의 대표적인 예이다. 민간인의 손에 의해 처음 지어진「미도아파트」는 가히 호남지역에서 민영아파트로는 최초라 할 수 있다.[61] 전남의 수부(首府) 광주의 인구가 급증하게 된 것도 이 무렵부터였다. 인구의 도시집중 현상은 자연스럽게 건축물이 늘어나게 된 요인이 되었는데, 이때부터 관영, 민영할 것 없이 일어난 각양각태의 건축붐은 73년의 오일쇼크 때까지 계속되었다.

### 2) 건축계 동향

60년대 한국의 건축계에 있어 하나의 획기적인 일은「건축사법의 제정(1963. 12)」이다. 건축사법을 국가적으로 제정하여 건축사의 권익을 옹호하고 건축가의 사회적 지위를 확보하려는 것은 해방 후 건축가들에 있어 가장 큰 염원이었다. 그것은 건축가 쪽의 권익에만 뜻이 있는 것이 아니라 건축의 창작을 전문화하고 그것을 법적으로 보증하는 것이기 때문에, 국가적으로는 수준 이하의 작품을 억제하고 나아가서 국토 미화에 기여하는 것이며, 건축계로서는 창작과 여타 건축기술의 분업으로 스스로 차원 높은 수준에 도달케 하는 것이다. 건설업법(1958)이 건축물을 실제로 담당 시공하는 자의 업무와 자격을 규정하고, 또 건축법(1962)이 건축물의 질에 관한 최저 기준을 규정한 것이라면, 건축사법(1963)은 설계와 공사감리를 행하는 자의 일정 수준의 자격을 규정짓는 것으로 건축물의 질적 향상을 위한 법적 뒷받침이 이루어진 것이다.

이에 1963년 9월에「대한건축사협회」가 설립되고, 초대 회장에 金舜河가 피선되었다. 이 협회는「한국건축가협회」와 더불어 한국의 건축을 이끌어 가는 중요 단체로 성장하게 되는

61) 건축주는 金壽坤이었고, 3층으로 방이 2칸씩 27세대가 살았는데, 이것이 광주에 건립된 아파트의 효시이기도 하다.

데, 창립시의 회원은 127명 정도였지만, 1960년대 말에는 1급 건축사 389명, 2급 건축사 255명에 달하는 규모로 되었다.[62]

한편, 서울의 건축 관련 단체의 결성과 관련하여 광주에서도 여러 건축 단체가 결성되고 활동에 박차를 가하게 된다. 이에 관계된 사항을 도표로 정리해 보면 다음과 같다.

〈표 7〉 건축계 3단체의 창립과 초창기 지부장

| 名　稱 | 創立年代 | 創立初期 支部長 | |
|---|---|---|---|
| 大韓建築學會 全南支部 | 1956 | 初代 | 金 漢 涉 (56.11~63. 7) |
| | | 2 代 | 李 光 國 (63. 7~71. 6) |
| 韓國建築家協會 全南支部 | 1962 | 初代 | 金 漢 涉 (64. 3~66. 2) |
| | | 2 代 | 丁 玉 鎭 (66. 3~72. 2) |
| 大韓建築士協會 全南支部 | 1965 | 初代 | 朴 永 晩 (65.11~66. 8) |
| | | 2 代 | 丁 玉 鎭 (66. 8~69.12) |

1950년대「대한건축학회」를 시작으로「한국건축가협회」,「대한건축사협회」등 전남지부가 발족된 60년대 들어서야 비로소 오랜 정체를 딛고 광주의 건축계에 활기가 넘치게 되었다. 이런 의미에서 광주건축의 60년대는 건축계가 정착하는 발흥기라 할 수 있다. 다음의 표는「대한건축사협회 전남지부」의 회원일지에서 참조한 60년대 회원현황이다.

〈표 8〉 1960년대 대한건축사협회 전남지부의 연도별 회원현황

| 年度別 | 級 別 | | | 회원분포 | | | | 광주지역 신입회원 |
|---|---|---|---|---|---|---|---|---|
| | 1급 | 2급 | 합계 | 광주 | 목포 | 순천 | 여수 | |
| 1965 | - | - | 32 | - | - | - | - | 박영만 정옥진 김태만 정락범 김호근 박영희 이 경 임성규 김영식 홍종식 신정채 오무송 조동희 전생규 |
| 1966 | - | - | 32 | - | - | - | - | 고재선 이 수 신양우 이준형 이현종 |
| 1967 | 17 | 25 | 42 | 25 | 7 | 6 | 4 | 김성현 임재식 |
| 1968 | 18 | 31 | 49 | 32 | 7 | 6 | 4 | 박영동 유연모 주광근 채규당 오갑윤 박득수 |
| 1969 | 20 | 31 | 51 | 33 | 7 | 7 | 4 | 조희경 |

* 본 表의 신입 건축사회원 입회현황은 타지역 전입회원까지 포함된 경우이므로 년도별 집계와 다소 차이가 있을 수 있다.

62) 정인국, 現代韓國建築 20年, 〈空間〉誌 1966년 3월호, p.26.

창립 당시 건축사협회는 지부사무소를 회원 丁玉鎭 설계사무소에 두어 함께 사용하였으며, 그 후 동구 불로동과 충장로 3가로 옮겨 집무하다가, 75년에는 동구 대인동에 광주건축사회관을 신축하여 사용하고, 90년대 들어서 북구 중흥동에 새로운 건축사회관을 신축(朴華洙 作)하여 현재에 이르고 있다.「대한건축사협회 전남지부」의 창립 당시 회원은 목포와 순천·여수지역 건축사를 합해 32명이었고, 실제 업무가 시작된 1968년에는 49명으로 늘어났는데, 그중 광주에서 활동한 건축사는 32명이었다.

이 외에도 도청을 비롯한 각 시군에 영선담당과 건축행정(건축허가사무)담당이 있고, 도교육위원회와 각 구청에도 건축시설담당을 두었으며, 전남대학교와 조선대학교에도 각각 영선담당이 있었는데, 이와 같은 각 기관의 건축직 인원수가 총 340명에 달했다.

〈표 9〉 1960년대 전라남도 영선계장

| 名 稱 | 營繕係長 | | 현재활동사항 |
|---|---|---|---|
| 全羅南道廳 營繕係 | 初代 | 崔順南 ( ? ~ ? ) | - |
| | 2代 | 李光國 ( ? ~ 67. 8) | 삼능건설사장 (95년 작고) |
| | 3代 | 文炯根 (67. 9 ~ 73. 1) | 명건축사무소장 |

### 3) 주요건축

#### (1) 공공시설

| 구분 | 건 축 명 | 내용 및 변천과정 | |
|---|---|---|---|
| 공공시설 | 광주우체국 | 현 위 치 | 동구 충장로 2가 16 |
| | | 개 요 | ㅇ 규 모 : 지상 4층, 지하1층, 철근콘크리트조<br>ㅇ 용 도 : 우체국<br>ㅇ 건축년도 : 1963년 12월 31일<br>ㅇ 현존여부 : 현존 |
| | 전남소방본부 | 현 위 치 | 서구 농성동 290 |
| | | 개 요 | ㅇ 규 모 : 지상 2층 철근콘크리트조<br>ㅇ 용 도 : 전남소방본부 사무실<br>ㅇ 건축년도 : 1966년 10월 20일<br>ㅇ 현존여부 : 현존 |
| | 광주세무서 | 현 위 치 | 동구 서석동 47-1 |
| | | 내 용 | 1934년 광주세무서 발족 후 광산군청·어업조합연합회 건물 임대 사용<br>1938년 서석정(현 서석동 47-1)에 청사 신축·완공<br>1980년 소실되었다가 복원 |

| 구분 | 건 축 명 | 내용 및 변천과정 | |
|---|---|---|---|
| 공공시설 | 구)광주광역시청 | 현 위 치 | 동구 계림동 505-900 |
| | | 개 요 | ㅇ 규 모 : 지하 1층, 지상 7층, 철근콘크리트조<br>ㅇ 용 도 : 시청<br>ㅇ 건축년도 : 1969년 10월 01일<br>ㅇ 현존여부 : 현존(2003년 신청사 이전) |

(2) 교육시설

| 구분 | 건 축 명 | 내용 및 변천과정 | |
|---|---|---|---|
| 교육시설 | 전남대공대2호관 | 현 위 치 | 북구 용봉동 300(전남대학교 내) |
| | | 개 요 | ㅇ 설 계 자 : 임영배, 부척량<br>ㅇ 규 모 : 지상 3층 철근콘크리트조<br>ㅇ 건축년도 : 1966년 착공<br>ㅇ 현존여부 : 현존 |
| | 전남대농대1호관 | 현 위 치 | 북구 용봉동 300(전남대학교 내) |
| | | 개 요 | ㅇ 설 계 자 : 김한섭<br>ㅇ 규 모 : 지상 3층 철근콘크리트조 4,424㎡<br>ㅇ 건축년도 : 1965년<br>ㅇ 현존여부 : 현존 |
| | 조선대의대 본관 | 현 위 치 | 동구 서석동 57-1(조선대학교 내) |
| | | 개 요 | ㅇ 규 모 : 지상 3층 조적조 4,581㎡<br>ㅇ 건축년도 : 1962년<br>ㅇ 현존여부 : 현존 |
| | 조대부중 본관 | 현 위 치 | 동구 서석동 375 |
| | | 개 요 | ㅇ 규 모 : 지상 4층 철근콘크리트조 6,082㎡<br>ㅇ 용 도 : 교사<br>ㅇ 건축년도 : 1962년 9월 8일<br>ㅇ 현존여부 : 현존 |
| | 조대부여중 본관 | 현 위 치 | 동구 지산동 491 |
| | | 개 요 | ㅇ 규 모 : 지상 5층 철근콘크리트조 5,591㎡<br>ㅇ 건축년도 : 1964년<br>ㅇ 현존여부 : 현존 |
| | 살레시오여자 고등학교 | 현 위 치 | 동구 지산동 480 |
| | | 개 요 | ㅇ 규 모 : 지상 5층 조적조+철근콘크리트<br>ㅇ 건축년도 : 1959년 본관을 신축하고 1963년에 동편을 증축 80년에 4, 5층을 증축해 현재에 이름<br>ㅇ 현존여부 : 현존 |

## (3) 문화시설

| 구분 | 건 축 명 | 내용 및 변천과정 | |
|---|---|---|---|
| 문화시설 | 현대극장 | 현 위 치 | 동구 수기동 23 |
| | | 개 요 | o 규 모 : 지상 2층 철근콘크리트조 o 용 도 : 극장<br>o 건축년도 : 1961년 o 현존여부 : 현존(폐관) |
| | 광주<br>학생회관 | 현 위 치 | 동구 황금동 56-1 |
| | | 개 요 | o 설 계 자 : 서범식<br>o 규 모 : 지하 1층, 지상 6층 철근콘크리트조 5,318㎡<br>o 용 도 : 극장<br>o 건축년도 : 1965년 o 현존여부 : 현존 |
| | 한일극장 | 현 위 치 | 서구 양동138 |
| | | 개 요 | o 규 모 : 지하 1층 지상 3층 철근콘크리트조 1,467㎡<br>o 용 도 : 극장<br>o 건축년도 : 1962년 o 현존여부 : 2002년 철거 |
| | 구동체육관 | 현 위 치 | 남구 구동 9 |
| | | 개 요 | o 규 모 : 지상 3층 철근콘크리트조 4,236㎡<br>o 용 도 : 체육관<br>o 건축년도 : 1965년 7월 31일 o 현존여부 : 현존 |
| | 무등경기장 | 현 위 치 | 북구 임동 316 |
| | | 개 요 | o 설 계 자 : 김한섭<br>o 규 모 : 지상 3층 철근콘크리트조 20,931㎡<br>o 용 도 : 경기장<br>o 건축년도 : 1965년 9월 3일 o 현존여부 : 현존 |
| | 문화극장 | 현 위 치 | 북구 임동 122-1 |
| | | 개 요 | o 규 모 : 지상 3층 조적조 1,282㎡ o 용 도 : 극장<br>o 건축년도 : 1965년 2월 14일 o 현존여부 : 현존 |
| | 아세아극장 | 현 위 치 | 북구 유동 344 |
| | | 개 요 | o 설 계 자 : 정옥진<br>o 규 모 : 지상 4층 철근콘크리트조<br>o 용 도 : 극장<br>o 건축년도 : 1966년 o 현존여부 : 현존 |
| | 제일극장 | 현 위 치 | 동구 황금동 12-2(현 제일 시네마) |
| | | 개 요 | o 설 계 자 : 金泰萬<br>o 위 치 : 동구 황금동<br>o 규 모 : 지상 3층, 철근콘크리트조<br>o 용 도 : 관람석, 영사실, 관리실, 매점, 매표소 등<br>o 건축년도 : 1961년 o 현존여부 : 현존 |
| | 광주시립<br>박물관 | 현 위 치 | 북구 용봉동 1004-4 |
| | | 내 용 | 광주광역시립민속박물관(약칭 광주민속박물관)은 1963년 4월 광주공원 현충각내(남구 구동 21-1)의 작은 전시관에서 출발하였다. 1974년, 설치조례 및 운영규칙을 제정함으로써 광주시립박물관 설립의 법적 토대를 갖추게 되었다. 1983년 5월, 광주시립민속박물관 건립추진위원회가 구성되었고, 그해 12월 건축공사를 착공하였다. 1987년 8월, 광주시립민속박물관 조례가 제정되었고, 광주공원내 전시관을 흡수·통합하여 그해 11월 1일 현 소재지인 북구 용봉동에 이전 개관하였다. |

### 4) 현존하는 건축물

① 무등경기장

- 설 계 자 : 金漢涉
- 건축년도 : 1965년

〈그림 175〉 무등경기장 전경

〈그림 176〉 무등경기장 야구장 신설 조감도(2011년)

당시로서는 철근콘크리트 구조에 의해 처음으로 시도되었던 운동장 용도의 건축 구조물이었으며, 입지적 조건이 좋아 대외적인 상징물이 되었다. 건물의 외형은 곡선으로 부드럽게 표출되고 여기에 수직 루버가 주마창처럼 쓰여짐으로써 거대한 구조물의 딱딱함이 인간적 스케일로 형상화되었다. 특히 본부석 상부의 차양지붕은 캐노피의 깊이감, 처마 끝의 안허리 기법 등으로 말미암아 경쾌한 느낌을 준다. 건물의 외부마감은 운동장이라는 건축의 기능상, 또는 그 당시 막 유행하기 시작하던 치장 콘크리트가 쓰였다. 외부현관의 차양처리, 내부 계단의 캔틸레버 구조법 등 상세까지가 모두 짜임새 있게 설계되었지만, 스탠드의 맨바닥 좌석 처리에서 보는 바와 같이 전체적으로 아직은 당시의 건축수준이 그 정도에 머물렀을 것으로 생각된다. 현재는 여러 차례의 보수를 통해 변모했으나 구조상으로 다소 불안정하다는 지적을 받고 있다.

현재 무등경기장은 2015년 광주에서 개최될 하계 유니버시아드대회의 선택종목으로 야구가 채택됨에 따라 새 야구장 건설을 위해 종합운동장 부지에 25,000석 규모의 개방형 야구장 건립을 계획하고 2013년 말 완공 예정이다.

② 아세아극장

- 설 계 자 : 丁玉鎭
- 건축년도 : 1966년

지상 4층의 철근콘크리트조 건물로 도로로 향한 전면을 마치 무대와 같이 형상화하여 중앙부분을 기점으로 커튼을 친 듯한 느낌을 준다. 수직성이 강조된 중앙부와 루버형식으로 늘어뜨린 벽면이 정면입면을 이루고 있다. 설계자가 큰 극장을 주제로 삼았을 때 고심한 흔적이 전면부 창과 외부 장식상의 효과로 나타나며, 이것을 통해 사람들의 시선을 유도한 듯하다. 당시의 사회상으로 보아 규모나 형식에 있어 대단한 건물이었으나 최근에 개수를 하여 원래의 모습을 잃고 있다.

〈그림 177〉 아세아극장 (2005년 사진)

③ 제일극장(현 제일시네마)

- 설 계 자 : 金泰萬
- 건축년도 : 1961년

1층 진입부분이 Set Back(일반적인 가로에서 건물의 입면이 인접건물의 입면보다 상대적으로 안쪽으로 물러서 있는 형상)되어 있는 형상이다. 이로써 가로를 지나가는 사람들을 극장 안으로 끌어들이려는 의도를 강하게 나타냈으며 특히 이 공간은 매표 후 입장을 기다리는 관객들의 외부 로비역할을 겸하게 하였다. 필요 없는 공간은 과감하게 절개하여 전면부와 상층부의 파사드가 극장에 걸맞게 자유로운 구성을 보였었다. 최근 전면적인 리모델링을 통하여 현재와 같은 현대식 건축으로 변경되었다.

〈그림 178〉 제일극장 (2005년 사진)

50년 역사를 간직한 이 극장은 개봉관이자 양화(洋畵)전용관이던 이 극장은 1963년 70mm 영사기를 전국에서 4번째이자 광주 최초로 선보여 호황을 누리기도 했으나 현재는 경영난을 이기지 못해 2010년 CGV에 경영권을 넘겨주고 태평극장 등 다른 광주지역 향토 극장과 마찬가지로 역사의 뒤안길로 사라지게 되었다.

④ 미도아파트 (현 대지여관)

- 설 계 자 : 金泰萬
- 건축년도 : 1966년

미도APT는 광주에 남아있는 가장 오래된 연립주택이다. 건축주 김수곤씨의 말에 의하자면, 그 당시에는 APT에 대한 개념이 없었으므로 분양이 되지 않았다고 하며, 주로 상무대 공군병단 사람들과 타 지역 월급쟁이들이 살았으며, 분양이 잘되지 않아 여관으로 개조하였다고 한다.

전체배치는 'ㄷ'자형의 평면으로 코어를 중심으로 대칭적인 구성을 이루나, 2면 도로에 접한 부분에 이르러서는 곡면으로 매스를 분절하여 모서리대지의 동적인 감각을 살려주고 있다. 좌우대칭의 축을 이루고 있는 중심부는 진입부의 낮고 수평적인 매스와 코어의 수직적인 매스가 고전적인 느낌을 주고 있으며, 1 · 2층의 차양과 3층의 팔작지붕, 옥탑층 코어로 이어지는 일련의 시각적인 흐름은 공간의 깊이를 더해주고 있다. 특이할만한 점은 3층 중심부의 팔작지붕으로 이는 마치 주변의 현대식 건물을 기단과 담장과 배산으로 삼아 위치해 있는 듯한 형상으로 조화롭다고 하기보다는 하나의 재미로 느껴지게 한다.

〈그림 179〉 미도아파트(現 대지여관, 2002년 사진)

〈그림 180〉 미도아파트 평면모습 (現 대지여관)

건축사업가에 의해 광주지방에서 최초로 지어진 연립주택이며 나아가 호남지역에 지어진 최초의 민영아파트라는 의미가 있는 건물이지만 원래의 모습을 잃고 있어 아쉽다.

⑤ 광천동 시민아파트

- 설 계 자 : 蔡奎鐺
- 건축년도 : 1969년

광주에서 지어진 아파트의 시초인 광천동 시민아파트는 지상 3층인 철근콘크리트 건축물로 시청 영선계에서 재직하던 채규당의 작품이다. 원래 이 아파트가 들어서기 전의 광천동은 6 · 25의 피난민과 영세민들의 판자촌으로서 매우 열악한 거주환경이었는데, 주거문제 개선의 시범대상지가 되어 원래 거주자들을 입주대상으로 계획되었다. 다음은 광천동 시민아파트의 기본구성에 대한 채규당 소장의 증언이다.

〈그림 181〉 광천동 시민아파트 (2005년 사진)

"1층에는 방 2개에 부엌을 넣고, 2 · 3층에는 방 1개와 부엌 1개를 한 단위로 해서 전체규모 3층, 184세대로 구성했는데, 1인당 6평 정도나 될까 한 영세민을 위한 연립주택 형식으로 계획되었습니다. 하지만, 거기에 수용하게 될 인원수를 계속해서 짜 맞추다 보니 평면구성은 자주 바뀌게 되었습니다."

⑥ (구)제일은행

금남로 3가에 위치하였던 제일은행 광주지점 건물은 지상 3층의 철근콘크리트조 건축물이다. 은행 영업장과 금고, 숙직실 등으로 평면은 단순하였으나 철근콘크리트를 사용한 60년대 은행건물의 전형적인 모습을 보이며, 상층부 창의 모습은 은행 이미지에 걸맞는 벌집모양을 취한 듯하다. 1965년에 건축된 것으로 알려진 이 건물은 1995년에 철거되어 현존하지는 않는다.

〈그림 182〉 (구)제일은행 광주지점

⑦ 광주은행 남부지점

- 설 계 자 : 金漢涉
- 건축년도 : 1969년

〈그림 183〉 광주은행 남부지점 (2002년 사진)

호남은행 건물(동구 충장로 5가 60-18 소재 현 중부지점)을 인수하여 업무를 개시했던 광주은행은 영업점 건축의 필요성을 인식하여, 1969년 동구 광산동(現 남부지점)에 金漢涉의 설계로 남부지점을 신축하게 된다. 이후 광주 · 전남지역 금융업의 중심으로 성장한 광주은행이 10년 후인 1979년, 금남로 3가에 10층 규모의 본점을 신축할 때까지 이 건물은 광주은행을 대표하는 건물로서의 역할을 다하게 된다.

지상 3층의 철근콘크리트조로 영업장과 사무실, 금고 등으로 구성된 단순한 은행건물이지만 건실하고 육중한 맛을 풍긴다. 근래에 새롭게 단장하였다.

## 6. 성장 속의 새로운 변화와 가능성 : 1970~1979

### 1) 건축개관

70년대는 60년대에서 가졌던 건축의 의기(意氣)가 정립되어 비교적 안정된 모습을 보여준 시기이다. 70년대에 보인 괄목할 만한 변화는 기념적 공공건축의 속출, 업무용 건축의 대형화, 주거건축 형식의 변모, 도시 건축의 고층화 등으로 특징지워진다.

「구 국립중앙박물관(1971, 姜奉辰 작)」, 「세종문화회관(1978, 嚴德紋 작)」 등의 준공이 있었고, 「3 · 1빌딩(1970, 金重業 작)」을 시작으로 업무용 건축에 30층 이상의 고층화 · 대형화가 이루어졌다.

한편, 주거용 건축의 개념도 크게 달라졌다. 일찌기 일제시대에 朴吉龍[63]에 의하여 주택

63) 日本建築士協會 경성 지부장을 역임한 한국 건축의 선구자 中 한사람. 당시 지부의 회원 7名중 유일한 韓國人이었던 그는 金漢涉의 스승이기도 하다.

개량의 시도가 있어 왔고, 해방 후에도 국민생활 향상을 위한 설계의 노력이 있었으며, 60·70년대로 넘어오는 동안에도 한국인의 생활상과 주거에 대한 진지한 모색이 있어 왔다. 70년대 들어 기능주의 일색의 차가운 육면체 집은 거의 사라지고, 한국인의 생활을 감싸줄 공간의 짜임새와 그것이 표출하는 자연스럽고 유기적인 형태의 발로를 보이고 있었다. 이러한 노력은 탈기능주의를 외치는 젊은 건축가들에 의해 주도되었다.

70년대에는 광주에도 10층 이상의 빌딩이 들어서게 되었다. 『전일빌딩(前 광주일보 사옥, 趙東熙·吳茂松 작)』, 『중앙교회(1972, 金泰萬 작)』, 그리고 李光魯 설계의 『전남대학교 의대부속병원(1973)』 등이 그 대표적 예이다. 종교건축으로 『카톨릭센터(1975, 박강평 작)』와 『원불교(夫坧量 작)』가 지어졌고, 학교건축으로는 金漢涉의 상경이후 林永培가 『전남대학교 도서관(1975, 林永培·李琇 합작)』, 『전남대학교 대강당(1975)』, 『전남대학교 학생회관(1975)』 등을 설계하였다.

〈그림 184〉 전일빌딩

또한, 林永培는 광주 시민들의 휴식처인 광주공원에 시민을 위한 개방된 집회장인 『시민회관(1972, 李琇와 합작)』을 설계하기도 했는데, 이 작품은 대한건축사협회에서 수여하는 공공부문 작품상 수상작으로 선정된 우수한 작품이다.

그 밖에, 70년대의 주요 건축물로서 『국립광주박물관(1978, 朴春鳴 작)』, 『상공회의소』, 『옛 전남매일신문사옥』, 『KBS 방송국』, 『무등극장』, 『직업훈련원』, 『광주학생회관(1975년 증축)』, 『광주우체국』 등이 있고, 『농협 전남도지부』, 『광주은행 (구)본점(1979, 韓鐘彦 작)』, 『상업은행』 등의 금융기관이 준공되었다.

〈그림 185〉 광주학생회관

1970년대 광주건축의 특징은 이미 언급한 바와 같이 전국적인 도시 건축의 고층화 경향에 따라 10층 이상의 고층화, 승강기의 사용, PC커튼월식 외벽구조 등 새로운 구조기술상의 가능성으로부터 설계된 건물들이 나타나기 시작한 점이다. 이러한 기술방식과 기계미학적 표현에 대한

〈그림 186〉 전남대학교 학생회관 (2002년 사진)

〈그림 187〉 전남매일신문사

관심은 1980년대 말까지 계속된다고 할 수 있다. 외관상 일반적 특징은 1960년대 후반의 건물들과 유사하나, 장식적 요소들은 거의 생략되어 그 흔적만 간신히 보이고 있는 정도이며, 좌우 대칭 · 고전적 모티브 · 관료적 기념성 등 고전적인 것에 대한 연결을 통해 영속성을 추구하려는 노력이 1970년대 후반에 정부기관에 의해 설계된 관공서나 신문사, 몇몇 사기업체의 사옥 등에서 보인다(한국자동차보험, 옛 전남매일 사옥).

한편, 이 시기에는 백화점 건물이 처음으로 등장하면서 화니백화점, 제일백화점, 무등백화점 등 많은 지역 백화점이 건축되었지만, 그 형태에 있어서 아직까지는 일반 점포나 사무소 외관과 큰 차이를 보이지는 않았다.

1960년대 후반에 과도기를 맞이한 주거 건축에 있어서는 아파트 붐이 더욱 거세게 일어났다. 아파트에 생소한 시민들은 처음엔 아파트 값이 비싸다는 이유로 꺼려했으나, 차츰 도처에 아파트가 세워지는 추세에 따라 그 수요가 증가하게 되었다. 1960년대의 『광천동 시민아파트(1969)』에 이어서 관영인 『학동 시영아파트(1970)』, 『주월동 시영아파트(1973)』가 들어섰으며, 『공무원아파트』가 1971년에 건축되었다. 한편, 전국 규모의 주택건설업자들이 시내 요소에 10층 이상의 아파트를 건립하기 시작하면서 이른바 아파트의 고층화 현상이 예고되었는데, 금남로 카톨릭센터 뒷편에 위치한 『금남맨션(1977)』과 무등빌딩 뒷쪽의 『무등아파트(1978)』가 대표적 예이다. 또한, 1980년대를 앞두고 서민층을 입주 대상으로 한 주공아파트가 도처에 지어지면서 아파트 일반화의 계기가 마련되었는데, 『쌍촌주공아파트(1975)』가 광주 주공아파트의 최초이며, 뒤로 『운암주공아파트(1979)』가 얼마 지나지 않아 세워졌다.

〈표 10〉 1970년대 광주시 아파트 건축현황

| 년도별 | 서 구 | | | | 동 구 | | | | 북 구 | | | |
|---|---|---|---|---|---|---|---|---|---|---|---|---|
| | 아파트명 | 준공년도 | 층수 | 세대수 | 아파트명 | 준공년도 | 층수 | 세대수 | 아파트명 | 준공년도 | 층수 | 세대수 |
| 66 ~70 | 광천시영 | 69 | 3 | 184 | 미도 | 66 | 3 | 27 | | | | |
| | | | | | 학동시영 | 70 | 4 | 48 | | | | |
| 71 ~75 | 주월시영 | 73 | 3 | 56 | 공무원 | 71 | | 60 | | | | |
| | 쌍촌주공 | 75 | | | | | | | | | | |
| 76 ~80 | 우 진 | 77 | 5 | 280 | | | | | | | | |
| | 사직맨션 | 78 | 5 | 48 | | | | | | | | |
| | 성 하 | 78 | 5 | 70 | | | | | | | | |
| | 삼익맨션 | 78 | 12 | 216 | | | | | | | | |
| | 금 당 | 78 | 4 | 24 | | | | | | | | |
| | 신 우 | 78 | 5 | 370 | | | | | 제일맨션 | 76 | 5 | 20 |
| | 청 산 | 79 | 5 | 120 | 금남맨션 | 77 | 10 | 48 | 송강맨션 | 78 | 5 | 45 |
| | 남 화 | 79 | 5 | 30 | 무등맨션 | 78 | 10 | 49 | 오치아파트 | 78 | 5 | 50 |
| | 평 화 | 79 | 5 | 45 | 호남아파트 | 79 | 5 | 60 | 양지아파트 | 79 | 5 | 80 |
| | 대 광 | 79 | 5 | 50 | 수정맨션 | 79 | 5 | 76 | 운암주공1차 | 79 | 5 | 200 |
| | 송광맨션 | 79 | 3 | 36 | 신양맨션 | 80 | 4 | 27 | 아람맨션 | 80 | 5 | 40 |
| | 한 성 | 79 | 5 | 40 | | | | | 삼익맨션 | 80 | 14 | 210 |
| | 삼 일 | 80 | 5 | 400 | | | | | | | | |
| | 제 일 | 80 | 5 | 48 | | | | | | | | |
| | 세 종 | 80 | 5 | 80 | | | | | | | | |
| | 제 일 | 80 | 5 | 24 | | | | | | | | |
| | 현 대 | 80 | 5 | 40 | | | | | | | | |

이처럼 1970년대 양적인 도시 팽창과 국토개발에 의해 이 지역에 대표적인 대규모 건물이나 아파트단지로 개발되었던 『전일빌딩』이나 『운암동 주공아파트』 등도 이제는 세월이 흘러 도시재개발과 아파트 재건축 등으로 인해 하나하나 역사의 뒤안길로 사라지게 되었다. 2006년에는 운암주공아파트 1, 2단지가 도시재건축사업을 통해 3,490가구의 대규모 아파트 단지로 변모했다.

〈그림 188〉 운암주공아파트 (2002년)

〈그림 189〉 재건축된 운암주공아파트 (2006년)

### 2) 건축계 동향

1970년대 들어 광주건축계를 이끌었던 대표적인 세 단체의 역할이 증대되고 여러 건축가들의 의지가 반영되면서 단체의 규모도 크게 성장하였다. 1960년대 말에 30여명에 불과하던 건축사협회 회원수도 10년 사이에 155%가 증가하여 84명으로 늘어났으며, 협회 임원진도 다양한 세대로 구성되었다.

〈표 11〉 1970년대 建築士協會 全南支部·建築家協會 全南支部의 任員

| 名稱 | 任員構成 | | 任員 |
|---|---|---|---|
| 大韓建築士協會 全南支部 | 3 代 | 지 부 장 | 김태만 (70. 1. - 71. 11.) |
| | | 간 사 | 김호근 박영희 김영식 |
| | 4 代 | 지 부 장 | 김호근 (71. 12. - 73. 12.) |
| | | 간 사 | 최춘화 고재선 임성규 |
| | 5 代 | 지 부 장 | 채규당 (73. 12. - 75. 12.) |
| | | 간 사 | 최춘화 배윤진 임재식 |
| | 6 代 | 지 부 장 | 최춘화 (75. 12. - 77. 11.) |
| | | 간 사 | 임성규 배윤진 조춘원 고재선 유연모 |
| | 7 代 | 지 부 장 | 배윤진 (77. 11. - 79. 5.) |
| | | 간 사 | 조춘원 유연모 홍종식 정병문 고재선 |
| | 8 代 | 지 부 장 | 김호근 (79. 5. - 80. 2.) |
| | | 간 사 | 임재식 홍종식 정병문 |
| 韓國建築家協會 全南支部 | 6 代 | 지 부 장 | 김태만 (74. 3. - 76. 2.) |
| | | 총무간사 | 채규당 |
| | 7~9代 | 지 부 장 | 김태만 (76. 3. - 81. 3.) |
| | | 부지부장 | 채규당 |
| | | 총무간사 | 임영배 |
| | 10~13代 | 지 부 장 | 채규당 (81. 3. - 87. 12.) |
| | | 부지부장 | 임재식 |
| | | 총무간사 | 박무길 |

〈표 12〉 1970년대 건축사협회 전남지부의 년도별 회원현황

| 年度別 | 級 別 | | | 회원분포 | | | | 광주지역 신입회원 |
|---|---|---|---|---|---|---|---|---|
| | 1급 | 2급 | 합계 | 광주 | 목포 | 순천 | 여수 | |
| 1970 | 22 | 33 | 55 | 37 | 7 | 7 | 4 | 조민형 최춘화 배윤진 정재경 |
| 1971 | 23 | 40 | 63 | 41 | 10 | 8 | 4 | 이하규 현준철 김호신 김보현 |
| 1972 | 25 | 41 | 66 | 45 | 9 | 8 | 4 | 신동렵 최용범 박정홍 조용조 |
| 1973 | 24 | 47 | 71 | 46 | 12 | 8 | 5 | 박임전 |
| 1974 | 26 | 52 | 78 | 52 | 12 | 8 | 6 | 박화수 송 건 송양석 주효승 최수일 서정민 |
| 1975 | 27 | 61 | 88 | 61 | 12 | 8 | 7 | 고선주 김상석 김상준 선재규 안태경 임영재 임정규 조춘원 천도길 |
| 1976 | 30 | 66 | 96 | 69 | 12 | 7 | 8 | 김성봉 김용균 김현준 박무길 박현석 서영준 양동협 정건주 |
| 1977 | 33 | 73 | 106 | 78 | 12 | 8 | 8 | 문형근 민성기 민삼철 박 융 박재형 박종성 신문철 임금수 정병문 |
| 1978 | 37 | 77 | 114 | 82 | 13 | 9 | 10 | 김덕수 유연욱 공갑열 최영태 |
| 1979 | 37 | 78 | 115 | 84 | 13 | 9 | 9 | 이하종 김성추 |

또한, 건축학계에서도 20여명을 이끌고 협회를 운영했던 1960년대와는 달리 여러 학자와 건축가의 활발한 참여로 회원수 100명 이상의 규모로 성장하였으며, 건축과가 있는 전남대와 조선대, 2개 대학의 교수가 번갈아가며 지부장을 맡았다. 또한, 당시 건축사로 활동 중이던 金泰萬, 林在植, 蔡奎鐺과 건축행정계 출신인 金鎬瑾, 文炯根 등도 임원진으로 구성하여 여러 분야 건축계 인사들의 참여를 유도하였고, 朴東植, 柳然旭, 崔春和, 金秀璘, 문태성, 이장춘 등의 회원이 많은 활동을 하였다.

〈표 13〉 1970년대 大韓建築學會 全南支部長

| 名 稱 | 任員構成 | | 任 員 |
|---|---|---|---|
| 大韓建築學會 全南支部 | 지 부 장 | 3 代 | 신문철 (71. 6. - 77. 4.) |
| | | 4 代 | 김우석 (77. 4. - 78. 3.) |
| | | 5 代 | 임영배 (78. 3. - 80. 3.) |

이밖에, 건설업 분야에서도 1960년대 이후 「대한건설협회 전남지부」의 활동이 활발히 지속되었고, 건축행정에서는 朴武吉과 이중현이 전남도청의 영선계장으로 재직하였다.

〈표 14〉 1960~70년대 大韓建設協會 全南支部長

| 名 稱 | 任員構成 | | 任 員 |
|---|---|---|---|
| 大韓建設協會 全南支部 | 지 부 장 | 2 代 | 김재영 (62. 8. - 66. 5.) |
| | | 3 代 | 김현진 (66. 6. - 67. 4.) |
| | | 4 代 | 이선호 (67. 5. - 70. 2.) |
| | | 5 代 | 김인모 (70. 3. - 72. 6.) |
| | | 6 代 | 김만삼 (72. 7. - 74. 5.) |
| | | 7, 8 代 | 이한주 (74. 6. - 81. 6.) |

〈표 15〉 1970년대 전라남도 영선계장

| 名 稱 | 營繕係長 | | 현재활동사항 |
|---|---|---|---|
| 全羅南道廳 營繕係 | 4代 | 박무길 (74. 2. - 76. 5.) | 광일 · 대광 · 세계종합건축사무소 |
| | 5代 | 이중현 (76. 5. - 81. 8.) | 건설회사 사장 |

### 3) 주요건축

#### (1) 광주시민회관

- 설 계 자 : 林永培, 李琇
- 건축년도 : 1971년

〈그림 190〉 광주시민회관

광주의 관람집회시설이 전무하다시피 한 1970년대 당시에 시민들의 의지를 반영한 대규모 문화공간으로서 시민회관이 들어섰다. 지상 3층의 철근콘크리트조 건축이다. 기본적으로 원형의 모티브를 사용하였으며, 진입시에 시각의 연속성을 유도하기 위하여 매스를 자연스러운 원호의 모양으로 구성하였다. 2층 콘서트홀 진입복도에 돌출된 원형 창문이 건물의 조형감을 증대시키기 위한 부가장식으로 사용되었고, 우측 부분의 원형매스와 중앙의 호, 좌측의 사각 매스로 이어지는 연속성의 구성은 원을 직선으로 펼쳐놓은 듯한 점진적 전개방식을 보인다. 장식적 요소의 의미가 부여된 듯한 수직루버가 악기의 현을 연상시키며 외형상으로 공연장이라는 이미지를 부각시킨다. 단지, 공사비의 감축으로 설계자의 의도가 충분히 반영되지 못한 점은 아쉬움으로 남는다.

이 건물은 2011년에 시설이 노후화되고, 새로 건립된 빛고을시민문화관과 기능이 중복돼 철거키로 결정됐으나 근대건축물로 보전가치가 있다는 건축인들의 제안이 제기됐다. 이에 따라 보전여부를 판단하기 위해 정밀안전 진단검사 실시결과 보전가능한 'C등급'으로 판명, 시민과 전문가의 의견 수렴을 위한 기본구상(안) 공모를 실시했으며 수렴된 의견을 활용해 설계경기를 추진하게 됐다. 설계경기는 시민회관을 근대건축역사의 기념비적이고 상징적인 명품 건축물로 재창조하기 위해 '지명초청 경기방식'으로 추진키로 하고 설계경기 연구와 관리 제안서를 전남대학교 이효원교수팀이 수립하고 있다.

광주시는 광주공원이 대표적인 노인휴식공간임을 감안, 녹지와 청소년 · 문화 · 예술 그리고 만남이 이뤄지는 녹지문화 복합공간으로 재창조해 아시아의 청소년들이 함께 모여 친선을 도모하고 문화 · 예술적 끼를 발산케 하는 아시아청소년문화센터로 재창조한다는 구상이다.

(2) 전남대 의과대학 부속병원

- 설 계 자 : 李光魯
- 건축년도 : 1970～1973년

광주 최초의 근대식 진료기관이었던 자혜의원의 후신으로서 건립된 전남대학교 의과대학 부속병원의 주된 건물이다. 1988년 전남대학교 병원으로 개칭하였고, 1993년 특수법인으로 개편되어 현재의 정확한 명칭은 전남대학교 병원이다.

〈그림 191〉 전남대학교 병원 본관

기본적으로 기존건물의 증축을 위한 설계가 수차례 이루어졌고, 연이은 증축에 따른 새로운 기능에 대응하기 위해 노력하였다. 계획에 있어서 외부의장 디자인보다는 전체를 매스로 처리하는데 역점을 두었으며, 저층부는 외래부로 하고 11층의 파빌리온식 고층부는 전형적 1실 1창 형식을 취했다. 평면은 중복도식으로 좁은 대학병원 부지를 적절히 이용하고자 하였다.

(3) 全日빌딩

- 설 계 자 : 趙東熙 + 吳茂松
- 건축년도 : 1974년

〈그림 192〉 전일빌딩 (1989년)

70년대 초에 광주의 중심축인 금남로변에 위치한 10층 이상 건물의 최초이며, 도청과 시가지 중심을 강조하는 상징물이었다.

1층 부분은 마치 필로티에서 모티브를 가져온 것처럼 개방되어 있으며, 일률적인 창의 형태로 보아 국제주의 초기건축에서 엿볼 수 있는 모듈감이 느껴진다. 그러나 건축선을 무시하고 여유 공간 없이 부지에 그대로 세워 올려 지상층 외부로 계단이 돌출되어 나온 점은 시민을 위한 옥외공간의 부재라는 현재의 많은 사무소 고층빌딩의 취약성을 그대로 나타내고 있다.

현재 5·18민주화운동을 비롯해 광주 현대사를 함께해 온 전일빌딩은 광주시와 아시아문화중심도시추진단이 인근 옛 전남도청 터에 들어설 국립 아시아문화전당과의 연계성 등을 고려해 철거하고, 문화전당 외곽 주차장과 문화시설 업체가 들어서는 7, 8층 규모의 건물을 신축하는 방안을 검토하고 있다.

(4) 카톨릭센터

- 설 계 자 : 박강평
- 건축년도 : 1975년

해방이전부터 이 자리에는 광주재판소와 광주법원 등 관공서 건물이 위치하고 있었으나, 도시화 등의 영향으로 새로운 기능의 카톨릭센터가 들어서게 되고, 기존의 법원건물은 지산동으로 이전하였다. 지상 7층의 철근콘크리트조 건축으로 기단부를 높였고 수직성이 강조된 기둥으로 입면부를 나누고 있다.

이 건물은 밝은 유리와 육중한 수평띠로 이루어진 의장성이 당시로 보아서는 다소 파격적이었을 것이며, 수직과 수평 요소를 활용한 매스 구성으로 이루어진 입체적 박스 형상으로 기능의 단순화, 정직성, 완전성, 통일성 등을 주된 개념 표현으로 하는 모더니즘의 전형적인 건축물이다.

〈그림 193〉 광주 고등법원 (1950년대)

〈그림 194〉 카톨릭 센터

(5) 전남대학교 대강당

- 설 계 자 : 林永培
- 건축년도 : 1975년

1500석에 가까운 대학의 강당건물이 지녀야 할 기념비적 의장성을 고려한 건물이다. 신고전주의 건축양식을 나타내는 전면 파사드에서 볼 수 있는 것처럼 건물의 웅장함과 함께 기념비적인 형태가 의도적으로 계획되었다. 입구로 진입하는 매개공간인 소광장을 두어 실내 로비의 분주함을 피하려한 듯하다. 다소 가느다란 기둥이 5층부의 캐노피와 만나는 부분의 의장이 돋보인다. 하지만, 건물 측면과 배면의 모습은 전면부와의 연속성이 파괴되어 있어 아쉬운 모양이다.

〈그림 195〉 전남대학교 대강당 (2005년 사진)

이 건물은 역사성에 대한 의의적 태도로 나타난 한국적 이미지의 표현에 중점을 둔 한국성에 대한 시도로 보이며, 전통주의(Traditionalism) 건축의 한 예로 볼 수 있을 것이다.

(6) 금남맨션

〈그림 196〉 금남맨션 (2005년 사진)

- 규 모 : 지상 10층, 철근콘크리트조
- 건축년도 : 1977년

광주에서 건축된 10층 이상 아파트의 효시이다. 여느 도심 아파트에서와 같이 평면의 구성은 편복도형으로 되어있고, 그 당시 아파트에서는 좀처럼 찾아볼 수 없었던 부대편의시설, 상가 등과의 연계가 고려되었다. 시내 중심부에 위치한 48세대의 규모이다.

당시에는 규모로 보나 시내와 가까운 정도로 보나 광주에서 최고급 아파트였다.

(7) 국립 광주박물관

- 설 계 자 : 朴春鳴
- 건축년도 : 1978년

〈그림 197〉 국립 광주박물관

전통건축 형태의 직설적 도입으로 전통성이 나타난 건축을 의도한 작가의 고민이 역력하다. 목조건축의 느낌을 철근콘크리트를 사용하여 재현하였으며, 전통건축의 아름다운 곡선미를 상실하지 않으려는 작가의 의도를 높이살만하다.

다만, 콘크리트로 목조건축을 모방하여 너무 직설적인 전통성 표현의 한계를 보인 것은 좋지 못한 예가 되기도 한다. 또한, 예향 광주의 이미지를 반영하지 못하고 전국 어디서나 볼 수 있는 형태미라는 점은 아쉬움으로 남는다.

(8) 광주은행 (구)본점 (현 하나로 통신)

- 설 계 자 : 韓鐘彦
- 건축년도 : 1979년

광주은행은 1968년 충장로 5가의 옛 호남은행 건물에서 처음으로 업무를 시작한 이래 10년이 지난 후인 1979년에 금남로와 중앙로가 교차하는 현재의 위치에 9층 높이로 건축하게 된다. 광주은행 본점이 건설될 무렵은 부동산 투기와 건설경기가 호조인 때였으므로 어느 정도는 도청 가까운 곳의 지가와 건설입지 확보면에서 불리하여 지금의 위치를 선택한 듯하다.

〈그림 198〉 광주은행 (구)본점

당시 금융건물로서 9층의 높이는 대단한 것이었다. 광주은행은 향후 사무 및 금융시설의 고층화를 가져오게 되는 계기를 제공한다. 건물의 외벽은 황갈색 타일로 마감되어 있고, 칼라유리의 큼직한 선으로 이루어진 외관은 금고의 이미지와 흡사한 안정감을 준다. 아래층 부분은 금속으로 마감이 되어 있는데, 반짝거리는 금속의 특성을 건물의 장식요소로 이용하려 했던 것 같고, 현관 입구부분이 필로티로 되어있어 고객의 유입을 유도하고 있다. 이는 여타의 광주은행 지점에서 볼 수 있는 형태적 기준으로 되어있어 광주은행의 이미지 부각에 사용되었다.

(9) (구)KBS 방송국

- 설 계 자 : 작가미상
- 건축년도 : 1979년 (추정)

사직공원의 입구 부분에 위치한 (구) KBS 사옥은 벽기둥을 노출시켜 수직루버와 조화를 이루고 있는 사무동과 기능상의 제약으로 무창(無窓)에 가까운 방송·녹화동을 자연스럽게 연계시키려는 시도가 엿보인다.

〈그림 199〉 (구)KBS 방송국

장방형 매스를 수직기둥을 이용하여 가볍게 보이게 하였으며, 몇 개의 동으로 분절시켜 기능에 따른 배치형태를 취한 듯하다. 상무지구 신 시청사 맞은편에 새로운 건물을 짓고 이전하였으며, 이 건물은 현재 다른 용도로 쓰이고 있다.

## 7. 지속적인 발전과 개성의 건축 실현 : 1980년대

### 1) 건축개관

이제까지 편의상 5년 내지 10년을 단위로 하여 살펴보았으나, 역사는 토막진 것이 아니므로 연속선상에서 고찰하여야 할 것이다. 또, 현재 진행되고 있는 시대에 대해서는 아직 정리해서 기록할 단계는 아닌 것 같다. 이에 80년대 이후의 건축에 대해서는 현재 활동하고 있는 작가들의 작품이기 때문에 아무래도 대표적인 현상에 대하여 언급하는 것이 좋을 것 같다.

80년대에 접어들면서 건축계는 급속도로 발전하게 되고, 건축인들은 金重業, 金壽根 등 저명한 건축가를 중심으로 개성과 자신의 건축철학에 바탕을 둔 건축 활동을 펼쳐나간다. 하지만, 갈수록 건축가들의 기량은 평준화되고, 수준 또한 높아져서 우수한 건축물들이 속출하고, 많은 새로운 건축의 도입과 실험이 반복되는 과정들을 통해 오늘에 이르고 있다.

〈그림 200〉 (구)한일은행 광주지점 (現 우리은행)

광주의 건축도 많은 발전을 거듭해, 오래된 건물들은 철거하고 참신한 디자인의 건물들이 다양하게 들어섰으며, 전반적인 고층화 현상이 진행되고 있는 시점이다. 광주에서 가장 먼저 들어선 15층 이상의 빌딩은 『광주백화점』이고, 지금은 옛 관광호텔 자리에 지어진 『무등빌딩』 등의 많은 고층 건물이 금남로변에 가득 서 있다.

이 시기에 살펴볼 수 있는 건축물은 부지기수이나, 잘 알려진 대표적 건물을 살펴보자면, 은행 건물로서 『동화은행 광주지점(宋建 작)』, 『국민은행 본점과 서방지점』, 『한일은행』, 『서울(신탁)은행』 등 대부분이 고층 빌딩을 본점으로 이용하고 있고, 보험회사 건물로서 『교보생명』, 『삼성생명』, 『대한생명』, 『자동차보험』, 『아주생명』 등도 같은 경향을 보이고 있다. 또 교육시설로서는 『호남대학본관 및 호남대학 제2캠퍼스(柳然旭 작)』, 『조선대학교 학생회관(朴武吉 작)』, 『광주대학교 본관(옛 광주개방대학)』, 『전남대학교 공대 6호관(朴南戊 작)』 등을 들 수 있고, 문화시설로서 지어진 『광주문예회관(김상식 작)』은 전국에서도 대규모에 속하고 형태나 기능면에서도 잘되어 있는 작품이며, 광천동으로 옮겨 지은 『고속터미널(韓鐘彦 작)』 또한 호평을 받고 있는 작품이다.

〈그림 201〉 광주고속터미널

형태적으로 우리에게 감흥을 주는 작품으로는 『한전 전남지부(李珏杓 작)』 건물이 있는데 마치 피라미드(Pyramid)와 같은 형태가 눈길을 끄는 건물이다. 또한, 가장 인간적이고 한국적인 건축재료로서 붉은 벽돌을 사용한 김수근의 (구)전라남도 체육회관, 광주에 건축된 金重業의 유일한 작품인 『MBC 방송국』, 광주시 건축상에서 최우수상을 받은 류연창의 『윤광섭 산부인과』, 한진수의 『송암빌딩』과 『신안동 Y씨 주택』, 박화수의 『광주건축사회관』, 『CBS 방송국』 등도 수작으로 손꼽힌다.

한편, 현대건축의 이슈로 등장한 '전통건축의 현대적 해석'이라는 측면에 있어, 전통사찰의 이미지를 현대적으로 재구성한 宋良淅의 『관음사』도 돋보이는 작품이다. 주거에서도 많은 고층아파트가 들어서 아파트 생활의 정착화가 이루어졌으며, 단독주택도 건축가의 열의로 개성이 듬뿍 담긴 좋은 작품이 많이 발표되었다.

1980년대에 들어 이상과 같은 대표적인 건물 이외에도 많은 상업주의적 건물들이 들어섰다. 일시적 유행에 이끌리고 있는 것인지, 건축가 개인의 역량 속에 충분히 용해되어 가치있는 것을 창작해 내는 것인지 확실치는 않지만 상업적 감각주의의 유행에 편승하는 다소 안일한 작품경향들이 소규모의 상업용 건물에서 나타나게 되었다. 코어부분의 매스와 사무실의 매스가 외관상으로 분리되어 보이며 수평의 연속된 창, 타일마감을 갖는 4-5층짜리 건물들은 최소의 비용으로 최대의 효과를 추구하는 경제논리의 경향으로 80년대 광주의 사무소, 점포 건물에 널리 퍼져 나갔다. 이러한 건물들은 창 형태를 약간 바꾼다거나 1층 개구부나 간판을 장식하는 것 외에는 거의 모두가 유사한 외관과 평면을 가지고 있어 소극적인 창작의지를 보이며 90년대의 새로운 건축가 세대의 출현을 자극한다.

1980년대 중반에 들어서는 내부 기능이나 구조적인 실재와는 유리된 자율적 외피의 구성을 보여주는데 이러한 현상은 서구의 고전 건축이나 최근의 유행을 직수입하는 경향이 강한 상업성 건축에서 두드러지며, 소위 탈근대의지가 돋보인 작품으로 평가받고 있다. 이 작품들은 미약하나마 건축을 경제의 논리로 이해하려는 행태를 극복하려는 건축가의 의지를 보여주고 있다.

〈그림 202〉 삼성생명 사옥 (2005년 사진)

1980년대말, 1990년대에 들어서면서 시공기술과 재료의 발달에 의한 주관적 묘사에 있어 극도의 절제를 보이며, 표현의 최소화 경향이 두드러지는 작품들이 나타나기 시작했다. 이러한 작품의 특징은 외피를 단순 명쾌한 슬림형으로 처리하는 대신 표면에 기하학적 격자를 넣거나 AL판넬, 미러 글라스, 철골, 각종 합성 패널 등으로 처리함으로써 재료미학의 표현에 충실하다는 것이다(한전사옥, 교육보험, 전남일보, 삼성생명, 무등빌딩, 신한은행, 동화은행, 012사옥, 무등일보사옥).

이것은 건물자체를 또 다른 광고효과로 생각하는 건축주의 경제성에 대한 인식이 커지고 건물의 사회적 수명이 짧아지는데서 기인하는 현상이다. 이러한 건물들은 그 재료상의 특징으로 인해 대체로 가볍고 차가워 보이며, 심지어 어느 순간 그 건물이 없어져도 보행자들이 인지를 못할 것 같다는 생각이 들게 한다.

이상으로 미루어 보아 현재를 기준으로 보았을 때, 서울지역의 건축에 비해 광주의 건축이 그 기술수준이나 조형의지 등이 10~15년 정도가 낙후되어 있는 것으로 생각된다. 특히 동시대의 타 지역과 견주어 볼 때 형식의 자유로움을 극대화하려는 형식주의와 표현적 경향들은 거의 나타나지 않는데 이러한 건축의 상품화에 대한 저항과 그 대안으로서 비판적 지역주의 등과 같은 노력이 부족함은 근대적 건축기술의 발전 속도가 급격했던 것이 그 일차적 원인이 되겠지만 타 지역에서 60년대 후반에 상당한 노력이 있었던 것에 비춰볼 때

몇 가지 근본적인 문제점을 가지고 있는 것처럼 보인다.

그것은 이 지역 건축가들의 자생적 의지가 결여되어 있고 건축주의 경제성에 쉽게 부합해 왔다는 것과 기술력이 부족했던 70년대 대부분의 대규모 사무소 건물들이 서울지역의 설계사무소에 의해 설계된 점이다. 그러면서도 이들이 서구 근대주의 건축가들과 다른 점은 사회의 필요에 대한 판단에서 엘리트적 입장을 결코 취하지 않으며 철저하게 용역을 제공하는 자세로 일관한다는데 있다. 다시 말해 오직 그 목표의 달성을 위해 최대한 효율적인 수단을 전문가의 입장에서 강구해 내는 것을 과제로 삼는다. 이러한 현상은 기능주의의 바탕에 깔려 있는 사회적 순응주의가 기능주의 자체를 고수할 수 없게 만드는 역설을 보여준다.

이 시대 작품의 대부분은 근대건축 초기의 조형언어와 규칙들을 구사하면서 근대적인 절제와 고전적 비례, 상세에 대한 세심한 처리 등으로 일관된 양식을 보여주고 있다.

한편, 주거면에서 단독주택도 건축가의 열의로 개성이 듬뿍 담긴 좋은 작품이 많이 발표되었으며, 많은 고층아파트가 들어서 아파트 생활의 정착화가 이루어 졌다. 특히, 1980년대에는 임대주택의 확대공급이 이루어지고, 1990년부터는 영구임대주택을 중점적으로 건설, 공급하는 추세에 있다.

아파트 평형별로 보면 85㎡ 이하가 다수를 점하고 있으며, 시내 중심에서 가까운 동구는 85㎡를 초과하는 평수가 다른 구보다 2배 이상이 많다. 1960년대 및 1970년에는 아파트의 편익시설이 고작 어린이놀이터 정도였고, 상가 등 구매시설은 인근지역의 시장 등을 이용하였던 반면, 주택유형이 아파트로 집단화되기 시작하면서 1980년대 이후 주택단지의 대형화, 집단화, 고층화추세로 단지 내의 슈퍼마켓 · 점포 · 목욕탕 등 생활시설뿐만 아니라 유치원 · 새마을 유아원 등 교육시설과 체육관 · 종교시설 · 새마을회관 등 복지시설 및 공공시설까지도 단지 내에 갖추게 되었다.

이 시기에 지어진 아파트 중 『신안동 삼익맨션(1980, 14층, 2동)』은 광주에서 고층아파트의 시초라 할 수 있으며, 『화정주공아파트(1983, 5층, 2,900세대)』, 『염주주공아파트(1985, 5층, 1,118세대)』 등은 주택공사에서 대규모로 개발한 아파트단지이며, 『우산주공 1차아파트(1989, 5층, 13동)』는 주택공사에서 지은 마지막 저층아파트이다. 그리고 『중흥동 중흥맨션(1984, 11층, 1동)』은 처음으로 화장실을 2개로 만들어서 시민들에게 인기가 좋았고, 『두암주공아파트(1993, 15층, 9동)』는 영구임대주택이면서도, 외부공간 및 주택배치 등 여러 면을 고려하여 지은 흔적이 보인다.

〈그림 203〉 신안동 삼익맨션 (2005년 사진)

그러나 아파트 건축에서 보이는 형태의 일관성과 스카이라인을 비롯한 도시미관의 파괴현상은 점차 심각한 문제점으로 대두되고 있다. 대부분의 아파트 단지가 획일적인 일자형 배치로 이루어져 개성 있는 단지의 구현이 이루어지지 못하고 단조롭고 몰개성한 거주환경을 만들어 내고 있고, 이러한 건물형태 및 평면의 획일화로 인한 거주생활의 단편화가 문제시되고 있다.

그리고 이 시기에 지어진 아파트들에 대한 재건축 계획이 속속 수립되고 있다. 『화정주공아파트』가 '2015 하계 유니버시아드(U대회)' 선수촌 아파트로 재건축된다. 또 『염주주공아파트』는 U대회 행사지원시설로 재개발된다. 『화정주공아파트』 단지에는 선수촌아파트 · 미디어센터 · 유니버시아드플라자 · 선수지원센터 등을, 『염주주공아파트』 단지에는 행사지원센터 · 문화행사장 · 상징공원 등을 배치할 예정이다. 그간 국내에서 대규모 스포츠 경기대회 선수촌은 도시 외곽 신도시에 신축 방식으로 건립돼 왔다. 그러나 광주는 아파트 보급률이 충분하며, 시외곽에 대한 신규개발을 억제하여 도심 재개발을 가속화하려는 시정책에 따라 기존 아파트 재건축을 통해 도심에 선수촌을 확보하는 것은 광주 U대회가 처음 시도한다.

### 2) 건축계 동향

1980년대에 들어 광주에서 활동하는 건축사수는 100명을 넘어섰다. 1963년에 건축사법이 제정된 이후 년 평균 7.52%의 증가율을 보이며 꾸준히 증가하여 1990년에는 115명, 2000년에는 257명의 건축사가 활동하였다. 그러나 광주시의 총인구에 대한 건축사 비율은 0.01%, 즉 인구 9,254명당 1명꼴이고, 광주시 행정구역 3.74㎢당 1명으로서 타 지역에 비해 취약한 실정인데, 이는 건축사의 작품성 추구에 대한 여건 형성이 미비함을 의미한다.

〈표 16〉 건축사협회 전남지회의 년도별 회원현황 (1980년～1994년)

<table>
<tr><th rowspan="2">年度別</th><th colspan="3">級 別</th><th colspan="4">회원분포</th><th rowspan="2">광주지역 신입회원</th></tr>
<tr><th>1급</th><th>2급</th><th>합계</th><th>광주</th><th>목포</th><th>순천</th><th>여수</th></tr>
<tr><td>1980</td><td>58</td><td>57</td><td>115</td><td>87</td><td>12</td><td>9</td><td>7</td><td>강찬수 류연창 주형신</td></tr>
<tr><td>1981</td><td>62</td><td>58</td><td>120</td><td>91</td><td>13</td><td>9</td><td>7</td><td>곽성재 신영기 양동현 정경래</td></tr>
<tr><td>1982</td><td>88</td><td>36</td><td>124</td><td>97</td><td>12</td><td>9</td><td>6</td><td>강기석 김회현 노운기 양삼용 문상민 박득수(삼원)</td></tr>
<tr><td>1983</td><td>93</td><td>35</td><td>128</td><td>100</td><td>12</td><td>10</td><td>6</td><td>박남술 정영욱 김동연</td></tr>
<tr><td>1984</td><td>98</td><td>34</td><td>132</td><td>104</td><td>12</td><td>9</td><td>7</td><td>박주성 염동학 유준호 이승준</td></tr>
<tr><td>1985</td><td>100</td><td>34</td><td>134</td><td>106</td><td>12</td><td>9</td><td>7</td><td>이창율 김우석</td></tr>
<tr><td>1986</td><td>103</td><td>34</td><td>137</td><td>109</td><td>12</td><td>9</td><td>7</td><td>배택일 안민순 이경행 한진수 최수안 김용주 윤익상</td></tr>
<tr><td>1987</td><td>89</td><td>14</td><td>103</td><td>103</td><td colspan="3" rowspan="8">광주직할시 승격으로 1987년부터 광주지부와 전남지부로 업무분리</td><td>정해성 최형식 문 근 이재운</td></tr>
<tr><td>1988</td><td>107</td><td>1</td><td>108</td><td>107</td><td>김용병 김유지 문성식 라승문</td></tr>
<tr><td>1989</td><td>109</td><td>1</td><td>110</td><td>109</td><td>강남구 이성진 주광수 김동선 신정철</td></tr>
<tr><td>1990</td><td>114</td><td>1</td><td>115</td><td>114</td><td>김후진 임대환 임덕수 조문송 김성국 심상재 강성철</td></tr>
<tr><td>1991</td><td>123</td><td>1</td><td>124</td><td>123</td><td>임광철 정태호 선기택 오종수 강현구 최경양 최승권 박만종 전기홍 진경선</td></tr>
<tr><td>1992</td><td>126</td><td>1</td><td>127</td><td>126</td><td>정윤태 조두상 양상훈 양관식</td></tr>
<tr><td>1993</td><td>123</td><td>1</td><td>124</td><td>123</td><td>김금진</td></tr>
<tr><td>1994</td><td>133</td><td>1</td><td>134</td><td>133</td><td>김종관 김병원 임경희 나현엽 문출성 이기상 박종갑 김창선 박정홍 원상호</td></tr>
</table>

〈표 17〉 1980년대 이후 大韓建築士協會 全南支會 任員 (1980～1987년)

| 名　稱 | 任員構成 | | 任　員 |
|---|---|---|---|
| 大韓建築士協會 全南支部 (光州直轄市 승격으로 1987년 1월 光州支部와 全南支部로 분립함) | 9 代 | 지부장 | 채규당 (80. 3. - 80. 11.) |
| | | 간 사 | 임재식 홍종식 정병문 |
| | 10 代 | 지부장 | 김영식 (80. 12. - 82. 11.) |
| | | 간 사 | 홍종식 정병문 최수일 |
| | 11 代 | 지부장 | 임재식 (82. 11. - 84. 11.) |
| | | 간 사 | 최수일 송양석 박영희 정재경 |
| | 12 代 | 지부장 | 조춘원 (84. 11. - 88. 11.) |
| | | 간 사 | 박영희 송양석 정건주 정재경 |
| | 13 代 | 지부장 | 김인모 (86. 12. - 88. 10.) |
| | | 간 사 | 이응로 강찬수 조도인 김덕태 |

대한건축사협회 전남지부는 1986년 5월 8일 광주의 직할시 승격으로 광주지부와 분리되는데, 1987년 1월 1일 발족한 대한건축사협회 광주광역시 건축사회에서 역대 지부장을 역임했던 건축가는 다음과 같다.

〈표 18〉 1980년대 이후 대한건축사협회 광주지부 歷代 支會長(1980～1999년)

| 名　稱 | 任員構成 | | 任　員 |
|---|---|---|---|
| 大韓建築士協會 光州直轄市支部 (1987년 1월 1일 全南支部와 분리) | 지 부 장 (회　장) | 初代 | 박영희 (87. 1 - 88. 10) |
| | | 2 代 | 송양석 (88. 11 - 90. 10) |
| | | 3 代 | 서정민 (90. 11 - 92. 10) |
| | | 4 代 | 김덕수 (92. 11 - 94. 10) |
| | | 5 代 | 정재경 (94. 11 - 96. 10) |
| | | 6 代 | 윤의상 (96. 11 - 98. 10) |
| | | 7 代 | 안태경 (98. 11 - 01. 03) |

* 大韓建築士協會 光州直轄市支部는 91년에 光州直轄市建築士會로, 95년에는 光州廣域市建築士會로 각각 명칭이 변경되었다.

한국건축가협회 전남지부도 1986년 5월 8일 광주의 직할시 승격으로 광주지부와 분리되는데, 1987년 1월 21일 발족한 한국건축가협회 광주지회에서 역대 지부장을 역임했던 건축가는 다음과 같다.

〈표 19〉 1980년대 이후 韓國建築家協會 光州支會 역대 지회장 (1987년～현재)

| 名　　稱 | 任員構成 | | 任　　員 |
|---|---|---|---|
| 韓國建築家協會 全南支會<br>(1987. 1. 21. 光州支會로<br>명칭 변경) | 初代 | 지 회 장 | 임재식 (87. 12. - 89. 3.) |
| | 2代 | 지 회 장 | 유연욱 |
| | 3代 | 지 회 장 | 신남수 |
| | 4代 | 지 회 장 | 박무길 |
| | 5代 | 지 회 장 | 유연창 |
| | 6代 | 지 회 장 | 김수인 |
| | 7代 | 지 회 장 | 양동협 |
| | 8代 | 지 회 장 | 최명규 |
| | 13代 | 지 회 장 | 강남구 (10. - 11. 현재) |

〈표 20〉 1980년대 이후 大韓建築學會 光州 · 全南支會 支會長(1980～1999년)

| 名　　稱 | 任員構成 | | 任　　員 |
|---|---|---|---|
| 大韓建築學會 全南支會<br>(光州直轄市 승격으로 88년에<br>光州 · 全南支會로 명칭변경) | 지 부 장 | 6 代 | 부척량 (80. 4. - 82. 3.) |
| | | 7 代 | 김태만 (82. 3. - 84. 4.) |
| | | 8 代 | 신남수 (84. 4. - 86. 3.) |
| | | 9 代 | 이수곤 (86. 3. - 88. 3.) |
| | | 10 代 | 양영성 (88. 3. - 90. 3.) |
| | | 11 代 | 장정수 (90. 3. - 92. 3.) |
| | | 12 代 | 이청웅 (92. 3. - 94. 4.) |
| | | 13 代 | 문연준 (94. 4. - 96. 3.) |
| | | 14 代 | 김수인 (96. 3. - 98. 3.) |
| | | 15 代 | 김선우 (98. 3. - 00. 3.) |

한편, 1990년대에 들어 광주지역의 건축문화 진작을 위하여 광주시에서 수여하는 광주시 건축상이 시상되었다. 이와 더불어 학생들의 작품 활동을 활성화하기 위하여 전남도전(전남예총 주관)에서 분리된 광주시전(광주예총 주관)[64]의 건축분야에 다수의 학생들이 참여하여 기량을 겨루고 있다.

64) 광주직할시 승격에 따라 1988년 〈전라남도미술대전〉에서 분리 제1회 〈광주시미술대전〉 개최.

〈표 21〉 1989년 제1회 광주시 건축상 수상자 및 수상작

| 年度 | | 受賞者 | | 受賞作 | 用度 |
|---|---|---|---|---|---|
| 1989 | 제1회 | 最優秀賞 | 류연창 | 윤광섭 산부인과 | 병원 |
| | | 優 秀 賞 | 김상석 | 초원의 집 | 식당 |
| | | | 류연창 | 명성예식장 | 예식장 |
| | | 奬 勵 賞 | 박화수 | P씨 주택 | 주택 |

건설업계와 건축행정계 및 각 기관의 영선계도 더욱 체계적으로 운영되어 많은 발전을 가져왔다.

〈표 22〉 1980년대 이후 大韓建設協會 全南 · 光州支部長

| 名　稱 | 任員構成 | | 任　員 |
|---|---|---|---|
| 大韓建設協會 全南支部 | 지 부 장<br>(회　장) | 9~12 代 | 박헌동 (81. 7. - 91. 6.) |
| | | 13~14 代 | 마형렬 (91. 7. - 95. ) |
| 大韓建設協會 光州支部<br>(1989. 11. 7. 全南支部와 분리<br>1995년도에 대한건설협회 광주광역시회) | 회　장 | 1~2 代 | 양동순 (89. 11. - 94. 6.) |
| | | 3 代 | 김대기 (94. 6. - 97. 6.) |
| | | 4 代 | 김대기 (97. 6. - 00. 6.) |
| | | 5 代 | 김대기 (00. 6. - 03. 6.) |
| | | 6 代 | 정창선 (03. 6. - 06. 6.) |
| | | 7 代 | 정찬선 (06. 6. - 09. 6.) |
| | | 8 代 | 박치영 (97. 6. - 11. 현재) |

〈표 23〉 1980年代 以後 全羅南道 營繕係長

| 名　稱 | 營繕係長 | | 현재활동사항 |
|---|---|---|---|
| 全羅南道廳 營繕係 | 6代 | 강년복 (81. 9. - 91. 3.) | 전남도청 주택과장 |
| | 7代 | 이병이 (91. 3. - 94. 10.) | 전남도청 주택관리계장 |
| | 8代 | 김영석 (94. 10. - 95. ) | - |

## 3) 주요건축

### (1) 빛고을 시민문화관 별관((구) 전남도체육회관)

- 설 계 자 : 김수근, 류춘수
- 건축년도 : 1981년

〈그림 204〉 빛고을시민문화회관 (2010년 사진)

(구)전남도체육회관은 故김수근 선생이 70년대 우리나라 전통건축에 대해 고민하면서 가장 인간적인 재료, 가장 한국적인 건축재료는 무엇일까 고민하고, 그 해답으로 붉은 벽돌을 찾게 되는 70년대의 작품으로 공간사옥(1977)과 대학로의 여러 건물, 경동교회(1980)와 불광동교회(1981) 등이 있다.

이 건물은 벽돌을 주 외장재료로 사용하였으며, 체육회관이라는 용도와 주변 암반의 자연지형과 레벨차이를 잘 극복한 작품이다. 전면도로에서 2층 옥상광장으로 자연스레 유도하는 계단 진입부는 필로티로 처리하면서 바위의 형태를 그대로 노출시켰고, 절묘하게 그 위에 건물의 기초를 올려놓은 것은 자연과 인공의 조화를 보는듯하다. 또한 배면부에 있는 서오층석탑(보물 109호)과 연계된 다이나믹한 동선과 스카이라인, 인근의 소규모상가들을 배려한 1층의 매스 분절 등에서 그의 자연과 도시의 맥락을 중시하는 건축철학을 엿볼 수 있다.

이 중요한 건물이 인근에 있는 구동체육관(1965)이 빛고을시민문화관 건립계획 수립 이후 2008년 3월 철거되고, 그 자리에 문화관이 완공될 시점에는 주변공원 조성을 위해 역사의 뒤안길로 사라질 계획이었다. 그러나 5층으로 계획되었던 빛고을시민문화관을 4층으로 축소하여 광주공원의 조망권과 광주천의 개방감을 확보하고, 이로 인해 축소된 공사비로 이 건물을 리모델링하여 사무실로 사용하자는 안으로 최종 확정되어 오늘에 이른다.

현재는 빛고을시민문화관의 별관으로 사용되면서 이제야 그 가치를 일부나마 후대에 알리게 되었으며, 박홍근 건축사를 비롯한 광주의 뜻있는 사람들은 이 건축물의 작가이면서도 대한민국의 탁월한 건축가인 김수근의 기념관을 유치하는 사업을 추진하고 있다.

(2) 상록전시관((구)전남도지사 공관)

- 설 계 자 : 미상
- 건축년도 : 1982년

〈그림 205〉 상록전시관 (2010년 사진)

이 건물은 광주시 서구 농성동 311-1번지에 위치하고 있으며, 부지면적 18,128㎡, 건축면적 1,830㎡, 지하1층, 지상2층 규모의 철근콘크리트조 건물로 붉은 벽돌로 마감되었다. 1층에는 1~3전시실과 사무실이 있으며, 2층에는 4~5전시실과 특별전시실(세미나실)이 있다.

상록전시관은 옛 전라남도 도지사공관으로 제5 · 6공화국 당시 대통령이 광주전남을 방문하였을 때 숙소로 사용하여 지방 청와대로 불렸다. 그 후 전남도청이 이전함에 따라 그 용도가 폐기되었고 시민의 품으로 돌려주자는 민관의 열망에 따라 2004년에 광주시에서 매입하여 녹지공간은 상록근린공원으로 조성되었으며, 도지사 공간은 2007년 김선택에 의해서 문화를 향유할 수 있는 광주시립미술관 상록전시관으로 탈바꿈하였다.

상록전시관은 접근성이 용이하며 넓은 앞마당을 가지고 있어 품격높은 도심 속 특화된 문화공간으로 다양한 시각 예술품 전시와 문화행사, 교육프로그램을 개최하여 시민들이 폭넓은 문화를 향유할 수 있는 공간이며, 문화수도 광주의 새로운 문화콘텐츠로 그 위상을 한층 강화시키는 역할을 다할 것이다.

(3) 교보생명

- 설 계 자 : 김희춘
- 건축년도 : 1986년

이 건물은 금남로와 대인동을 잇는 상징적인 축이 되며, 장방형의 평면 중 장변은 금남로에 면하고 전면부는 대인동을 향해 있다. 또한, CIP의 일환으로 전국 타 지역의 교보생명 및 지점과 디자인 면에서 강한 공통점이 나타나게 함으로써 이미지의 부각에 힘쓴 흔적이 보인다.

건물 전면부에 오픈 스페이스를 두어 시민 만남의 장소 및 공원시설 조성에 힘쓴 흔적이 역력하지만, 시내 중심상권인 충장로 1~3가와 격리되어 있어 유동성 있는 보행인구가 많지 않아서 시도에 비해 그리 성공적이지 못하다.

〈그림 206〉 교보생명 빌딩 (2005년 사진)

현재 부지 주변의 임동, 누문동, 북동 지역 등 구도심은 도시환경정비사업지구로 지정되어 금남로에서 광주천에 이르는 넓은 면적이 고밀도의 주상복합단지가 계획되어 있어 이 건물은 포함한 구도심에 대응하는 복합기능을 부여한 상권 활성화 계획을 수립할 필요가 있을 것이다.

(4) 광주MBC 사옥

- 설 계 자 : 金重業
- 건축년도 : 1988년

이 건물은 남구 월산동 300번지에 위치하고 있으며, 마치 하늘로 솟아오르는 듯한 진입공간의 구성과 푸른 색채의 사용으로 돋보이는 김중업 선생의 수작 중 하나로서 그 형태적 특성은 기하학적인 매스를 분절시켜 수평적인 띠창과 브리지를 이용해 건물을 연결시켰다. 예리하게 절단된 매스가 방송이라는 첨단매체의 상징적 표현으로 부각된다. 첨탑과 입방체, 그리고 각진 건물구조체가 나름대로 조화를 이룬다. 사무동과 스튜디오를 매스로 분할하였고, 각각의 매스에 창의 유・무만 보더라도 공간의 특성을 쉽게 알 수 있도록 배려했으며 중앙의 높은 탑이 이를 양분하는 형식을 취하고 있다.

〈그림 207〉 광주MBC 사옥

(5) 도원빌딩

- 설 계 자 : 최영집
- 건축년도 : 1988년

〈그림 208〉 도원빌딩

서울에서 활동하고 있는 전남출신 건축사 최영집의 작품으로 매스자체를 다양한 형태로 자유스럽게 처리하였다. 상층과 하층에 대비적인 의장요소와 요철을 주어 마치 발산하는 듯한 느낌을 준다. 외부마감을 치장벽돌로 처리하고 유리를 사용하여 건물에 액센트를 부여하거나 옥상에 가벽을 설치하는 등의 처리는 더욱 강한 이미지를 주고 있다.

(6) 한국전력 전남지사

- 설 계 자 : 李珏杓
- 건축년도 : 1989년

〈그림 209〉 한국전력 전남지사

서울 엄이건축사무소의 이각표가 설계한 이 작품은 91년 한국건축전 준우수상 수상작품으로 마치 피라미드나 전기발생 원인 번개를 형상화하여 표현한 것 같고, 전체를 반사유리로 처리하여 건물의 볼륨감이 이채롭게 표현되고 있다. 또한, 다각도의 유리면에서 연출해내는 광경은 보행자의 발길을 멈추게 하기에 충분한 형태요소다. 한전사옥의 전면 오픈 스페이스와 선큰가든은 직원들과 보행자의 휴식공간으로, 또 만남의 광장으로 활용된다.

(7) 초원의 집

- 설 계 자 : 김상석
- 수상내용 : 1989년 제1회 우수상

〈그림 210〉 초원의 집((현)그랑비아또)

초원의 집은 대지면적 1,045㎡, 연면적 1,892㎡, 지하1층, 지상3층 규모의 상업건축물이다. 대지위치는 광주광역시 서구 농성동으로 광송간 도로변 구 진흥원 벚나무의 울창한 수림대와 농성동 광장에 접해 있어 도심에서는 느낄 수 없는 좋은 입지여건을 가지고 있다.

건물은 박스 개념의 형태를 탈피해 지붕이 강조되는 형태를 취하고 있으며 또한 도로에서 후퇴시켜 어프로치를 용이하게 하였다. 전체적인 형태의 변화와 지붕사면에 전면성을 준 점이 이 건물의 가장 큰 특징이라고 할 수 있다. 단면계획에 있어서는 선큰가든을 두어 시각적 효과와 개방감을 주어 빛에 의한 실루엣의 변화를 고려하였으며, 현관 및 원형 계단에 톱라이트를 두어 내부공간의 변화와 지하실까지 빛을 유도하였다.

지하에 어린이 놀이공간을 조성하고 옥상에는 옥상정원을 두어 휴식공간을 제공하였으며 노약자 및 신체장애자를 고려 엘리베이터를 설치하였고 휴먼스케일인 적벽돌, 나무, 싱글 등을 사용하여 자연의 질감과 주위환경과의 조화를 기하였다. 전체적으로 살펴보면 스카이라인을 건물의 배경이 되는 진흥원의 수림대에 맞추어 변화를 주었으며 고유 양식과 창의성을 살린 건축물로서 도시환경 개선에 일익을 담당하고 있다.

## 8. 정보화시대의 새로운 조형 탐구 : 1990년대

### 1) 건축개관

1990년대의 건축적 상황은 1980년대와는 크게 달라졌다. 1900년대 초 산업화의 영향으로 대량생산방식과 인구의 증가는 도시의 생산성을 기하급수적으로 향상시켰으며, 우리의 생활도 질적인 변모를 가져왔다. 건축적 현상도 소위 정보시대로 표현되는 21세기의 새로운 환경변화를 예고하였다. 이에 따라 광주의 건축도 정보시대에 걸맞는 신재료 · 기술과 새로운 조형을 추구하게 되는 한편, 모더니즘에서 벗어난 다양한 건축을 선보이게 된다.

이 지역에서는 1980년대 이전의 건축이 주로 수직과 수평 요소를 활용한 매스의 구성으로 이루어진 입체적인 박스 형상을 나열했던 모더니즘(Modernism) 건축이 활발하게 건축되었다고 한다면, 1990년대의 건축은 전통주의(Traditionalism) 건축(서구 빛고을국악전시관, CBS광주방송국, 시립민속박물관 등)과 근대건축의 이념과 원리를 계승하여 추상적 언어형태와 건물의 구조나 기술적 이미지를 과장하는 레이트모더니즘(Late-Modernism) 건축(소석빌딩, 대신증권 무등지점 등)이 활발하게 전개되었다고 할 수 있을 것이다.

〈그림 211〉 빛고을 국악전수관 (2011년 사진)

그리고 한편으로는 새로운 경향으로 포스트모더니즘(Post-Modernism)의 영향을 받은 젊은 건축가들의 작품에서 불규칙적인 입면의 요소나 기하학적인 조형의 파괴, 뒤틀린 평면 등이 조심스럽게 시도되고 있는데, 이러한 작품 경향은 앞으로도 계속 될 것으로 예상된다(마니빌딩, 문주빌딩 등).

이처럼 1990년대의 건축은 이전의 작품과 비교해 보면 기능과 수평, 수직 요소의 활용을 중시하던 1980년대의 건축에서 벗어나 건물형태 표현 및 공간구성에 차이가 있으며, 대담한 메시지의 시도나 다양한 공간을 강조하고, 삶과 행위가 더욱 풍부하며 윤택해지도록 설계한 건물이 많아진다.

〈그림 212〉 중흥동 마니빌딩 (2005년 사진)

1990년대에 이 지역에서 활약했던 건축가 중에서는 류연창(1944～현재), 박화수(1945～현재), 양동현(1946～현재), 강남구(1954～현재), 박홍근(1954～현재), 한진수(1956～현재) 등의 활동이 두드러진다. 이 중에서 류연창, 강남구, 박홍근은 2000년대도 지속적으로 활동하고 있어 2000년대 건축개관에서 살펴보도록 하고, 여기에서는 박화수와 한진수 건축가에 대해서 살펴보도록 한다.

박화수(朴華洙)는 오직 건축만을 생각하며 살아왔고, 자신의 작품이 좋은 건축이라는 사회적 공감대가 형성될 때 건축가라는 직업이 자랑스럽다며, 1950~60년대 전환기의 미국 건축을 주도한 에로 사리넨(Eero Saarinen, 1910-1974)의 '작가는 오직 작품으로 말할 뿐이다'라는 말로 자신의 기본적인 건축에 대한 생각을 대신한다. 대표 작품으로는 『운림가든(1983년)』, 『동명동 박씨주택(1987년)』, 『광주건축사회관(1988년)』, 『CBS광주방송국(1992년)』, 『동명동 소나무집(1989년)』, 『소석빌딩(1991년)』 등이 있으며, 『광주건축사회관』은 1990년 제2회 광주시 건축상 최우수상(금상), 『CBS광주방송국』은 1994년 제5회 광주시 건축상 금상을 수상하는 등 광주시가 1900년대에 들어 제1회부터 제5회까지 시상한 건축상에서 4번이나 수상하였음은 그의 건축적 공헌과 좌표가 어떤가를 잘 보려주고 있다. 그는 자연현상을 어떤 형식으로든 건축 속에 끌어들여야 한다는 설계 모티브를 가지고 있으며, 특히 주택설계에 대한 애착이 많은 건축가라 할 수 있을 것이다.[65]

한진수(韓瑱洙)는 1980년대 건설경기 호황기에 많은 특징없는 건축물을 많이 설계하여 대량 보급하였던 다른 건축가들과는 달리 비교적 연간 참여한 작품수가 작은 편으로, 하나하나 건축물에 그만큼 상대적으로 정성스럽게 설계를 하고자 하는 그의 목표 때문이다. 그가 남긴 작품은 근린생활시설과 주택으로 대별되는데, 대표작으로는 『장동 송암빌딩(1991년)』, 『신안동 Y씨주택(1992년)』, 『광주 K씨주택(1992년)』, 『광주230(1996년)』, 『광주 서라빌딩(1995년)』 등이 있으며, 『장동 송암빌딩』은 1991년 제3회 광주시 건축상 최우수상(금상), 『신안동 Y씨주택』은 1992년 제4회 광주시 건축상 최우수상 등을 수상하였다. 그는 끊임없는 실험정신을 가지고 실천하는 건축가로 거의 모든 건축물들이 유사하게 반복되지 않으며, 격자로부터 탈피하는 동적인 건축 미학을 탐구하는 건축가이다. 또한 그가 설계한 작품은 건물이 완성되어 사용하는 순간까지를 작업과정으로 생각하는 장인정신에 투철한 건축가이기도 하다.

그러나 목포대학교 최일 교수가 지적하는 데로 이 두 사람을 비롯한 이 시기의 지역건축가들은 척박한 건설 환경 속에서 처절하게 건축 작업을 수행해왔으며, 현재와 같이 사회 전반의 모든 요소들이 수도권으로 집중되는 현상에서 지역 나름대로 문화를 보존하고 창조하는 일은 쉬운 일이 아니었을 것으로 생각된다.

---

65) 박화수의 건축관은 2011년 8월에 광주 · 전남 · 전북건축사회에서 발행하는 『건축문화 사랑』 제21호와 조용준, 대한건축학회, 건축, 제43권 제4호 1999.4, pp.16-20에서 인용하였다. 그리고 한진수의 건축관은 손승광, 대한건축학회, 건축, 제43권 제4호 1999.4, pp.21-27에서 발췌하였다.

## 2) 건축계 동향

1990년대에 들어 광주지역의 건축문화 진작을 위하여 광주시에서 수여하는 광주시 건축상이 시상되었다. 제1회 시상식은 1989년에 제1회 시상식이 열린 후 1992년 제4회 시상식까지는 매년 개최하였으나 제4회 이후부터는 2년마다 실시토록 광주시 건축조례를 개정(1993.6.1.)하였다. 그리고 문화관광부에서 1999년을 "건축문화의 해"로 지정함에 따라 제7회는 1999년으로 연기하여 시상하였다.

건축설계 교육 측면에서는 1990년대 들어 산학협동의 일환으로 「대한건축사협회 광주지회」와 「한국건축가협회 광주전남지회」의 후원과 「대한건축학회 광주전남지회」의 주최로 교수와 건축가가 주축이 되어 광주 · 전남 대학생들을 위한 디자인캠프(Design Camp)가 개최되어 오고 있다.

제1회 디자인캠프는 1993년 조선대학교에서, 제2회 디자인캠프는 1994년 전남대학교에서 각각 열렸다. 60명의 광주 · 전남 학생들이 참가한 제1회에서는 「충장로 1-3가의 도시 및 가로환경」을 주제로 7박 8일간 진행되었고, 75명이 참가한 제2회는 「전남도청부지 개발계획안」을 주제로 6박 7일간 진행되었다. 또한, 1995년에는 동신대학교에서 제3회 디자인캠프가 「목사골 나주의 건축적 해석」이라는 주제로 학생 68명이 참가, 1997년에는 제5회 디자인캠프가 동신대학교에서 「도시건축(주거+근린생활시설)」이라는 주제로 학생 37명이 참가, 1998년에는 제6회 디자인캠프가 전남대학교에서 「주택 : Thinking · Experince · Trying-out」이라는 주제로 학생 48명이 참가하여 각각 진행되었다.

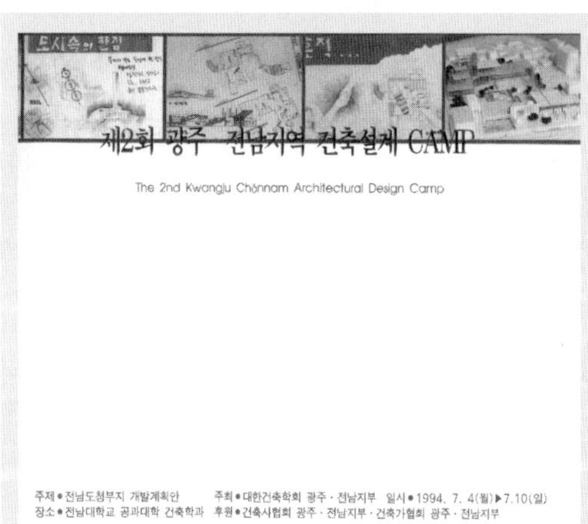


〈그림 213〉 제2회 디자인캠프 성과집

건축디자인 캠프의 목적은 건축설계를 전공분야로 희망하는 학생들을 대상으로 첫 번째, 광주 전남지역의 설계교육의 활성화와 대학간의 상호교류, 두 번째, 건축설계 분야의 산학협동에 있다. 주제 선정은 캠프를 위한 사전 모임에서 참가 학생들이 건축에 관한 사고의 지평을 넓히고자 하는데 있기 때문에 평상시 학교 설계와는 다른 방향의 시사성있는 주제를 매회 제시하였다. 지도 방법은 참가학생을 적절한 팀으로 나누어 건축사와 교수가 공동지도하는 형식을 취하고 있어, 일선에 있는 건축가들도 적극 참여하여 학생들에게 지도와 조언을 해줌으로써 산학협동의 좋은 사례가 되고 있다.

이와 더불어 학생들의 작품 활동을 활성화하기 위하여 전남도전(전남예총 주관)에서 분리된 광주시전(광주예총 주관)[66]의 건축분야 학생들이 참여하여 기량을 겨루고 있다.

〈표 24〉 1990년대 건축디자인캠프 개최 현황

| 年度 | | 개최장소 | 주제 | 지도강사 참가자 | |
|---|---|---|---|---|---|
| | | | | 교수 | 건축가 |
| 1993 | 제1회 | 조선 대학교 | 충장로의 도시 및 가로환경 | 김지민, 김대익, 서치상, 장길수, 손승광, 조희철, 최명규, 조용준, 한진수, 신석균, 전봉희, 이청웅, 주석중, 이세준, 백석종, 최 일 | 박남술, 이창률, 문성식, 한진수, 양동현 |
| 1994 | 제2회 | 전남 대학교 | 전남도청부지 개발계획안 | 박일민, 김대익, 문창호, 김지민, 박광규, 최명규, 조용준, 천득염, 이청웅, 김광우, 오세규, 주석중, 장길수 | 박남술, 한진수, 박화수, 조두상, 양동현 |
| 1995 | 제3회 | 동신 대학교 | 목사골 나주의 건축적해석 | 이석배, 조희철, 전봉희, 신형존, 신태양, 조용준, 이청웅, 이상준, 김창국, 주석중, 오세규, 이용범 | 박형갑, 한진수, 문성식, 강남구, 양동현 |
| 1996 | 제4회 | 미상 | - | - | - |
| 1997 | 제5회 | 동신 대학교 | 도시건축 (주거+근린생활시설) | 임만택, 조희철, 최 일, 이용범, 김영석, 오세규, 박영배, 박익수, 남승진 | 김주연, 신정철, 남해경, 한진수, 박형갑 |
| 1998 | 제6회 | | 주택 : Thinking · Experience · trying-out | 신태양, 유우상, 남호연, 신석균, 손승광 | 한진수, 조두상, 박형갑, 은철영, 임경희, 양병범 |

66) 광주직할시 승격에 따라 1988년 〈전라남도미술대전〉에서 분리 제1회 〈광주시미술대전〉 개최.

〈표 25〉 1990년대 광주시 건축상 역대 수상자 및 수상작

| 年度 | | 受賞者 | | 受賞作 | 用度 |
|---|---|---|---|---|---|
| 1990 | 제2회 | 最優秀賞 | 박화수 | 광주건축사회관 | 업무 |
| | | 優秀賞 | 양동현 | 화정동 李씨 주택 | 주택 |
| | | | 김영웅 | 목우빌딩 | 업무 |
| | | 奬勵賞 | 신정채 | 사랑의 씨튼 수녀회 | 종교 |
| | | | 한종언 | 시립민속박물관 | 전시 |
| | | | 한진수 | 광천동 金씨 주택 | 주택 |
| 1991 | 제3회 | 最優秀賞 | 한진수 | 장동 송암빌딩 | 근린생활 |
| | | 優秀賞 | 박화수 | 동명동 소나무집 | 주택 |
| | | | 류연창 | 장성강 정형외과 | 병원 |
| | | 奬勵賞 | 양동현 | 오치동 천주교회 | 종교 |
| | | | 박현석 | 지원빌딩 | 업무 |
| | | | 신정채 | 광주종합체육관 | 운동 |
| 1992 | 제4회 | 最優秀賞 | 한진수 | 신안동 Y씨 주택 | 주택 |
| | | 優秀賞 | 류연창 | 광주시 교원연수원 | 교육 |
| | | | 한진수 | 도원뷔페 | 근린생활 |
| | | 奬勵賞 | 강남구 | 월곡동 K씨 주택 | 주택 |
| | | | 조문송 | 문흥동 K빌딩 | 근린생활 |
| | | | 김후진 | 서광신용협동조합 | 업무 |
| 1994 | 제5회 | 金賞 | 박화수 | CBS 광주방송국 | 방송 |
| | | 銀賞 | 류연창 | 에덴병원 | 병원 |
| | | 銅賞 | 김성현 | 전남대 동창회관 | 업무 |
| | | | 강성철 | 금호 어린이집 | 교육 |
| | | | 문성식 | 월산동 K씨 주택 | 주택 |
| | | | 류연창 | 공업기술연구원 | 업무 |
| 1996 | 제6회 | 金賞 | 강남구 | 광주신협연합회관 | 업무 |
| | | 銀賞 | 한진수 | 광주230 | 근린생활 |
| | | 銅賞 | 장정수 | 하남 남초등학교 | 교육 |
| 1999 | 제7회 | 金賞 | 박홍근 | 엔터시네마빌딩 | 문화 |
| | | 銀賞 | 한진수 | 광주 D빌딩 | 업무 |
| | | | 조두상 | 상무고등학교 | 교육 |
| | | 銅賞 | 한남수 외2명 | 운남주공아파트(5단지) | 공동주택 |
| | | | 임경희 | 광주학생독립운동 기념역사관 | 전시 |
| | | | 류연창 | 시립미술관 교육홍보관 | 전시 |

※ 제4회 이후부터는 2년마다 실시토록 건축조례개정(93.6.1)

※ 문화관광부에서 1999년을 "건축문화의 해"로 지정함에 따라 제7회는 1999년으로 연기 실시

### 3) 광주시 건축상 수상작 및 주요건축

1989년 이래 1999년까지 광주광역시에서 사무소를 개설하고 있는 건축사가 설계하고 광주시 내에 완성된 건물을 대상으로 시상했던 광주시 건축상 수상작은 7회에 걸쳐 모두 47작품으로 오늘 광주건축의 현주소를 알려주는 작품들이라고 할 수 있다.

이들 작품 중에서 앞 장의 1980년대 주요건축에서 소개한 김상석작 『초원의 집』 외의 수상작 중에서 12작품을 살펴보았으며, 이 외에도 수상작에 선정되지는 않았지만 김상식의 『광주문예회관』, 남상금의 『문주건설』, 김원의 『광주은행 학동지점』 등 이 지역에서 설계사무소를 운영하고 있지 않지만 이 지역 건축을 위해 활발하게 작품 활동을 전개하고 있는 건축가들과 미래의 광주 건축을 그려 나갈 우리 지역의 젊은 건축가들의 주요 건축 작품을 일부 소개하기로 한다.

#### (1) 광주건축사회관

- 설 계 자 : 박화수
- 수상내용 : 1990년 제2회 최우수상

광주건축사회관은 지하1층, 지상5층, 연면적 약 2,065㎡로 겹치는 문(門)형태를 도입하여 외부세계에서 내부세계로 진입하는 경계의 의미와 깊이의 건축을 강조하고, 건축사마크의 상부형태를 도입하여 회관이 갖는 상징성을 나타내고자 함과 동시에 상부의 반원형 유리돔으로 두 개의 매스를 묶어 절제된 조형미를 강조했다.

〈그림 214〉 광주건축사회관 전경

5층 회의장 앞 라운지는 톱라이트를 통한 자연채광의 유입과 함께 하늘이 가까이 있는 것처럼 느끼도록 했으며, 평면은 45도 대각선축을 설정 야구경기장과 같은 형태의 마름모꼴을 채택, 진입부에서 한눈에 내부 공간 전체를 인지할 수 있고, 출입하는 사람의 중심성을 강조하고자 했는데 이 같은 특성이 가장 잘 나타나는 곳은 4층 사무실과 5층 회의실이다.

그가 설계한 건물의 특징은 도심에서도 자연을 느낄 수 있도록 선큰가든이나 소규모 폭포를 만들거나 햇빛을 통해 자연스럽고 쾌적한 실내분위기를 연출하기 위해 톱라이트를 설치하는 경우가 많으며, 절재된 재료와 색채를 바탕으로 단순하면서도 조형성이 높은 디자인을 하고 있다는 평을 받고 있다.

문(門)형태를 도입하여 외부와 내부의 경계의 의미와 깊이의 건축을 강조하고 중심축을 강조하는 설계 의도는 우리의 전통건축에서 볼 수 있는 건축어휘를 현대적 의미로 재해석한 것으로 박화수의 또 다른 대표작인 광주CBS방송국에서도 느낄 수 있다.

(2) 송암빌딩

- 설 계 자 : 한진수
- 수상내용 : 1991년 제3회 최우수상

〈그림 215〉 송암빌딩

이 건물은 광주시 동구 장동에 위치하며 도심에서 멀리서도 시야에 들어오는 로터리의 가로에 접하는 삼각형 부지이다. 5거리의 특성상 어느 곳에서 보더라도 시각적 조형성이 강조되도록 고려되었으며, 외부는 수평창과 화강석 마감으로 처리하였다, 모서리의 곡면 대지에 의한 축을 설정하여 원활한 기능성과 형태적 변화 등을 생각한 건축물이다.

건축이 갖는 폐쇄성을 어느 정도 극복하며 가로에 순응하고 있다. 작지만 엘리베이터도 두고 모서리에 코어를 배치, 기능적인 효율을 높여주며, 발코니를 두어 냉난방 실외기 설비와 화단을 고려하고 서향 일조의 차양 역할을 한다.

지하실을 선큰시켜 계단의 원활한 동선과 환경적 의미를 부여하며 엘리베이터 홀의 스페이스를 분절시켜 형태에 변화를 주고 옥상 부분에 구멍을 뚫어 자연환경에 의한 외관의 변화와 건물과 하늘의 시각적인 연계를 고려하는 등 협소한 부지에도 불구하고 여러 가지 아이디어들이 돋보이는 건축물이다.

(3) 오치동 천주교회

- 설 계 자 : 梁東玄
- 수상내용 : 1991년 제3회 장려상

〈그림 216〉 오치동 천주교회

이 작품은 중세 고딕풍의 디자인 요소를 현대 성당 건축에 적용한 예이다. 대종탑과 소종탑의 불균형감을 소종탑 부분의 우측으로 연장된 매스가 자연스럽게 교정해 주고 있고, 대지 좌측 저지대에서의 진입시와 우측 가로 진입시의 느낌이 대종탑과 소종탑의 스케일감과 비례적으로 일치하고 있어 계획자의 동선처리에 대한 탁월함이 돋보인다. 아치형의 창문 부분을 종탑형상으로 처리하였다. 평면은 회중석과 측면 복도로 나누어진 전형적인 형식이다.

(4) 신안동 Y씨주택

- 설 계 자 : 한진수
- 수상내용 : 1992년 제4회 최우수상

〈그림 217〉 신안동 Y씨 주택

Y씨 주택의 대지위치는 광주시 북구 신안동의 일반주거지역이며, 대지면적 127㎡에 건축면적 48㎡, 연면적 84㎡로 공원에 의하여 대지 일부가 제외되고 남은 작은 대지를 활용한 주택이다.

좁은 대지상에서 정원을 갖기 위해 건물 측면에 출입구를 두고 건물의 장변을 따라 2층으로 계획하였으며 규모가 작은 주택에서 오는 폐쇄적인 느낌을 피하기 위해 거실과 식당을 일실로 이루어지게 하였다. 2층 각 실에서 발코니로 나갈 수 있으며, 조망을 고려한 코너창과 바닥까지 수직으로 트인 개구부는 흙을 가까이 할 수 있도록 하였다.

마감재는 노출콘크리트를 사용하여 주택이 갖는 기하학적 형태를 강조하고 있으며, 부분적으로 외벽에 원색을 사용하여 단조로움을 피하는 등 규모는 작지만 완성도가 높은 주택 작품이다.

한진수는 이 주택 외에도 노출콘크리트를 자주 사용하는데, 이는 매끈한 면과 거친 면을 만들어 내는 질감처리로 건물의 딱딱함과 무미건조한 다른 건물과의 대조성과 차별성을 의도하는 의장마감 기법에서 구조와 재료가 가지는 솔직함과 디테일로 조형의 완성도를 높여가는 그의 장인정신을 들여다 볼 수 있다.

(5) 소태동 K씨 주택

- 설 계 자 : 한진수
- 건축년도 : 1991년

〈그림 218〉 소태동 K씨주택

한진수의 초기작품으로 이 주택의 주안점은 일상생활에서 발견되는 인간과 자연이 지닌 직접적인 원리, 또한 젊은 건축주이므로 라이프 사이클에 대한 변화 등을 어떻게 기하학적 형태로 치환할 것인가 하는 문제였다.

그 해결 방안으로 7.2m 철근콘크리트 프레임으로 구조격자를 만들고, 그 안에 공간을 간막이벽으로 세분화하여 가변성을 추구하였다. 사각형 평면의 내부 벽체를 경량화 함으로서 생활의 변화에 따른 가변성을 고려하였으며, 거실 전면의 인접대지에 2층 주택이 있어 조망권을 확보하기 위하여 지면에서 다소 이격시키고, 접근과정에서의 프라이버시를 보호하며 하부에 차고를 두어 주차를 용이하게 하였다.

그라고 현관에 톱라이트를 두어 빛을 유도하고 상부에 선룸을 이용, 우천시에는 가사공간으로 활용할 수 있으며 스킵플로어 형식의 계단으로 원활한 동선을 기하였다. 또한 옥상조경을 하여 휴식공간으로서 옥외공간의 활용을 유도하였다.

(6) 광주문예회관

- 설 계 자 : 김상식
- 건축년도 : 1992년

〈그림 219〉 광주문화예술회관

현대와 전통을 접목시키면서 거시적 안목으로 건축 조형언어의 이상과 규범체계를 정립하고자 하는 기본정신으로부터 출발했다. 대지가 가진 건축적 측면을 공간구성체계에 반영시켜 터를 잡고, 민가나 전통마을에서 발견되는 디자인 요소들, 즉 기승전결의 건축적 리듬, 밝음과 어두움, 이음과 분절, 이완과 반전, 열림과 가려짐의 기법들로 공간경험을 만끽할 수 있도록 하였다.

중앙 대광장 주축선상의 정점에 대공연장을 배치하며, 기타 시설물은 대공연장 좌우에 위치시켜 전체적인 볼륨이 균형을 유지하도록 배려하고, 주위의 스카이라인에 조화되는 건물군의 율동을 연출하도록 하였다. 경사진 부지를 몇 개의 단으로 레벨 차이를 해결하고 각 단의 연결은 계단으로 처리하여 시각적 부담감을 해소하고 안정된 분위기를 연출하도록 하였다.

(7) 문주회관

- 설 계 자 : 남상금
- 건축년도 : 1992년

〈그림 220〉 문주회관 (2005년 사진)

협소한 부지를 효과적으로 해결한 대표적인 건물로서 계단폭과 불필요한 계단참의 면적을 줄이고 층고도 낮추어 일직선 계단을 건물 주변으로 회전 배치하였다. 이로서 생기는 계단하부 공간은 화장실로 활용하였으며, 그래도 남는 삼각부분은 창고로 사용하였다.

공간의 심리적 확장성을 고려하여 벽면과 개방된 유리벽의 대비를 강조하고, 수직의 유리벽을 사선으로 기울였다. 전면 유리벽의 평면적인 틀어짐은 도로의 선적 행동 유도에서 착안되었고, 다시 수직적 기울어짐은 가로변의 외부공간을 더욱 강화하여 건물면과 보행자간의 서로 얼굴맞대기 표현이다.

이 건축이 의도한 것은 도시환경 구성요소로서 쾌활하며 밝고 활기찬 모습이 되고자 함이었으며, 그 수법은 기존 건축형태의 엄격함이나 합리적인 사고와는 다소 대조를 이루는 비정형적인 성격을 가진 해체주의에 가까울 것이다.

(8) 광주시 교원연수원

- 설 계 자 : 류연창
- 수상내용 : 1992년 제4회 우수상

〈그림 221〉 광주시 교원연수원

진입부 계단실은 불룩한 대지 형태를 자연스럽게 이용하여 모뉴멘탈한 느낌을 갖게 했다. 대지라는 환경의 훼손을 최대한 제어하고 이를 적절히 이용, 건축적 변화에 기여하기 위해 원만한 경사지를 계단 등을 이용한 단위공간의 레벨로 극복하였다. 또한, 계단식 조경과 스카이라인의 자연스러운 변화를 가능케 하여 미적으로 이미지화 시키려 하였다. 계단실은 본 건물과 조금 사이를 두고 큰 무덤처럼 비좁고 야트막한 구릉위에 놓여 있는데, 자연스러운 대지조건을 손상시키지 않고 조형화 시킨다는 관점에서 보면, 계단실과 같은 작은 매스의 세팅만이 유일한 해결책일 수밖에 없었다고 보인다.

(9) 동강빌딩

- 설 계 자 : 강영호
- 건축년도 : 1993년

〈그림 222〉 동강빌딩 (2005년 사진)

건물 중앙부의 부드러운 배부름 곡선의 유리벽과 직선적이고 강렬한 화강암의 솔리드한 벽이 대비를 이루도록 하는 한편, 옥상부분의 트러스로 두 개의 벽면을 연결하도록 하여 문의 형태를 이루고자 하였다. 특히 정면부 부드러운 곡선의 유리벽과 강한 양측 날개벽의 대비, 반짝이고 차가운 유리면과 거칠고 부드러운 화강암의 텍스츄어는 전면의 요철부분에서 강한 대조효과를 거두고자 하였다.

(10) CBS 광주방송국

- 설 계 자 : 박화수
- 수상내용 : 1994년 제5회 금상

CBS 광주방송국은 광주시 서구 금호동 721-2번지에 위치하며, 연면적 3,036㎡, 지하1층, 지상5층 규모이다. 건물전체는 지극히 단순한 정육면체 박스를 기본으로 하고 있으며, 형태 역시 사각 그리드의 반복에 의해 형성된다. 이원화된 두 매스의 결합으로 구성되어 측면에서 알 수 있듯이 전면동과 후면동의 두켜가 중정이 있는 공간에 의해 연결되어 있는 형식이다. 전면동은 후면에 있는 방송업무동을 위한 코어의 역할을 맡으면서 동시에 외적으로는 방송국의 강력한 파사드를 만들고 있기도 한다. 그리고 후면동 뒷부분은 자연공원이 그대로 투영되도록 커튼월을 사용하였다.

〈그림 223〉 CBS 광주방송국

정방형의 중앙에 보이드를 만들어 문의 형상을 취하고 있는 파사드는 방송국으로서의 상징성과 기념비적 조형성을 부여한다. 측면의 쌍둥이 같은 형상과 후면부의 경쾌한 커튼월 등의 다양한 형태는 보는 위치에 따라 각양각색의 건물표정을 보여주게 되고, 따라서 변화무쌍한 시각적 경험과 조형적 경험을 제공한다.

로비 상부의 톱라이트에서 흘러 들어오는 자연채광과 중정의 푸르름이 함께하는 역동적인 내부공간은 신선한 감각을 불러일으킨다. 생태개념을 실내 환경에 도입한 본 건물이 이 지역에 개선적인 랜드마크로 자리잡기를 기대한다.

(11) 금호유치원

〈그림 224〉 금호유치원 (2011년 사진)

- 설 계 자 : 강성철
- 수상내용 : 1994년 제5회 동상

이 작품은 광주시 쌍촌동 1258-4번지, 일반주거지역에 위치하며, 대지면적 304㎡, 건축면적 173.62㎡, 지하1층, 지상3층 규모이다.

산기슭 경사지를 토지공사에서 부지정리를 하고 분양한 개발지 땅으로 동쪽 경사지를 따라 고지대에 위치하고 있다. 이 건물을 지을 때만해도 주변은 아직 집을 짓지 않아 아랫마을이 훤히 내려다보이듯 고지대에 자리를 잡은 부지는 북동쪽경사지를 거슬러 개발을 제한한 얕은 산등성이가 있고 서쪽 부지경계선은 놀이터가 접해 있어서 어린이집을 건축하기 위한 부지로는 주변 환경이 좋은 상태였다.

이제 막 호기심으로 가득 찬 인생의 첫걸음을 내딛는 어린이들에게 다양하면서도 능동적인 경험을 할 수 있는 공간을 연출해야겠다는 것이 설계의도로 건축 공간에서의 체험을 통하여 각자에게 내재되어 있는 남다른 창의성과 상상력을 키워 나갈 수 있는 집이야기를 할 수 있는 건축이 되길 바라는 마음으로 각 공간은 닫혀진 공간이 아닌 서로간의 다양한 연결성에 중점을 두었다.

(12) 광주은행 학동지점

〈그림 225〉 광주은행 학동지점 (2005년 사진)

- 설 계 자 : 김원
- 건축년도 : 1995년

광주은행 학동지점은 차세대 점포망 구축을 위한 야심적 시도로서, 드라이브 인 뱅크와 고객을 위한 어학실, 스카이라운지의 계획 등 은행 점포에 대한 상식적 통념을 깨뜨리고 있다. 0.9m 정사각형 그리드가 평면과 입면, 단면을 구성하는 기본 요소이며, 2면 도로의 모서리와 불규칙한 대지모양에 순응하는 삼각형과 사각형, 원형 매스들의 조합이 디자인 전개의 틀을 이루고 있다. 도로가 만나는 모서리에 위치한 소규모 은행이 갖는 기능과 의장성이 돋보이는 수작이다.

(13) 신용협동조합 광주연합회관

- 설 계 자 : 강남구
- 수상내용 : 1996년 제5회 금상

70 · 80년대의 2 · 3층의 전형적인 박스형 상업건축물이 획일적으로 줄지어 세워져 있는 전남대학교 정문지역에 위치한 신협회관으로 다소 우아함을 지니면서도 도시민에게 편안한 느낌을 줄 수 있는 공간과 형태를 구상하였다. 이를 위해서 비대칭적인 건물매스와 대칭적인 업무공간끼리의 조화, 곡선의 업무공간과 사선의 코어 공간과의 개별성과 조화, 휴먼스케일을 고려하여 분절된 정면부의 수직적인 선적 매스와 안정감을 주는 수평적인 개구부면과의 관계 등 이원적인 건축개념을 나름대로 잘 표현하였다.

〈그림 226〉 신용협동조합 광주연합회관

곡면으로 감싸진 코어홀 공간의 시선집중을 유도한 원형 기둥, 정면 곡선과의 연속성과 예기치 못한 공간체험을 제공하기 위해서 화장실의 곡면벽 등을 계획하였다. 도로면으로부터 다소 후퇴하여 배치됨으로써 제공된 정면의 외부공간은 통행인과 건물 이용자의 편안한 통행을 위한 시각적인 빈 공간이며 녹지공간으로서의 사용을 유도하였다.

(14) 광주230

- 설 계 자 : 한진수
- 수상내용 : 1996년 제6회 은상

광주230은 광주시 동구 동명동 일반주거지역에 위치하며, 대지면적 334㎡, 연면적 741㎡, 4층 규모의 상업건축물로 마감은 노출콘크리트이다.

대지는 도로가 2면에 접해있어 다소 유리한 조건이었으나, 일조권을 고려하여 건물을 도로에 밀착 배치시켰으며, 아울러 도로전면 부분에는 곡면을 사용하고, 코어를 한곳에 모으고 남은 후면에는 주차 공간을 두었다. 여러 가지 형태요소가 결합된 집합체가 이 건물이 들어선 거리의 표정을 바꾸고 있다.

한정된 대지를 사용해서 지어야 하는 근린생활 시설이지만 하늘을 향해 트인 계단의 동선을 상징적으로 보임으로써 공간의 연속성과 일체성을 표현하고, 자연광선을 적극적으로 받아들임으로써 중앙 옹벽의 절개된 부분을 통하여 개방감과 함께 시각적인 요소를 나타내고 있다. 그리고 지하 공간은 대지와의 틈을 만들고 수공간과 계단을 끼워 넣어 동선의 원활함과 자연 요소를 활용하고 있다. 이 건축은 개량한옥 등 특징없는 건물들이 늘어선 주변과의 동질성보다는 대조적인 이미지를 연출하려는 의도가 강한 것 같다.

〈그림 227〉 광주230

(15) 엔터시네마빌딩

- 설 계 자 : 박홍근
- 수상내용 : 1999년 제7회 금상

이 건물은 광주광역시 동구 충장로 5가의 중심 상업지역에 위치하며 용도는 영화관과 판매시설이다. 대지면적 1,403㎡, 건축면적 1,075㎡, 연면적 8,377㎡, 지하2층, 지상 7층 규모이며 외부 마감재로는 법랑패널, 외단열 시스템, 복층유리를 사용하였다.

광주의 충장로에는 일명 “우다방”이라는 곳이 있다. 가로 모퉁이에 있는 우체국은 1층 바닥이 높게 계획되어 있다. 이곳으로 진입을 하기위한 계단을 만들기 위해 건물이 약간 뒤로 밀리면서 자연스럽게 공간이 형성된 그런 곳이다. 서성거리기 쉽고,

〈그림 228〉 엔터시네마빌딩

잠시 앉아서 친구를 기다리기 괜찮은 장소, 그래서 많은 사람들이 공유하고 인지하고 있는 장소, 그래서 우체국 앞 계단을 "우다방"이라고 한다.

이런 공간을 연상하면서 좁은 도로변에 면한 부지에 커다란 매스의 이 건물은 어떻게 놓이게 할 것인가를 생각한 건축물이다. 그 하나의 방법으로 진입부의 단차이, 입면의 부분적인 비움을 통한 흡입력, 프레임의 반사에 의한 깊이감 등을 시도하여 도로가 좁은 구도심의 상황에서 적절하게 문제점을 해결한 건축물이다.

(16) 상무고등학교

- 설 계 자 : 조두상
- 수상내용 : 1999년 제7회 은상

광주시의 새로운 중심지구라고 할 수 있는 상무지구 동측에 위치하며, 건축면적 2,750㎡, 연면적 11,382㎡의, 지하1층, 지상5층 규모로 동측으로 야산을 끼는 사다리꼴 형태의 대지에 비교적 간결한 형태로 계획되었다.

〈그림 229〉 상무고등학교

먼저 대지를 남북으로 분할하여 남측에 운동장과 북측에 교사동을 배치하는 전형적인 학교시설의 배치형태를 보여주고 있으며 일조, 채광, 통풍을 고려한 남향배치를 기본으로 설정하고 있다. 일반적인 교실 그리드에 의해 구성된 교사동의 매스에 채움과 비움의 건축적 어휘를 적용하여 필로티 등 자연스러운 다양한 공간을 연출하고 있으며, 이러한 공간들은 학생들의 다양한 활동을 자연스럽게 유도하고 있다.

또한 매 층 사용된 수평루버는 건축물 전체의 형태언어를 주도하며, 주 외장마감재인 적벽돌과 대비되어 시각적으로 강한 수평성을 보여줌으로써 안정감과 통일감을 연출하고 있어 일반적인 학교건축이 갖는 외관의 단조로움을 피하고 있다.

사진은 1900년대 후반 아시아문화전당 공사 전의 금남로 모습 (광주시청 제공)

# 제4편

# 광주지역의 2000년대 건축

# 1. 현재를 살아가는 오늘의 건축 : 2000년대

## 1) 건축개관

본 편에서는 2000년 이후부터 2010년 현재까지 광주지역의 건축문화에 관하여 고찰하였다. 2000년대에 들어서면 1970~1980년대에 교육을 받은 건축가들이 주인공이 되며, 이들은 또한 지역 또는 수도권 설계사무소에서 다양한 현대건축의 특성과 성향을 경험하면서 나름대로 기량을 닦아온 건축가들로 그들만의 독자적인 조형세계를 탐구해 나아가게 된다.

2000년대에 들어서면 장식을 거부하고 단순한 명확성의 특징을 가지던 모더니즘(Modernism)은 서서히 줄어들게 되고 기호학적 형태 표현 개념으로 대담하게 메시지를 전달하고자 하는 포스트모더니즘(Post-Modernism)이 업무시설, 주거, 문화시설(남도향토음식박물관, 문화여성병원, Turtle House 등) 등에서 보여 지며, 구조재의 노출이나 기계적 이미지, 당시의 과학기술로 기업의 이미지와 공간의 생동감 창출에 힘을 기울인 하이테크(High-Tech) 건축이 업무시설, 공공시설, 문화체육시설(첨단미르치과병원, 세계광엑스포 주제관, 광주영상복합문화관) 등에 나타나게 된다.

이 외에도 역사성에 대한 새로운 인식으로 나타난 건축이 전통배치개념, 전통공간의 재해석(빛고을노인건강타운), 한국적 이미지 표현(광주학생독립운동 기념회관, 5 · 18 추모관) 등을 특징으로 하는 전통주의(Traditionalism)도 1990년대를 이어서 환경과의 관계를 긴밀하게 해석하고자 하는 시도로 표현되며, 동일단위의 반복이나 연속적 배열, 기하학적 형태를 취하게 되는 미니멀리즘(Minimalism)이 상업시설, 문화시설(의재미술관, 노블모터스 전시장) 등에 나타나게 되어 다양한 건축성향을 광주에서도 경험하게 된다.

2000년대 광주 건축계의 특징은 크게 다음 세 가지로 요약할 수 있다. 첫 번째는 1990년대에 이전에 주로 활약했던 주요 건축가들의 퇴조이다. 이는 제1회부터 제7회까지 개최된 1990년대 광주시 건축상 은상 이상 수상자 중 지역건축가는 류연창, 김상석, 박화수, 한진수, 강남구, 박홍근, 조두상 7명이다. 그러나 제8회부터 제14회까지 2000년대 광주시 건축상 은상 이상 수상자 중 지역건축가는 손은채, 은철영, 강남구, 최경양, 조성호, 이창율, 임경희, 박홍근 8명으로 강남구와 박홍근만 중복되어 있다.

한때 왕성하게 활약했던 지역 건축가들의 퇴조 현상에서 우리가 한번 생각해보아야 할 문제는 건축가의 새로운 역할과 자질이다. 건축가는 커다란 사회라는 건축주 또는 개인의 욕구에 부응하며 기타 다양한 상대와 공존해야 하고, 변천하는 시대를 대비하는 미래 지향적 사고력과 실험적 실천력의 의지가 곁들여 있어야 한다. 그리고 건축에서도 변화가 가속화되고 있다. 이러한 시대의 소용돌이 속에서 건축가들의 역할도 또한 새로운 양상으로 발전되어 가야 함에도 불구하고 이를 따라가지 못한데 있지 않는가 생각한다.

그러나 1990년대에 활약했던 건축가 중에서도 류연창(1944～현재), 이창율(1949～현재), 강남구(1954～현재) 등은 지속적으로 활발한 창작활동을 전개하고 있어 주목된다.

류연창(柳然昌)은 1980년대부터 2010년 현재에 이르기까지 작품활동을 지속적으로 전개하고 있다. 그에게는 제1회 광주시 건축상 최우수상 수상자, 대한민국 건축대전 초대작가, 한국 현대건축 100년전 초대작가, 2007년 건축의 날 국무총리 표창 등 여러 가지 수식어가 따라다닌다. 그의 대표작은 수없이 많으나 2000년대에 들어서서도 『광주교육정보원(2003년)』, 『광주학생독립운동 기념회관(2004년)』, 『광주다나메디컬센터(2010년)』, 『어비슨기념관(2010년)』 등 우수한 작품을 발표하고 있다.

〈그림 230〉 광주교육정보원

유연창은 그의 작품성뿐만 아니라 후학양성에도 노력하여 그의 사무소에서 기량을 연마하고 배출된 건축가들의 활약은 눈부시다 할 수 있다. 그는 건축을 사회적 산물로 정의내리고 모든 건축에 반영되는 사회성에는 사상, 경제, 문화, 예술, 기술 등 거의 모든 사회적 요소가 포함되어 있다는 것을 강조하는 호남 현대건축을 이끈 대표적인 건축인이다.[67)]

이창률(李昌律)은 종교건축에서부터 대규모 전시시설에 이르기까지 다양한 지역의 현안과제를 적절하게 해결해 나아가는 수석 통합자(master coordinator)로서 능력을 지니고 있는 건축가로서 인정받고 있다. 그의 대표작에는 『광주영락교회(2001년)』, 『김대중컨벤션센터(2004년)』, 『5 · 18추모관(2006년)』, 『노블모터스 전시장(2007년)』, 『나주 동강주택(2007년)』 등이 있다.

67) 류연창의 건축관에 대해서는 건축문화사랑, 18호, 2011. 5에서 인용

강남구(姜南求)는 1996년 제6회 광주시 건축상 금상, 2003년 제9회 광주시 건축상 금상을 수상하는 등 창작활동에 전념하였을 뿐만 아니라 「나무 심는 건축인」과 「한국건축가협회 광주전남지회」 등 건축 단체를 이끌어오면서 지역에 봉사하는 건축가로서 그 사명과 역할을 다하고 있다. 그의 대표작에는 『신용협동조합 광주연합회관(1993년)』, 『남구 미래아동병원(2001년)』, 『북구 미래아동병원(2002년)』, 『이연안과(2004년)』 등이 있다.

두 번째 특징은 1970~1980년대에 교육을 받고 지역 또는 수도권 설계사무소에서 기량을 닦아온 건축가들이 그들만의 독자적인 조형세계를 탐구해 나아가면서 새로운 주류로 등장하였다. 이들은 과거처럼 독자적인 명성이나 개인 작품 제작을 고집하는 건축가상에서 벗어나 건축적 상황에 따라 다양한 해결안을 제시하고 적절히 수합하는 능력을 갖추고, 자신의 업무뿐만 아니라 사회적인 이슈에도 동참하여 건축이 사회에 미치는 영향을 확대해 나아가고 있다. 그 대표적인 건축가로서 박홍근(1962~현재), 이순미(1964~현재), 조성호(1966~현재), 이주경(1970~현재) 등을 들 수 있다.

조성호는 2005년 제10회, 2007년 제11회, 2009년 제13회 광주시 건축상 금상을 연속적으로 수상하였으며, 도심 뒷골목에 건축적인 질서를 부여하는 『광주 YWCA 무지개마당(2005년)』부터 조형성이 강한 『세계광엑스포 주제관(2009년)』에 이르기까지 각 작품마다 대담한 메시지를 전달하고 특성있는 작품세계를 탐구해 나가고 있어 우리 지역을 대표하는 청년건축가로 거듭나고 있다.

박홍근과 이순미는 그들만의 내실있는 작품활동 외에도 건축인으로서의 사회적 책무와 지역의 실천적인 문제 해결에도 앞장서고 있다.

박홍근은 일찍이 1999년 제7회 광주시 건축상 금상을 수상하였고, 2006년에 『동신대학교 기숙사(2006년)』로 국토해양부에서 수여하는 대한민국 건축문화대상 본상 수상, 2009년 제13회 광주시 건축상 은상을 수상하는 등 꾸준히 창작활동에 전념하는 한편, 지역일간지인 『광주일보』는 2011년 4월 창사특집호 지면을 통해 광주 · 전남 미래를 밝힐 뉴파워 59인으로 선정될 정도로 건축가로서의 사회적 책임을 다하고 있다. 광주일보가 선정

〈그림 231〉 운림670-8빌딩

이유로 '삶의 질을 높이는 도시건축 방향 제시'를 들고 있듯이 광주디자인비엔날레 지역작가, 사직공공예술프로젝트 예술총감독 등 지역의 현안 문제에 큐레이터로 활동하거나 언론기고 등을 통해 이 지역 미래를 밝힐 활동에 앞장서고 있다. 대표작에는 『엔터시네마 빌딩(1998년)』, 『운림670-8 빌딩(2003년)』, 『대한외과(2005년)』, 『동신대학교 기숙사(2006년)』, 『문화여성병원(2008년)』 등이 있다.

이순미는 광주시가 도시경쟁력 강화와 도시디자인을 위해 역점 사업으로 시행중인 도시 내 경관 취약지 개선이나 어번 폴리(Urban folly) 조성에 대한 문제 해결에 앞장서서 활동하는 등 우리 도시가 안고 있는 어두운 부분과 도시 경관문제에 대한 해결에 일조하고 있어 지역 건축계에 필요한 건축가로서의 직분에 충실하고 있다. 이순미는 『광주예술고 옹벽 개선사업(2009년)』, 『양동문화센터(2010년)』 등의 작품을 통해 소통과 문화가 있는 도시경관 만들기에 대한 성과를 얻어가고 있으며, 광주에서 활약하는 여성건축가로서 앞으로의 활약이 기대된다.

〈그림 232〉 광주예술고 옹벽 개선사업

우리 사회는 개인적 사색에 파묻혀 수도자적인 창작생활을 통해서 개성을 뚜렷이 밝히는 건축가를 이상적인 건축가로 생각하는 경향이 있으나 커다란 사회 속에서 건축주나 다양한 상대와 공존하고 변천하는 시대를 대비하여 미래 지향적인 사고력과 실천적 정신으로 사회에 봉사하는 건축가의 자질도 필요하다고 생각된다.

이 외에도 이 책에서 소개하는 젊은 지역건축가들이 여러 분야에서 활발하게 활동하고 있으며 수준 높은 그들만의 개성있는 작품들을 발표하고 있으나 그들에 대한 개인적인 비평이나 자세한 활동 기록은 다음 세대에서 평가하도록 한다.

세 번째 특징은 기업가적 정신으로 생산적 방식의 설계 조직과 운영으로 대형화된 지역 설계사무소의 등장이다. 현대 건축의 출현과 발전 과정에서 보면 현대 건축가는 수공예적 산물에서 공업적 산물로 바뀌어 가는 양상을 보이며, 직간접적으로 건축 생산에 깊이 관여하며 건축가의 역할도 증대되었다. 이를 대표하는 설계사무소가 현재 오금열, 양병범, 길종일 3인이 운영하는 '유탑엔지니어링 건축사사무소'로 이 지역에서 대규모 프로젝트를 각각의 관계 분야를 망라하여 적절하게 수합해가는 성과를 얻고 있다.

이와 같은 2000년대 광주 건축계가 소용돌이처럼 급변하는 21세기 시대적 상황에서 새로운 사회, 새로운 건축환경 등으로 변화·발전하는데 이바지하는 새로운 지역 건축가상을 그려 보는 것이 본 편의 목적이 될 것이다.

### 2) 건축계 동향

1986년 5월 8일 광주의 직할시 승격으로 전남지부와 분리된 「대한건축사협회 광주지부」는 1995년에 「대한건축사협회 광주광역시건축사회」로 개명하였으며, 2010년 현재 광주광역시건축사회에 등록된 252명과 광주시에 등록된 14명을 포함하여 266명의 건축사가 활동 중이어서 인구수와 건축시장의 영세성에 비하여 보면 상대적으로 아주 어려운 환경 속에서 살아가고 있다.

그리고 광주광역시건축사회 회원 동향을 살펴보면 1995년에는 신입회원이 무려 31명이 입회하였으며, 2007년에는 최대인원으로 290명까지 활동하였으나 지금은 수가 줄어들고 있는 형편이다. 그 이유로는 입회나 전입보다는 전남지역으로의 전출이나 폐업 등이 많기 때문이다. 민간과 공공부문, 아파트 부문 모두 건축사업무의 한계가 보여 건축가들의 새로운 방향으로의 진로가 강요되고 있는 안타까운 실정이다. 광주광역시건축사회에서 2000년대에 들어와 역대 회장을 역임했던 건축가는 다음과 같다.

〈표 26〉 2000년대 이후 광주광역시건축사회 歷代 會長

| 名　稱 | 任員構成 | | 任　員 |
|---|---|---|---|
| 光州광역시 건축사회 (1995년 개명) | 회　장 | 8 代 | 박무길 (01. 03. - 03. 03.) |
| | | 9 代 | 이창율 (03. 03. - 05. 03.) |
| | | 10 代 | 김용주 (05. 03. - 07. 03.) |
| | | 11 代 | 김회현 (07. 03. - 09. 03.) |
| | | 12 代 | 신정철 (09. 03. - 11. 03.) |
| | | 13 代 | 심상봉 (11. 03. - 11. 현재) |

〈표 27〉 광주광역시건축사회 년도별 회원현황 (1995년~2010년)

| 年度別 | 級 別 | | | 광주지역 신입회원 |
|---|---|---|---|---|
| | 1급 | 2급 | 합계 | |
| 1995 | 141 | 1 | 142 | 강석훈 곽성근 길종일 김갑동 김복환 김송준 김영훈 김정철 남상명 박명호 손은채 심호선 양주영 오금열 오덕형 은철영 이수철 이인규 이찬기 이창진 정순종 정은기 주정호 차은영 최영식 최행옥 이주현 최석민 조성훈 송주덕 김선채 (총31명) |
| 1996 | 172 | 1 | 173 | 염양규 박재홍 오치홍 조연성 정광일 양병범 정보섭 한상훈 조준호 오방은 김철균 김승범 (총13명) |
| 1997 | 201 | 1 | 203 | 강성진 김도현 박정환 선민규 성근주 손권육 신찬균 윤주길 이남근 양동윤 장경록 정광민 정호림 최창진 이형만 김정일 (총16명) |
| 1998 | 220 | | 220 | 김민형 김병욱 김성곤 김선웅 김석호 정상채 임채영 어경해 이영곤 이영호 김미영 이라영 박상구 조규수 김성룡 정명철 조휴환 이혜란 김형연 오창석 (총20명) |
| 1999 | 240 | | 240 | 김상수 (총1명) |
| 2000 | 257 | | 257 | 강성호 김용남 김민국 정재한 마제완 류기준 양안섭 차이준 구 협 오준석 문승호 최성수 이범국 한명석 김재도 정인채 문범준 안성섭 진성수 김대종 장동원 정정상 김일중 (총23명) |
| 2001 | 262 | | 262 | 김진형 이재민 홍만철 김종호 차삼진 이영문 정일중 이정호 최상현 (총9명) |
| 2002 | 272 | | 272 | 백학철 인찬호 이 한 김충모 윤형근 곽형필 김동성 장 한 이금신 최보은 염경열 신승민 조성호 (총13명) |
| 2003 | 275 | | 275 | 김명수 최일영 최승민 김도석 위태준 엄형곤 황경희 이원경 장경민 김기탁 김삼현 신춘휴 전승찬 (총14명) |
| 2004 | 280 | | 280 | 정영삼 조기호 이형주 박춘호 정충기 서재형 최환식 김형규 최민용 김한호 정정진 최 윤 양종경 강필서 노정만 이윤행 오령훈 윤정태 (총18명) |
| 2005 | 288 | | 288 | 이영우 박진호 김형열 김 휜 문인호 정명환(총7명) |
| 2006 | 287 | | 287 | 정광렬 박시영 정원석 문현희 전홍현 김봉성 김경옥 김승률 강낙훈 이왕범 김현중 (총11명) |
| 2007 | 290 | | 290 | 정구영 정기현 양기봉 이승봉 고부강 (총5명) |
| 2008 | 274 | | 274 | 윤대두 김형균 이현조 유형두 백철우 (총5명) |
| 2009 | 262 | | 262 | 박대일 최준호 조연수 박제윤 김기일 장근영 정관성 (총7명) |
| 2010 | 266 | | 266 | |

「대한건축사협회 전남지부(현재는 광주광역시건축사회)」의 활동 중 하나로 1985년 이후 3년마다 가지기로 한 "건축사회원작품전"은 건축사의 작품을 일반 시민에게 소개시켜 건축에 대한 인식의 전환을 기하고, 건축가 자신의 역량을 기르는데도 큰 역할을 하며 주요행사로 자리 잡았었다.

이 행사는 2000년대 들어와 행사 규모를 확대하여 "광주건축 · 도시문화제"를 매년 개최하고 있다. 예향 광주의 건축과 도시문화를 새롭게 창조하기 위한 "광주건축 · 도시문화제"는 「광주건축단체연합회」(한국건축가협회 광주광역시지회, 대한건축학회 광주전남지회, 대한건축사협회 광주광역시건축사회) 주관으로 2004년에 제1회를 개최하여 2010년 현재 제7회에 이르고 있다.

〈표 28〉 광주 · 건축도시문화제 개최 현황

<table>
<tr><th colspan="2" rowspan="2">年度</th><th rowspan="2">개최장소</th><th rowspan="2">주제</th><th colspan="2">행사내용</th></tr>
<tr><th>기본 행사</th><th>특별 기획</th></tr>
<tr><td>2004</td><td>제1회</td><td>광주시청</td><td>없음</td><td rowspan="7">〈전시행사〉<br>· 광주시 건축상 수상작품 전시<br>· 광주 · 후쿠오카 건축교류전<br>· 대학생 우수 건축작품전<br>〈건축문화 심포지엄〉<br>〈공모행사〉<br>· 건축 · 도시 사진공모전<br>· 건축 · 도시 그림그리기대회<br>〈건축상담코너〉<br>〈특별행사〉<br>· 아름다운 문화도시 공간상<br>· 장애없는 세상만들기<br>〈건축인의 밤〉<br>〈시민건축투어〉</td><td></td></tr>
<tr><td>2005</td><td>제2회</td><td>광주시청</td><td>없음</td><td>· 광주건축사 초대전<br>· 준공건축물 전시회<br>· 2005 한국건축문화대상<br>· 건축모형전<br>· 통나무 건강주택 모형발표회<br>· 광주건축도시문화제 평가회</td></tr>
<tr><td>2006</td><td>제3회</td><td>광주시청</td><td>없음</td><td>· 건축모형작품전</td></tr>
<tr><td>2007</td><td>제4회</td><td>광주시청</td><td>없음</td><td></td></tr>
<tr><td>2008</td><td>제5회</td><td>김대중<br>컨벤션센터</td><td>소통</td><td>· 건축모형작품전<br>〈토론회〉 인본디자인도시-<br>광주 어떻게 만들 것인가?</td></tr>
<tr><td>2009</td><td>제6회</td><td>김대중<br>컨벤션센터</td><td>재발견</td><td>· 광주건축사 초대전<br>· 프랑스 문화진흥원<br>해외건축전<br>· 건축모형작품전<br>· 광주 건축지도 전시회</td></tr>
<tr><td>2010</td><td>제7회</td><td>김대중<br>컨벤션센터</td><td>회복 ·<br>어울림</td><td>· 독일 친환경건축전<br>· 디자인캠프 결과물 전시회<br>· 친환경건축디자인 공모전<br>입상작전시회<br>· 경관 취약지 개선사업<br>자료 전시회<br>· 아름다운 공동주택 전시회<br>· 이탈리아 프리울리 모자이크<br>학교 광주 워크샵 작품전시</td></tr>
</table>

광주 건축·도시문화제의 주요 행사는 다음 다섯 가지로 구성된다. 첫 번째는 전시행사로 광주시 건축상 수상작품 전시, 광주·후쿠오카 건축교류전, 대학생 우수 건축작품전 등이며, 두 번째는 그 당시의 이슈를 따라 건축문화 심포지엄을 개최한다. 세 번째 특별행사는 아름다운 문화도시 공간상 작품, 장애없는 세상만들기 등 다양한 건축 작품을 전시한다. 그리고 네 번째로는 건축인 뿐만 아니라 시민·학생들이 동참할 수 있는 공모행사로 건축·도시 사진공모전과 건축·도시 그림그리기대회가 열리며, 마지막으로 광주의 주요 건축물을 돌아보는 '시민건축투어'와 건축에 관한 지식 및 정보를 공유하자는 취지로 '건축민원상담'도 진행된다.

이 행사는 일반시민에게 건축과 도시환경을 보다 쉽게 이해하고 접근할 수 있는 계기를 제공하여 시민들의 건축에 대한 공감대를 형성하면서 건축문화를 대중화하는데 그 역할을 다하고 있으며, 「아시아문화전당」 건립과 연계해 광주시가 다양한 문화 인프라를 구축, 명실상부한 한국의 문화수도이자 아시아문화중심도시를 조성하는데 크게 기여할 것으로 기대된다.

건축설계 교육 측면에서는 대한건축학회 광주전남지회 주최로 2000년에 조선대학교에서 36명의 학생들이 참가하여 '광주, 다시읽기'라는 주제로 제7회 건축디자인캠프를 개최하였는데, 런던대 교수인 빌힐리어(Bill Hiller) 교수가 초청되어 '창조적 사고를 위한 디자인 도구'라는 제목으로 강연을 하기도 했다. 2002년에는 광주대학교에서 44명의 학생들이 모여 '폐선부지 주변의 도시건축설계'라는 주제로 제8회 건축디자인캠프를 개최하였다.

그리고 2004년에는 호남대학교에서 '문화중심으로서의 광주의 도시조직과 건축'이라는 주제로 제9회 건축디자인캠프를, 2006년에는 목포대학교에서 '목조건축 만들기'라는 주제로 제10회 건축디자인캠프를, 2008년에는 조선대학교에서 '길과 건축'이라는 주제로 제11회 건축디자인캠프를, 2010년에는 순천대학교에서 '생태건축'이라는 주제로 제12회 건축디자인캠프를 각각 개최하였다.

〈그림 233〉 제8회 디자인캠프 성과집

특히 2006년 제10회 디자인캠프에서는 이제까지 진행방식과는 다르게 캠퍼스 내에 경골목구조로 소규모 쉘터(정자)를 계획하고 직접 학생들이 제작에 참여하는 방식으로 진행되어 학생들에 몸에 맞는 실제 작업을 경험하는 계기를 마련하는 등 디자인캠프의 의의와 진행방법에 대한 개선에 대해 끊임없이 노력해 오고 있으며, 설계 주제도 201년 제12회 디자인캠프에서 제시한 '생태건축'과 같이 시대의 흐름에 따라 시사성있는 주제를 제시하고 있다.

〈표 29〉 2000년대 건축디자인캠프 개최 현황

| 年度 | | 개최장소 | 주제 | 지도강사 참가자 | |
|---|---|---|---|---|---|
| | | | | 교수 | 건축가 |
| 2000 | 제7회 | 조선대학교 | 광주, 다시읽기 | 남기봉, 남승진, 신태양, 오세규, 장동국, 이효원, 박강철 | 박홍근, 은철영, 이재홍, 임경희 |
| 2002 | 제8회 | 광주대학교 | 폐선부지 주변의 도시건축설계 | 안형순, 장동국, 윤대한, 신태양 | 박형갑, 한진수, 선기택, 양병범 |
| 2004 | 제9회 | 호남대학교 | 문화중심으로서의 광주의 도시조직와 건축 | 김정규, 오세규, 유우상, 이효원, 장동국, 정주성, 손승광, 최광석 | 임경희, 박홍근, 조성호, 박동준, 김인호, 이재홍, 박형갑, 양병범 |
| 2006 | 제10회 | 목포대학교 | 목조건축 만들기 | 유우상, 윤대한, 이수용, 이재홍 | 양병범, 은철영, 박동준, 임경희 |
| 2008 | 제11회 | 조선대학교 | 길과 건축 | 신태양, 정주성, 염대봉, 유창균, 이재홍, 이수용 | 임경희, 김갑동, 박홍근, 박형갑, 은철영, 박동준, 조성호, 정현아 |
| 2010 | 제12회 | 순천대학교 | 생태건축 | 이효원, 김인호, 김태훈, 오상목, 이라영, 이수용 | 김종필, 임경희, 김기준, 김갑동, 박동준, 강필서, 김민국, 이순미 |

※ 제7회(2000)부터는 1999년 건축문화의 해를 계기로 전국대학생 건축디자인 캠프를 홀수년에 개최하게 되어 지역에서는 2년마다 실시하기로 하였다.

〈표 30〉 2000년대 이후 大韓建築學會 光州·全南支會 歷代 支會長

| 名　稱 | 任員構成 | | 任　員 |
|---|---|---|---|
| 大韓建築學會 光州·全南支會 | 지 회 장 | 16 代 | 박강철 (00. 3. - 02. 3.) |
| | | 17 代 | 조용준 (02. 3. - 04. 3.) |
| | | 18 代 | 주석중 (04. 3. - 06. 2.) |
| | | 19 代 | 이세준 (06. 3. - 08. 2.) |
| | | 20 代 | 김의식 (08. 3. - 10. 2.) |
| | | 21 代 | 천득염 (10. 3. - 11. 현재) |

## 〈표 31〉 2000년대 광주시 건축상 역대 수상자 및 수상작

| 年度 | | 受賞者 | | 受賞作 | 用度 |
|---|---|---|---|---|---|
| 2001 | 제8회 | 金　賞 | 손은채 | 중소기업연수원 | 연수원 |
| | | 銀　賞 | 길종일 | 서창주민복지회관 | 복지 |
| | | | 은철영 | 엔젤산부인과병원 | 병원 |
| | | 銅　賞 | 이창율 | 영락교회 | 종교 |
| | | | 강남구 | (남구)미래아동병원 | 병원 |
| | | | 정태호 | 동림주민자치센타 | 근린생활 |
| 2003 | 제9회 | 金　賞 | 강남구 | (북구)미래아동병원 | 병원 |
| | | 銀　賞 | 최경양 | 구태림하우스 | 주택 |
| | | | 변　용 | 성림침례교회 | 종교 |
| | | 銅　賞 | 오금열, 길종일 | 남구문화예술회관 | 문화 |
| | | | 양병범 | 동구벤처빌딩 | 문화 |
| | | | 선재규 | 전남여고 교사 | 교육 |
| 2005 | 제10회 | 金　賞 | 조성호 | 광주YWCA 무지개마당 | 업무 |
| | | 銀　賞 | 박상구 | JDF사옥 | 업무 |
| | | | 김정식, 송 건, 이창율 | 김대중컨벤션센터 | 문화 |
| | | 銅　賞 | 김효만 | 혜로헌 | 주택 |
| | | | 김기준 | 광주서부교육청사 | 업무 |
| | | | 강필서 | 광주 전천후게이트볼경기장 | 운동 |
| 2007 | 제11회 | 金　賞 | 조성호 | GS빌딩 | 근린생활 |
| | | 銀　賞 | 한남수 | 대한주택공사 광주전남지역본부 | 업무 |
| | | | 김용미 | 송원학원 캠퍼스 | 교육 |
| | | 銅　賞 | 오금열 | 광주시립미술관 | 문화 |
| | | | 이창율 | 5 · 18추모관 | 문화 |
| | | | 강연심 | Lee's House | 수택 |
| 2008 | 제12회 | 金　賞 | 정영균 | 한국토지공사 광주전남지사 사옥 | 업무 |
| | | 銀　賞 | 임경희 | 한국생산기술연구원 | 업무 |
| | | | 김정아 | 상무스타타워 | 문화 |
| | | 銅　賞 | 이창율 | 노블모터스 전시장 | 근린생활 |
| | | | 이창율 | 디지털컨버젼스센터 | 업무 |
| | | | 강연심 | 하이메디칼센터 | 의료 |
| 2009 | 제13회 | 金　賞 | 조성호 | 세계광엑스포 주제전시관 | 문화 |
| | | 銀　賞 | 임경희 | 고싸움놀이 4D 영상체험관 | 문화 |
| | | | 박홍근 | 문화여성병원 | 병원 |
| | | 銅　賞 | 이순미 | 북구청소년수련관 별관 | 문화 |
| | | | 김영인 | 라마다플라자 광주호텔 | 숙박 |
| | | | 이주경 | 과학기술교류협력센터 | 업무 |
| 2010 | 제14회 | 金　賞 | 한대진 | 광주영상복합문화관 | 문화 |
| | | 銀　賞 | 한남수 | 빛고을시민문화관 | 문화 |
| | | | 조성호 | 김치종합센터 | 문화 |
| | | 銅　賞 | 최경양 | Turtle House | 주택 |
| | | | 이범국 | 상무힐스테이트 | 공동주택 |
| | | | 은철영 | 광산미래아동병원 | 의료 |

※ 제4회부터 제11회(2007)까지는 2년마다 실시해 오다 제12회부터(2008)는 매년 실시(조례개정(2007.08.01.)

올해로 창립 11주년을 맞는 「나무심는 건축인」도 나무를 심는 일을 주도하는 한편 ,그 개념을 확장하여 광주라는 도시공간을 아름답게 가꾸는데도 많은 노력을 기울이고 있다. 이 같은 취지로 이 단체에서는 광주시와 공동으로 광주시내에 완성된 건물 및 시설을 대상으로 '아름다운 문화도시 공간상'을 매년 시상해오고 있다. 2005년 제1회에는 2작품을 선정하여 시상하였으나 2009년 제4회부터는 매년 3작품씩 선정하고 있다. 이제까지 수상작은 모두 15작품으로 처음에는 '시각적 그린(green)', '공간적 그린', '건축적 그린'의 3개 분야로 수상작을 선정하였으나, 지금은 공공건축, 아파트, 민간건축의 3개 분야로 선정하고 있으며, 건축, 도시, 조경을 포함하는 다양한 영역에서 오늘 광주공간의 현주소를 알려주는 작품들을 선정하여 시상하고 있다.

〈표 32〉 아름다운 문화도시 공간상 수상자 및 수상작

| 年度 | | 部門 | 受賞作 |
|---|---|---|---|
| 2005 | 제1회 | - | 동명동 단독주택 |
| | | - | 광주YWCA 무지개마당 |
| 2006 | 제2회 | - | 두암3동 밤실마을 거리가꾸기 |
| | | - | 운림정 식당 |
| 2007 | 제3회 | - | 일곡동 조선시대 식당 |
| | | - | 광주기독병원 |
| 2008 | 제4회 | 시각부문 | 주월동 주민자치센터 앞마당 |
| | | 공간부문 | 운림동 우제길미술관 열린공간 |
| | | 건축부문 | LH공사 광주전남지역본부 옥상정원 |
| 2009 | 제5회 | 공공건축부문 | 시청자미디어센터 |
| | | 아파트부문 | 수완지구 우미린아파트 |
| | | 민간건축부문 | CADIZ커피숍 |
| 2010 | 제6회 | 공공건축부문 | 각화주공아파트 보행로, 광주예술고 담 |
| | | 아파트부문 | 각화주공아파트 보행로 |
| | | 민간건축부문 | 학동한돔디자인센터 |

### 3) 오늘의 건축에 있어서 요구되는 공공성과 주민참여

현대건축의 흐름을 보면 IMF 이후의 건축이 민간에서 공공으로 크게 변화되어 오고 있다는 것을 느낄 수 있다. 물론 IMF 이전에 활약했던 세대의 건축가들도 수많은 공공건축을 직접 다루어오기는 하였지만 민간경제가 그다지 활발하게 움직이지 못하고 공공건축이 주체를 이루게 되면서 양적인 측면에서 비교할 수 없게 되었다.

건축이 공공건축 위주로 전개되면서 건축가의 개성을 느낄 수 있는 건축은 의외로 적어지고 있다. 대담한 형태, 새로운 소재표현 등 우리들에게 신선한 자극을 줄 수 있는 건축은 보기 힘들어지고 누군가가 어디에서 디자인한 것을 응용하는 것에 지니지 않는 듯한 인상을 지울 수 없는 것은 저자만이 느끼고 있는지는 몰라도 여하 간에 의욕에 비해 개성적이고 이용자 측면에서 배려가 깊은 건축물을 보기 힘들어지는 것은 오늘날 우리 건축의 현주소일 것이다. 따라서 오늘의 건축에 있어서 요구되는 것은 능력 있는 한 건축가의 개성적인 표현도 중요하지만 공공의 시점에서 바라보아 사용자가 만족할 수 있는 건축이 많아질 수 있기를 바라는 것이 더 현실적인 요구일 수도 있다.

광주건축 100년의 특징은 이제까지 살펴본 바와 같이 일제에 의한 국토의 식민지화와 이에 맞춘 도시의 개조, 그리고 일본인과 서양인을 통한 '의양풍건축(疑洋風建築)'의 도입과 학습, 그리고 일제 후반기에 가서 한국인 건축가의 태두와 신건축사조의 반영, 1980년대에 들어서서 다양한 현대건축의 경험으로 요약할 수 있다.

우리는 일본인과 서양인이 유입한 疑洋風建築을 통하여 서양근세 450년간의 건축의 역사를 약 60년간으로 압축하여 일시에 접하게 된 것이다. 이러한 상황에서 문제가 되는 것이 광주의 건축, 특히 공공건축이 진정한 의미에 있어서 우리의 정신풍토나 역사적 맥락을 반영하고 있으며, 도시와 건축에 있어서 요구되는 공공의 시점, 즉 공공성(public)을 확보하고 있다고 할 수 있는가 하는 점이다.

일제 강점기에 절충양식을 사용하여 건립된 관공서들이 필요량을 거의 채워가는 1925~26년경부터 우리의 건축계의 양상은 변화를 보여 1920년 朝鮮會社令의 철폐로 인한 일본자본의 한반도 진출은 상업건축의 출현을 예고하고, 1920년 전후 일본의 건축이 근대건축운동 성향으로 흘러간 것과 맥락을 같이하여 근대적 형식이 보이기 시작했다.

해방 후 근대건축운동이 본격적으로 전개되어 오늘날에 이르러서는 이제는 절대 권력이나 신의 존재보다는 근대적인 공장에서 생산되는 대량의 공업제품을 어떻게 건축물의 생성과정에 도입시킬 수 있을까 하는 상업주의 우선의 사고에서 건축의 이상적인 모습을 이야기하게 되었다.

물론 건축을 사적인 영리활동의 자유도를 보장해 주는 장(場)으로 생각하는 것은 직업적인 사고방식을 갖는 사람들에게는 당연한 생각일지 모르겠지만, 이 사고만으로는 건축이 건축답기 위해서 갖추어야 할 여러 가지 요소를 제대로 갖추었다고 할 수가 없다.

도시와 건축은 다양한 경제활동이 이루어지는 과정에서 그 다양한 활동을 모두 수용할 수 있는 사적인 욕망의 집적으로 우리의 눈앞에 나타나게 된다. 그리고 도시 내의 모든 것들의 흥망은 그 도시를 배회하는 사람들이 바라는가 아니면 거부하는가, 그리고 모이는가 아니면 흩어지는가 하는 점에 의해 결정된다. 즉 우리들의 욕망이 도시의 모든 것들의 가치척도로 자리 잡게 되는 것이다.

그러나 우리가 잊지 말아야 할 한 가지 중요한 점이 있다. 도시는 거기에서 생활하고 활동하는 모든 사람들의 것이며, 공적인 성격을 그 근저에 놓고 있다는 점이다. 건축은 사적인 영리활동의 자유도를 보장해 주는 장이면서도 공적인 장이여야 하는 것이다. 오랜 세월을 거쳐 그 지역 사람들의 정신풍토를 반영해 가면서 공공성이 높은 규범을 형성해야만 진정으로 매력을 갖춘 도시가 될 수 있을 것이다.

현재를 살아가는 오늘의 건축에서 또 하나 시급하게 논의해야 할 점은 주민참여를 통한 지역개발과 공공시설의 개발이다. 도시개발과 건축정책을 펴 나가는 데에 있어서 오늘 우리에게 절실하게 요구되어지는 것은 광주시민과 지역 전문가들의 공동의 인식, 공동의 참여가 필요하다는 점이다.

지금 광주는 아시아문화중심도시 조성을 위한 1단계 핵심시설 건립사업으로 문화예술 및 문화산업의 교류 · 연구 · 교육을 위한 복합시설인 '아시아문화전당'을 도청 부지에 우선 개발하는 국가사업을 추진 중에 있다. 광주를 문화 중심도시로 자리 메김을 할 수 있는 것은 누구 한사람의 몫이 아니라 광주사람 모두의 몫이 될 것이다.

이러한 공감대를 형성하는 데 있어서 가장 시급한 문제는 건축주와 이용자의 무관심과 이에 대한 반작용으로서 건축가의 개인 취향만을 너무 강조한 피상적인 건축경향을 어떻게 극복하느냐 하는 문제이다. 수동적인 보수 성향과 중앙의존적인 경향으로 일관되는 우리 건축의 지역성을 반영해 갈 수 있는 방향으로 개선해 가기 위해서는 주민참여에 의한 지역개발과 공공시설의 건설이 무엇보다도 필요한 시점이다.

이용자 참여나 주민참여에 대한 기본적인 생각은 개발주체가 행정주체에서 이용자 · 행정주체로, 그리고 궁극적으로는 이용자주체로 전환되는 것을 의미한다. 그리고 시계열(時系列)별로 이용자 참여 형태를 보면, 첫 번째 단계가 초기 성장시대에 나타나는 반대형으로 개발 반대운동과 같이 자기의 생존권을 지키려는 노력 등이다. 그 다음에는 고도 성장시대와 함께 시설요구, 최저수준요구 등 요구형으로 변하다가 비로소 마지막으로 생활도 안정되고 어느 정도 생활관련 시설이 정비되는 안정성장 시대에 태어나서 자기의 생활공간과 주거환경 전체에 대해 다시 생각하는 참여형으로 바꾸어지게 된다. 지금 우리 상황으로는 요구형을 지나 참여형으로 변화해야 할 시점이라고 생각한다.

이러한 움직임은 이제 광주에서도 구체적으로 나타나기 시작하는데, 광주 도심철도 이설사업과 폐선부지 활용화 방안이 계획단계부터 주민들을 대표하는 지역단체들이 직접 참여하는 방식으로 추진하려는 계획이나 광주YMCA의 '푸른광주21협의회'의 활동, 그리고 광주지역 건축사를 중심으로 만든 순수한 NGO단체인 '나무 심는 건축인' 모임의 활동 등이 바로 이러한 흐름을 잘 나타내고 있는 것이다.

〈그림 234〉 폐선부지를 이용한 녹도 (2005년 사진)

광주시는 2000년 12월 경전선 폐선터를 녹지 공간으로 조성하기로 하고 2001년부터 민관합작으로 사업을 진행하였다. 민간단체는 폐선걷기 체험과 녹색공간 세안으로 시민의 관심을 모았고, 광주비엔날레재단도 남광주역사에서 공공미술 특별전시인 '프로젝트4:접속'을 열어 안팎의 시선을 끌었다. 이러한 지역개발에 대한 활발한 시민참여 움직임에 따라 광주시는 2002년 6월 '푸른길공원 조성사업' 계획을 발표했다. 2006까지 길이 7.9㎞ 너비 8~15m 폐선터를 따라 띠모양의 녹지 3만평을 조성한다는 내용이었다. 푸른길의 윤곽이 그려지자 광주지역 34개 단체는 '광주푸른길가꾸기운동본부'를 발족하고 100만그루 헌수운동을 제안했다.

이렇게 진보와 보수를 아우르고 직능과 종교를 망라한 시민조직이 광주에서 꾸려진 것은 전례가 없는 일로 지역개발에 대한 주민참여가 이제는 요구형에 머무르지 않고 참여형으로 바뀌고 있다는 것을 알리는 계기가 되었으며 이런 호응과 관심 속에서 산수광장, 조선대~남광주역, 광주천~백운광장 등에서 가시적인 성과를 올려가고 있다.

〈그림 235〉 폐선부지에 들어선 소규모광장 (2005년 사진)

광주YMCA의 '푸른광주21협의회'는 2002년부터 실천사업으로 주민과 함께 가는 마을의제21 실천프로그램의 일환인 '좋은 동네 시민대학'의 운영을 통해 지역의 변화 추진인력을 발굴 · 육성하여 지역사회의 문제를 주민 스스로 해결하도록 유도하고 주민, 행정, 시민단체의 파트너십 형성에 기여한다는 사업 내용으로 '좋은 동네 만들기' 운동을 전개하고 있다.

주민들이 다함께 동네를 한바퀴 돌아보는 것으로 시작한 이 운동은 벽화그리기, 담장 허물기, 꽃길 만들기, 청소하기, 가로등 설치하기 등 꼬리를 물고 나오는 일감들을 하나하나 실천해내면서 지방자치에 있어서 주민참여에 의한 지역개발이 나아갈 새로운 방향으로 떠오르고 있다. 이 운동으로 인해 광주에서는 남구 사직동과 양림동, 북구 매곡동, 서구 풍암동 등은 벌써부터 나름의 성과를 거두고 있다.

'나무 심는 건축인' 모임이 만들어진 것은 지난 1999년으로 광주지역 건축사, 건축분야 교수, 공무원, 일반인들이 함께 뜻을 모아 회원 200여명이 연간 회비를 내어 운영하는 모임이다. 올해 7년째를 맞고 있는 이 모임은 지난해까지 식목일에 나무를 심어왔던 것과는 달리 폐선부지 개발사업이 본격적으로 시작되는 시점에서 도시철도 폐선구간에 나무를 심고 있다.

이 단체의 활동을 보면 모임을 만든 이래 매년 식목행사를 해오고 있으며, 2004년에는 광주 농성 광장에 나무를 심고, '친환경 도시건축 만들기'라는 심포지엄을 열기도 했다. 그리고 시민들에게 다가가는 건축인들이 되기 위해 노력하고 있으며, 광주시가 최근 앞으로 10년 동안 '1000만 그루 심기' 운동을 펼치기로 한 운동에 시민들의 자발적인 모임과 함께 하고 있는 것이다. 특히 이 단체는 2005년부터 '푸른 공간상'을 제정해 작품을 공모하기로 하고 시민참여를 기대하고 있다.

이러한 활동처럼 주민들이 직접 지역계획 수립이나 공공시설계획에 참여하게 된다면 지방화시대에 있어서 주민자치의 모범사업으로 육성할 수 있으며, 지역성을 반영한 광주의 아이덴티티를 확립할 수 있는 방법이 될 것이다.

### 4) 아시아문화전당 현상설계에 대한 단상[68)]

아시아문화전당 국제설계경기를 통해 선정된 우규승씨의 당선작은 옛 전남도청 청사와 분수대, 상무관 등 5·18관련 건물을 보존하고 대부분의 건물을 지하로 넣어 5·18의 역사적 경험을 상징화했다. 그리고 건물 대부분을 지하로 넣어 자연채광과 지열을 이용하도록 하는 등 친환경적인 설계를 하여 이제까지 지어진 일반 문화시설과는 다른 새로운 건축방향을 제시하였다.

이 당선작의 장점으로는 조경과 건축물의 경계를 허물고 부지의 대부분을 지상공원으로 조성하여 시설물 전체를 도심 속의 열린 공원으로 제공할 수 있다는 점에 있을 것이다. 그러나 이 지역의 랜드마크가 될 수 있는 건축물을 통하여 구도심의 활성화를 바라는 지역주민들은 시설 전부가 지하에 세워지는 건물이라는 점에서 상당수 반대하였으며, 국제설계경기 당선작 선정과정도 석연치 않았다는 점에서 다시 이 문제를 짚고 넘어가지는 의미로 이 글을 게제하게 되었다.

〈그림 236〉 아시아문화전당 조감도1

〈그림 237〉 아시아문화전당 조감도2

68) 이 글은 2005년 12월 국립아시아문화전당 국제건축설계경기 당선작 발표 후 2006년 전반기에 지역 신문인 '광남일보'에 게재된 신태양의 글이다. 아시아문화전당 당선작은 재미 건축가인 유규승의 "빛의 숲"으로 빛과 숲의 개념을 전체 조형물에 도입하여 5·18 당시 시민군 본부로 사용된 전남도청 본관의 외관을 그대로 두고 주요시설을 지하 10개 층 안에 집어넣은 지하광장 형태의 건물이다.

## 1. 아시아문화전당 조성과정에서의 문제점

아시아문화전당 조성사업은 우리나라에서도 그 유래를 찾아 볼 수 없을 만큼 대규모시설이며 이 지역에서는 유사 이래 가장 큰 공공시설 프로젝트가 될 것이다. 그만큼 지역민들의 기대감도 크며 문화의 중심도시로 변화될 광주의 미래상을 그리며 희망을 갖기에 충분할 것이다.

그러나 문화전당 조성과정 그 자체를 자세히 살펴보면 왜 이렇게 서두르고 있으며 왜 이렇게 엉성하게 진행하고 있나 하는 의구심을 가질 수밖에 없다. 문화전당 조성 후에 이용자 주체가 될 지역민들이나 지역 문화전문가들의 소외감은 상당히 깊게 남아있을 수밖에 없다.

조성과정에서 나타난 몇 가지 문제점을 살펴보자. 첫 번째, 문화전당 조성사업 전체에 대한 종합적인 마스터플랜 작성문제이다. 마스터플랜을 마련하기 위해 도시관련 4개, 문화전당관련 6개 등 각 부분별 용역을 수없이 시행하였으나 종합적인 비전은 아직까지 찾아볼 수 없다. 두 번째, 시민의견수렴이다. 광주시나 관계전문가, 시민들의 의견수렴 및 협의를 통해 의견수렴을 한다고 했으나 지역신문에서 발표한 시민여론조사 결과를 보면 오히려 문화전당 당선작에 대한 반대의견이 더 많은 실정이다. 세 번째 조성사업 추진일정이다. 문화전당의 완공을 2010년 5 · 18 30주년에 맞추기 위해 국제설계경기 공모기간을 12개월 이상 걸릴 것을 8개월 정도로 단축하고, 도청 내에 있는 경찰청은 아직 새청사가 지어지지도 않아 사용 중으로 주변부 공사밖에 할 수 없는 실정이며, 건설도 설계와 시공을 동시에 진행시키는 fast track 방식으로 실시하려는 등 내용을 충분히 검토할 시간도 없이 추진일정을 무리하게 진행시키고 있다.

## 2. 아시아문화전당 설계변경 논란

국제설계경기를 개최하는 데는 많은 시간과 에너지, 비용이 투입된다. 그럼에도 불구하고 국제설계경기를 개최하는 것은 물론 첫째는 최상의 설계안을 발굴하고자 하는 목적에 있으나 그 이면에는 사업 수행을 널리 알리고 홍보하여 지으려고 하는 건물과 사업진행 자체를 축제의 분위기로 이끌어가려는 전략이 숨어 있다. 당선된 설계안에 높은 평가를 가져다주고 디자인에 대한 많은 대화를 가능하게 하여 관심도나 평가도를 높일 수 있는 것이다. 이러한 전략 하에 여러 가지 어려움에도 불구하고 국제설계경기를 실시하여 유명해진 건물이 시드니 오페라하우스와 파리 퐁피두센터 등이다.

특히 잘 알려진 이야기이지만 시드니오페라하우스는 첫 심사에서 탈락된 작품이 재심사에서 선정되어 지어지게 되었으며 아이디어만 제시되어 있었기 때문에 건축에 대한 실제적인 검토가 부족하여 완성에 애를 먹었으며 건축비가 많이 늘어나 당시 불만을 산적이 있다.

그러나 고대나 중세의 성당이나 기념비적인 건물을 보면 당시로서는 획기적인 아이디어를 채택하였고 그 아이디어를 실현하기 위해 상당한 건축비를 투자하여 오늘날 모두에게 사랑받는 건축물로 자리 잡게 된 것이다. 시드니오페라하우스가 실제 지어지고 나서 오스트레일리아로서는 국가의 상징물을 얻을 수 있었기에 투자한 금액에 비하면 싸게 지었다고 할 수 있을 것이다.

이러한 설계경기 전략이 성공하려면 주최 측은 그 프로젝트와 관련이 있는 지역 주민들이나 관계전문가들과 긴밀하게 커뮤니케이션을 취해 나가야 하며 다른 시각차가 있더라도 설득시켜 나갈 수 있는 명분과 의지가 있어야 한다.

아테네의 파르테논이 지어지게 된 경위를 보면 우리에게 시사하는 바가 크다. 파르테논이 서 있는 아크로폴리스 전체 설계는 처음에는 한 건축가가 담당하였으나 설계경기로 해야 한다는 의견이 나와 여러 예술가들이 제출한 안이 10일 동안 공개된 후 시민투표에 의해 최종안을 선정하였다. 물론 파르테논이 근대적인 의미의 설계경기라고 할 수는 없지만 정책당국이 시민들의 의견을 수렴하려고 노력했다는 점에서 그리스의 높은 시민정신을 찾아볼 수 있는 것이다.

이제 문화전당의 설계경기 심사결과가 나왔고 당선작도 선정되었으니 바로 참가한 모든 작품을 일반에게 공개전시하여 지역주민들이나 전문가들이 어떤 건축가들이 참여했으며 어떤 아이디어들이 나왔고 어떤 심사평들이 오고갔는지 알 수 있도록 열심히 홍보해야 하나 아직은 공개전시도 이루어지지 않고 있으면서 문화전당에 대한 설계변경 논란만 갈수록 확산되고 있는 실정이다.

아시아문화전당 설계경기 주최측은 국제설계경기를 통해 선정된 작품에 대한 설계변경은 유례가 없는 일이라고 주장하며 설계변경은 안된다는 논리를 펴고 있다. 그러나 국제설계경기에서도 이러한 마찰을 줄이기 위해 설계변경을 용인하고 있다. 다만 당선자의 저작권을 인정하고 당선자의 동의를 얻는다는 전제조건 하에서 가능하다.

설계경기의 일반원리를 살펴보면 원칙적으로는 당선자에게 실시설계업무와 감리업무를 위탁한다. 그러나 미국, 스위스, 일본, 독일 등 여러 나라에서는 당선작을 선정하지 못했을 때나 보다 더 좋은 해결 방안이 있다고 판단될 때는 입상작이나 우수작에 대해 수정 혹은 새로운 안을 작성할 기회를 주고 있다.

특히 이번 문화전당의 국제설계경기는 UIA(국제건축가연맹)의 승인을 받은 국제설계경기로 실시되었는데 UIA에서 제시하고 있는 지침에 따르면 설계자의 의견을 존중하여 수상작이 실시되는 과정에서 변형되는 것은 용인하고 있다. 지역주민들이 진정으로 변경을 바라고 당선작을 더 발전시킬 수 있다면 보다 열린 자세로 공론화의 장을 마련하여 문화전당 설계를 완성시켜 나갈 필요가 있는 것이다. 시간에 쫓겨 비생산적인 논의라 함은 올바르지 않은 것 같다

### 5) 광주시 건축상 수상작 및 주요건축

2000년 이래 2010년까지 광주시 내에 완성된 건물을 대상으로 시상했던 광주시 건축상 수상작은 모두 7회에 걸쳐 모두 42작품으로 모두 광주건축을 대표하는 우수한 작품들이다. 이 중에서 25작품을 살펴보았으며, 이 외에도 광주시 건축상 수상작에 선정되지는 않았으며, 광주에서 설계사무소를 운영하고 있지 않는 건축가도 있지만 『의재미술관(조성룡, 김종규作, 2001년)』, 『광주학생독립운동 기념관(유연창作, 2004년)』, 『광주디자인센터(한남수作, 2006년)』, 『미르치과병원(박성칠作, 2006년)』, 『남도향토음식박물관(박동준作, 2007년)』, 『빛고을노인건강타운(양병범作, 2009년)』, 『광주유아교육진흥원(이주경作, 2010년)』 등 광주 시내에 지어진 우수한 작품들을 찾아 2000년대 이 지역 건축을 대표할만한 38작품을 수록하기로 한다.

#### (1) 의재미술관

- 설 계 자 : 조성룡, 김종규
- 수상내용 : 2001 한국건축문화대상 준공건축물 부문 대상

의재 허백련(毅齋 許百鍊)은 그의 생애 마지막 30여 년 동안 무등산에서 생활하면서 자신의 예술세계와 사상을 전개해 나갔다. 의재미술관은 그의 인생관, 자연관, 예술관을 기리고 예향 광주 문화의 상징적, 문화공간으로서 자연 속에서 땅의 특성을 이해하고 그 질서에 조화되는 집합체로 구현하기 위하여 건립되었다.

미술관의 형태와 공간을 이루는 모든 요소들(바닥판, 벽, 창)은 자연(지형과 경관)과 만나며 공존한다. 도시속의 미술관 계획과는 근본적으로 달라 관람자와 방문자들에게 자연과

건축이 합치되는 특별한 경험을 제공할 것이다. 의재미술관은 그의 주요 작품과 유품을 보존하고 전시하는 기능 뿐 아니라 관람자와 방문자들이 산책하면서 의재의 사상과 예술을 발견하고 그의 뜻을 기리는 장소(그의 많은 산수화는 춘설헌(春雪軒)일대의 풍치에서 모티브를 구했다)가 되며 무등 산록의 자연을 느끼는 문화생활공간이 된다.

〈그림 238〉 의재미술관

시설면적에 비하여 길고 폭이 좁은 대지의 형상을 이용하여 경사면을 활용하여 시설을 배치하였다. 가능한 한 원래의 지형에 적합한 지표면으로 조성하고 일대의 산세와 숲의 경관과 조화를 이루도록 건물의 규모와 공간의 위치를 정했다. 미술관의 공간들은 내부와 외부, 그리고 기억과 자연을 경험하며 순환하는 분화 산책로(cultural promenade)이다.

〈그림 239〉 의재미술관 삼애원

미술관은 주변에 흩어져 있는 기념적 장소들-춘설헌과 춘설다헌(春雪茶軒), 계곡 위의 다리, 의재 묘소, 삼애원(三愛園, 구 농업학교), 그리고 산 위의 차밭을 연결하는 문화 산책로의 중심시설이다. 산책로의 여러 지점에서 조망과 경관을 분석하여 각각의 기능에 알맞은 공간과 장치를 배치하고 기존 수목, 담, 마당, 포장재료 등 다양한 조경요소를 활용하여 장소성과 상징성을 높였다.

지형의 경사도(약 28%)에 따라 분절된 세장형의 공간은 삼애원을 중심으로 병렬하여 질서 질서를 형상화하는 작업에 착안하여 전시동과 관리동을 좌우에 배치했다. 외형상으로 2개의 전시동은 기존 건물의 축과 도로축에 맞추어 분리되어 있다. 도로를 따라 설치된 완만한 경사로를 따라 미술관 앞 풀밭 마당과 전시동 입구에 도달하고, 다시 전시동 사이의 경사진 보행로로 이어진다. 입구홀과 연결된 경사로와 계단은 찻집, 수장고, 지하층의 이벤트홀, 세미나실, 그리고 전시공간으로 이동하는 장치이다. 지형에 따라 단차가 있는 2개의

〈그림 240〉 등산로에서 올라오는 진입로

〈그림 241〉 의재미술관 입구홀

〈그림 242〉 의재미술관 전시실 통로

기획전시실로 연결된 내부동선은 최상부 레벨에서 90도로 꺾여 경사진 공중통로를 통하여 상설전시실로 이어지며, 중앙의 외부 보행로로 연결된 계단을 돌아 나오게 된다.

삼애원의 동쪽에 담으로 둘러싸인 2개 층의 관리동을 배치하고 관리와 사무, 학예실로 사용한다. 별도의 지하 마당을 끼고 있는 학예실은 외장을 개수한 삼애원과 공간적으로 연결된다.

5.4m×32.4m의 장방형 공간인 상설전시실은 미술관의 소장품을 고정적으로 전시하는 공간으로 미술관의 상징성을 강하게 표현하며, 미술관의 가장 깊은 영역이다. 기획전시실을 통과한 후 공중통로를 통하여 출입하는 경로를 가지며, 외부 중앙경사로로 직접 나갈 수 있다.

지형의 변화에 따라 만들어진 2개의 긴 회랑 형식의 기획전시실은 작품의 크기와 성격에 따라 선택할 수 있도록 되어 있다. 제1기획전시실은 크기가 큰 그림들을 전시하는 공간이며, 상대적으로 천정이 낮은 제2기획전시실은 3개의 칸막이로 나누어진 전시공간이다.

전시공간에서 의재의 예술세계를 체감하고 현대 한국화 작품을 만날 뿐 아니라 산길을 따라 자연스럽게 산책하는 느낌을 체험하게 된다. 주로 한국화를 전시하는 공간이므로 밝으면서도 은은한 채광으로 작품의 기품을 즐기는 장소이다. 다만 의재의 작품을 전시하는 상설전시실은 산수화, 수묵화를 장기간 전시해야 하므로 자연광을 차단하고 상당히 어둡게 조정함으로써 작품의 손상을 방지하였다. 전시공간은 단순하고 반사된 자연광으로 조정되어 중성적이지만, 공용공간은 매우 밝고 투명하며 융통성이 높다.[69)]

(2) 중소기업 제2연수원

- 설 계 자 : 손은채
- 수상내용 : 2001년 제8회 금상

〈그림 243〉 중소기업 제2연수원

중소기업연수원은 중소기업진흥공단의 지역 중소기업 육성을 위한 교육연구시설로서, 광주시 북구 장능동 산 286-7번지에 위치하며, 대지면적 33,000㎡, 건축면적 6,372㎡, 연면적 8,362㎡, 지하1층, 지상4층 규모이다.

연수원 전체 배치는 무등산 자락의 자연 지세에 어울리도록 ㄴ자형의 연수동과 ㅡ자형의 후생동(기숙사)이 안마당처럼 조성된 조경 및 휴게공간의 배치형태로 이루어져 있으며, 원형동판의 지붕과 화강석 외벽이 주는 단아한 외관이 외부경관과 조화를 이루고, 산 지세에 순응하면서 아늑하게 자리 잡고 있다. 기능으로는 연수, 숙박, 체육, 레저 등의 다목적 연수프로그램의 수행이 가능하다.

전체 배치에 있어서 또 하나 유의한 점은 연수원 전면에 고속도로와 일반국도가 있어 소음이 문제되는바 부지 앞에서부터 체육관, 연수동, 기숙사를 단계적으로 배치하여 연수와 숙박에 따른 소음의 피해를 최소화하려고 노력하였다. 경사가 심해 배치가 어려운 부지를 적절하게 활용한 점이 돋보인다.

69) 조성룡+김종규, 건축문화 2001년 11월호 근작 작품설명에서 전재

### (3) 전남대학교 용봉문화센터

- 설 계 자 : 손은채
- 준공연도 : 2001년

〈그림 244〉 전남대학교 용봉문화센터

중소기업 제2연수원과 비슷한 시기에 지어진 건축물로 광주시 북구 용봉동 전남대학교 내 후문 가까이에 위치하며, 대지면적 3,800㎡, 건축면적 1,603㎡, 연면적 6,140㎡, 지하2층, 지상4층 규모이다.

본 건축물은 교육연구시설이나 대학 교직원과 학생들의 이용뿐만 아니라 지역주민에게 개방을 고려하여 개방 및 폐쇄영역으로 영역을 구분하였고, 입지여건이 대학교 후문과 연못인 용지 사이에 위치하고 있어 주변 시설물 및 경관과 조화를 이루도록 형태와 건축재료 선정에서부터 기존의 관념을 탈피하고자 노력하였다.

형태로는 커튼월원통과 금속재료의 계단, 루버, 격자구조물 등의 장방형이 층을 이루며 구성되어 있고, 백색과 회색의 메탈재료를 사용하여 대학캠퍼스의 경쾌함과 활력소를 부여하고 있으며 호수 측에서 바라본 건물 외관이 간결하면서도 특징이 있다.

### (4) 엔젤산부인과

- 설 계 자 : 은철영
- 수상내용 : 2001년 제8회 은상

〈그림 245〉 엔젤 산부인과

이 병원은 광주시 남구 주월동 일반주거지역에 위치하며, 대지면적 684㎡, 건축면적 393㎡, 연면적 2,713㎡, 지하 2층, 지상 6층 규모이다.

예전에 전일목장(지금의 풍암지구)을 가기 위해서는 이 부지 앞의 4m도로를 꼬불꼬불 지나 고개를 넘어가야만 했다. 지금은 앞쪽으로 대로가 뚫리면서 이 부지는 삼각형대지에 양옆으로 경사진 흔적으로 남아있다. 삼각형대지는 뒤쪽 아파트 옹벽과 좁은 도로에 면하고 있어서 법적 제약조건인 사선제한과 일조권 제약조건이 심하여 매스분절을 통하여 풍암지구로 가는 새로 뚫린 전면도로에 활짝 펼쳐지는 모습으로 전개되도록 정면계획을 하였다.

이 병원은 삼각형 부지에 따른 제약을 합리적인 배치와 적절하게 분절된 입면 조형으로 해결한 점이 합리적이며 특히 밤에도 주변의 랜드마크 역할을 할 수 있도록 경관조명을 도입하여 천사와 같은 아이가 태어나는 엔젤들의 성(城)이 되도록 의도하고 있어 주야간 개성 있는 건물외관을 형성한다.

(5) 광주영락교회

- 설 계 자 : 이창률
- 수상내용 : 2001년 제8회 동상

광주영락교회는 광주시 동구 소태동 566-28에 위치하고 있으며, 대지면적 1,766㎡, 연면적 4,069㎡, 지하1층, 지상4층 규모로 2000년 12월에 준공하였다.

〈그림 246〉 광주 영락교회 (2005년 사진)

교회건축은 이웃사랑과 섬김을 포함하여 예배와 봉사, 교육, 선교, 친교 등 다양한 활동을 위한 열린 공간의 집합체이다. 따라서 교회도 이제는 닫힌 공간적 의미에서 변화되어야 할 시점에 와 있다. 이러한 점에서 형태의 규모가 작아도 된다는 인식의 전환이 필요하며 예술성, 상징성, 친근감이 있는 시설로서 토착화의 의미를 새롭게 모색한 건축물이다.

디자인 언어로는 먼저 접근성을 강조하여 중세의 보수적인 교회 얼굴(Skin & Facade)에서 벗어나 누구나 쉽게 접근할 수 있는 심플한 이미지를 강조하였으며, 두 번째는 틈(Slit)으로 강한 틈의 디자인 기법으로 흡인력을 유발하였다. 세 번째로는 축으로 전면 35m도로와 후면 8m도로를 연결하는 강한 축을 형성, 인근의 초, 중학생들의 통학과 주민들의 통행을 고려한 인간존중의 공간축을 형성하고 있다. 네 번째로는 커뮤니티 존의 형성이다. 담장 없는 만남의 광장, 주차장, 경로당, 예식공간, 교육 및 집회 공간, 생활 체육공간 등으로 새로운 커뮤니티 존을 형성, 테마와 이벤트가 있는 열린 교회를 지향하고 오픈스페이스로 경계가 없는 앞마당을 이웃의 공동시설로 제공하였다. 마지막으로는 친화성이다. 뒷산 스카이라인의 지붕 고선위에 강한 이미지의 십자가는 감추인 듯 하고 간판을 걸 필요가 없는 친화적인 재료와 색채를 사용하였다.

(6) 북구 미래아동병원

- 설 계 자 : 강남구
- 수상내용 : 2003년 제9회 금상

〈그림 247〉 북구 미래아동병원 (2005년 사진)

이 병원은 광주시 북구 오치동 일반주거지역에 위치하며, 폭 34m도로에 26m, 폭 8m도로에 각각 65m, 37m 접하고 있고, 대지면적 2,395㎡, 건축면적 786㎡, 연면적 3,292㎡, 지하 1층, 지상 5층 규모이다.

설계자 강남구는 건축이란 도시적 맥락과 그것을 만들어 가는 사람의 관계 속에서 읽혀져야 하며, 건축과 사람, 사람과 도시, 문화와 건축의 보다 거시적 관점에서 접근되어질 때 각각의 객체인 건축이 모여 하나의 도시를, 하나의 문화 공동체를 만들어 갈 수 있을 것으로 자신의 건축관을 피력하고 있다.

이 병원은 상대적으로 구도심이나 개발이 더뎌 도심 속에 논과 밭이 남아있는 곳, 인접 아파트나 고물상이 있는 곳에 병원이 지어짐으로서 아파트 조망권 확보는 물론 고물상 등 아직은 정리되어지지 않은 주변 환경과 잘 어울려져 보다 좋은 환경이 만들어 지기를 땅은 요구하고 있다.

그리고 전체적으로는 병원이라는 이미지보다 문화공간의 이미지로 병원을 찾는 환자들이나 인근의 시민들이 가깝게 다가갈 수 있는 디자인과 공간을 만들고 있다. 따라서 가능한 건물의 층수는 낮추고 외부공간을 많이 확보하는 것이 환자나 시민들에게 배려할 수 있는 최소한 것이었다. 상징성, 인지성 측면에서 높은 층을 요구했으나 두 동으로 분리하여 저층화시키고 그곳에 환기와 피난을 고려한 계단식 썬큰, 층마다 외부공간을 끌어들이는 휴게 공간으로서의 데크, 툇마루 위를 거닐어 보았던 기억속의 발로 느끼는 데크 이동로, 지나가는 사람, 들어오는 사람을 반기는 두개의 반신상 조각 등의 건축요소를 사용하여 웃는 사람, 우는 사람, 서있는 사람, 걸어가는 사람 그리고 이것들을 느끼는 사람들을 나열해 가고 있다. 설계자의 이념대로 이 모든 것들이 모여 객체건축, 문화 공동체의 도시는 만들어지고 있는 것이다.

(7) 구태림하우스

- 설 계 자 : 최경양
- 수상내용 : 2003년 제9회 은상

구태림하우스는 광주시 풍암동 1032-2 번지에 있는 한적한 주택가에 자리하고 있다. 건축면적 132㎡, 연면적 367㎡, 지하1층, 지상 2층 규모로 지하1층은 유아원, 지상1-2층은 주택으로 설계되었다.

〈그림 248〉 구태림하우스 (2010년 사진)

한 건물 내에 주거 공간뿐만 아니라 유아원 시설이 포함되어야 했기 때문에 각기 다른 용도에 따른 동선을 분리함과 동시에 서로 다른 공간이 유기적으로 조화를 이루도록 계획하였다. 1층과 2층을 각각 가정집과 유아원으로 수직적으로 분리하고 경사진 대지를 최대한 활용하여 1층은 낮은 면의 대지, 그리고 2층은 높은 면의 대지로의 수평적인 연결을 유도하였다. 또한 이로 인해 낮아진 1층 높이 때문에 발생되는 채광 문제를 위해서는 선큰이 활용되었다. 또한 건물 후면에는 중정을 배치하고 조경을 식재하여 자연적인 분위기를 형성하도록 하였다. 건물 전면이 다소 폐쇄적인 느낌이나 도로측이 좁고 안쪽으로 긴 세장형부지의 특성을 적절하게 활용한 주거작품이라 할 수 있다.

### (8) 전남여고 교사

- 설 계 자 : 선재규
- 수상내용 : 2003년 제9회 동상

〈그림 249〉 전남여고 교사

이 학교는 광주시 동구 장동의 일반주거지역에 위치하며, 대지면적 21,272㎡, 건축면적 5,459㎡, 연면적 14,952㎡, 지상 5층 규모이다.

기존의 전남여자 고등학교는 1928년 건립된 본관을 비롯하여 최근 신축된 정문 안내실을 포함 70여년에 걸친 나이만큼 교목인 히말라야시다 등 보존해야할 수목이 산재되어 있었다. 따라서 과학관, 신관, 체육관 등 기존시설물 일부의 보존을 고려한 배치개념이 요구되었고, 일제하 학생독립운동의 발원지였던 상징적 의미의 해석과 제7차 교육과정에 대비한 교과교실형 교실배치가 프로그램으로 제시되었다.

본격적인 교과교실형 학교로서 이론적 근거보다 평면분할 등 공간배치에 대한 개념정리가 가장 난해한 문제였으며. 70여년 된 본관이 주는 강한 이미지는 계획안이 결정되기까지 내내 논쟁거리가 되었다. 시설의 노후와 안전을 이유로 한 재배치 계획으로 인해 다시 한번 건축적 유산중 하나를 흔적 없이 지워야 하는가 하는 논의 끝에, 철거예정인 기존 본관 중 일부를 존치시켜 시간적 단절을 메워주기로 결정하고, 현 학생독립운동 기념비와 함께 진입마당을 형성하는 기념관으로 재구성하게 되었다.

다양한 크기의 교실을 요구하는 교과교실형 프로그램에 대비하고 동선이동을 줄이기 위해 대형 강의실과 HOME BASE를 중심으로 좌우측에 교과교실군을 구분하여 배치하였고, 식당 및 시청각실, 도서실은 소음원으로부터 이격 배치하였다.

### (9) 동구 벤처빌딩

- 설 계 자 : 양병범
- 수상내용 : 2003년 제9회 동상

동구 벤처빌딩은 광주시 동구 서석동 29번지 준주거지역에 들어선 공공업무시설로 대지면적 1,215㎡, 건축면적 683㎡, 연면적 5,538㎡, 지하 1층, 지상 7층 규모이다. 외부마감은 AL패널과 아연도 골강판을 사용하였다.

이 건물은 전면 주도로에 대응하는 도시의 축, 남동향의 빛 환경에 대응하는 매스구성, 그리고 도심을 기점으로 에워싼 자연의 흐름 유지를 기본개념으로 하고 있으며, 두 축을 기준으로 사무공간과 지원공간, 창조공간이 서로 연계되도록 배치하였다. 또한 오피스 랜드스케이프 구성과 향후 기능 개편 및 확장에 따른 유연한 대처가 가능하도록 평면적 가변성을 부여하였으며, 역동적인 형태구성으로 이미지를 부각하고자 하였다.

〈그림 250〉 동구 벤처빌딩 (2005년 사진)

커튼월과 알루미늄시트패널 등의 재료를 사용함으로써 밝고 경쾌한 이미지의 벤처빌딩 외관을 조성하였고, 광섬유의 모습을 형태화한 원형 매스의 강조로 첨단을 지향하는 빛의 도시 광주를 상징화하였다.

(10) 남구 문화예술회관

- 설 계 자 : 오금렬, 길종일
- 수상내용 : 2003년 제9회 동상

남구 문화예술회관은 광주시 남구 봉선동 봉선지구 내에 위치하며 대지면적 3,723㎡, 연면적은 본관동 7,811㎡, 주차장동 2,410㎡, 합계 10,221㎡, 지하3층, 지상7층 규모이다.

이 건물은 청소년수련관, 문화회관, 도서관 등 복합기능의 문화레저활동 공간을 제공함은 물론 지역 커뮤니티 활동 중심의 공공공간을 제공하는 것으로 가로변과의 연관성을 적극 살리기 위해 카페테리아 등의 공적 기능을 저층부 휴게홀과 연계 배치하

〈그림 251〉 남구 문화예술회관 (2005년 사진)

여 이용자들의 편의를 도모하였고, 청소년 문화시설의 독립적 영역성 확보를 위해 청소년만의 공간을 상층부 분리 배치하였다.

진입광장으로부터 문화광장까지의 계단은 진입과 야외관람을 할 수 있는 형태로 그늘광장으로 빛을 열어주고, 지역주민의 예술활동을 지원할 수 있는 관람장, 전시장은 옥외에 연결되게 하고 여기에서 지역주민, 청소년들이 서로 만나고 교류하도록 구성하였다.

또한 입면과 단면계획에서는 저층부와 고층부 매스분절을 통한 트임을 줌으로써 건물의 중압감을 감소시키고, 정면성과 방향성을 확보하도록 입면구성을 하였다. 그리고 저층부 민속벽화 등의 구성을 통해 친근한 이미지를 유도하였으며 공간의 위계는 기존지형과 도로 높이차를 이용한 단면계획을 통해 이루어지고 이를 통해 채광, 조망 확보는 물론 다양한 공간의 체험이 이루어지도록 하였다.

(11) 광주광역시 치과의사회관

- 설 계 자 : 조두상
- 준공연도 : 2003년

〈그림 252〉 광주광역시 치과의사회관 (2009년 사진)

치과의사회관은 광주시 남구 구동 37-98에 위치하며, 건축면적 308㎡, 지상 3층 규모이며, 외장재는 압출성형시멘트패널을 사용하였다.

광주공원 앞 천변도로를 따라 선형으로 이어지는 가로중간에 위치한 대지는 광주천의 흐름과 유기적으로 동화되어야 하는 대지의 성격을 드러내고 있으며, 주변의 노후화되고 어지럽게 널려진 작은 건물들을 배경으로 그다지 사치스럽지 않으면서도 품위를 지킬 수 있는 간결한 이미지와 명확한 포인트를 주제로 설정하고 있다.

무채색의 그다지 튀지 않는 베이스판넬의 틀에 유리박스를 끼워 넣는 간결한 구상은 전체적인 비례에 의해 분할되고, 구성되며 유리박스안의 또 다른 정사각형의 틀은 전체적인 조형의 명확한 포인트로 자리하고 있으며, 시선의 집중을 유도하고 있다. 현재 이 건물은 광주공원 확장계획으로 철거되었다.

(12) 미래로21병원

- 설 계 자 : 은철영
- 준공연도 : 2004년

〈그림 253〉 미래로21 병원

부지의 여러 가지 제약에도 불구하고 완성도 높은 병원건축이다. 이 병원은 광주시 서구 화정동 1082-8번지, 일반주거지역에 대지면적 1,813㎡, 건축면적 1,055㎡, 연면적 8,297㎡, 지하 3층, 지상 8층의 중규모 병원이다.

이 병원 부지는 집봉산 아래 산자락으로 짚봉터널이 뚫리면서 부지 일부가 황토흙으로 노출되어 방치된 나대지로, 전면에 25m도로, 후면 8m도로와 측면에 35m 짚봉터널 통과도로, 그 옆에 짚봉산 산책로 연결도로인 4m일방도로에 접해있는 전후면 약 4～4.5m 고저차가 있는 대지이다.

종합병원규모로 건설하기에는 협소한 대지면적과 일반주거지역이라는 조건으로는 한계가 있었으며, 특히 장래확장은 어려운 대지여서 지형이 갖는 고저차와 지하를 최대한 활용하는 설계기법을 사용하여 이에 대응하였으며, 병원의 동선상 2개층이 모두 지상에서의 출입구가 있는 계획을 하였고, 지하2층도 선큰가든을 두어 지하로 자연스럽게 접근하도록 하였다.

옆 아파트의 일조확보를 위해 북쪽부분의 매스를 병동(고층)부분에서 줄여 그 위에 환자들이 쉴 수 있는 옥상정원을 조성하였다. 옆 부지의 아파트가 높게 지층이 조성된 관계로 흉물스러운 옹벽이 병원2층높이까지 노출되어 있었는데 이 부분에 적삼목 루버와 환경조각디자인을 하여 옹벽을 커버하고 그 아래쪽에 소공원을 조성하여 환자 및 주변주민에게 삶에 조그마한 활력소가 되는 장소로 제공한다.

건축외장은 커튼월과 알미늄복합판넬, 시멘트성형판넬을 사용하였으며, 상징성을 두기 위하여 정면부에 Crown을 두어 병원이미지를 부각시켰으며, 경관조명을 설치하여 밤에도 도시미관의 일역을 담당할 수 있도록 하였다.

### (13) 광주학생독립운동 기념회관

- 설 계 자 : 류연창
- 준공연도 : 2004년

〈그림 254〉 광주학생운동 기념관(2011년 사진)

광주학생독립운동 기념회관은 광주시 서구 화정동 512번지 중앙공원 내에 위치하며, 전체 대지면적은 65,837㎡, 기념관은 지하1층, 지상2층, 연면적 2,336㎡, 기념탑은 높이39m, 기념도서관은 지하1층, 지상4층, 연면적 13,600㎡ 규모이다. 외부마감은 화강석 버너구이이다.

이 건물은 광주시 동구 황금동에 있는 광주학생독립운동 기념회관을 이전할 목적으로 2000년 전체 마스터플랜과 설계가 완료 되었으며, 2004년 1단계로 부지조성, 기념관, 기념탑을 완성하였고, 2011년 현재 잔여사업인 도서관 부분을 착공예정이다. 원래 4층으로 계획된 도서관을 예산상의 이유로 2층으로 먼저 짓고 후에 증축하는 방안을 고려중이다. 그리고 광주학생독립운동 관련 시설로는 광주제일고등학교 부지 내에 광주학생운동기념탑(1954년)과 기념역사관(1997년)이 별도로 있다.

〈그림 255〉 광주학생운동 기념탑 (2011년 사진)

전체 배치는 기념탑을 정점으로 기념축을 설정하여 기념관, 도서관 및 외부공간을 배치하였고, 전통건축의 처마선을 차용한 입면디자인으로 기념적 공간의 성격을 강조하였으며, 인접한 청소년수련원과의 연계계획으로 단지 전체적으로 청소년의 장이 되도록 계획하였다.

기념탑은 높이 39m로 평면형태는 하나의 구심점으로 군중이 집합하는 힘을 생각하면서 광주학생운동 당시의 단결된 의지를 상징하였고, 원경에서는 입석군들이 조화로 타오르는 횃불의 이미지를 갖도록 하였으며, 입석군 사이는 사람들이 자유롭게 드나들 수 있도록 하였다. 그리고 진입계단수를 113개로 하여 학생독립운동 기념일인 11월 3일을 의미하였다.

전반적으로 전통과 역사, 그리고 상징성과 공공성을 표현하고자 의도한 건물로 고전적 전통주의에 따르고 있다고 할 수 있을 것이다.

(14) 무지개마당

- 설 계 자 : 조성호
- 수상내용 : 2005년 제10회 금상

〈그림 256〉 무지개마당

무지개마당은 광주시 동구 금남로 1가 광주YMCA 건물 뒷마당 및 옥상, 골목도로를 이용하여 휴게벤치, 경관조명, 야외무대, 야외전시대, 야외스크린, 장애인용 엘리베이터 등의 시민, 청소년, 장애인을 위한 문화 휴식공간을 조성하였다.

이 지역은 중심상업지역으로 젊은이들이 많이 찾는 지역으로 대지면적 1,461㎡, 건축면적 1,169㎡, 연면적 2,709㎡, 지상3층, 옥탑1층으로 되어 있는 광주 YMCA의 증축 및 대수선공사이다.

도심 속 청소년과 시민의 문화공간으로 제공되는 이 무지개마당은 광주YMCA 주변 도로 및 옥상 공간을 청소년과 시민들의 문화공간으로 조성하고 청소년과 시민들의 만남의 장소, 차 한잔의 여유와 함께하는 쉼터, 재능과 열정이 넘치는 문화공간으로 광주YMCA와 유관기관, 지역주민, 상점건축 전문가 등이 참여하여 정성껏 마련한 일곱 빛깔의 꿈이 어우러지는 마당이다.

설계 주제로는 일곱 색깔 마당이 사용되었으며 보라마당(YMCA 옥상)은 이야기와 꿈이 영글어 지는 터, 노랑마당(골목길)은 무지개마당으로 인도하는 아름대운 골목길, 빨강마당(무대)은 끼와 젊음이 넘실대는 공연무대, 주황마당(벤치)은 차 한잔의 여유와 반가움이 묻어나는 쉼터, 초록마당(측면지)은 서로의 옷깃이 스치는 인연의 마당, 파랑마당(엘리베이터)은 땅과 보라마당이 통하는 엘리베이터, 남색마당(YMCA 통로)은 무지개 마당의 들고 나는 길로 계획하였다.

이 마당은 구도심에서 오래되어 낡은 건축물과 지저분하고 비좁은 골목길을 어떻게 변화시켜 그 지역을 활성화시킬 수 있는가 하는 점에서 우리들에게 시사하는 바가 큰 작품이라고 할 수 있다.

### (16) 김대중컨벤션센터

- 설 계 자 : 이창률, 김정식, 송건
- 수상내용 : 2005년 제10회 은상

〈그림 257〉 김대중컨벤션센터(2010년 사진)

〈그림 258〉 김대중컨벤션센터 중앙홀(2010년 사진)

김대중컨벤션센터는 광주시 서구 치평동 1159-2번지 상무지구에 위치하며, 대지면적 53,301㎡, 건축면적 23,867㎡, 연면적 40,046㎡, 지하1층, 지상4층 규모로 외부마감재는 아연도 강판, 칼라복층유리, 불소수지 도장 알미늄 바 등이다.

전시장 면적은 10,180㎡로써 500개 부스 설치가 가능한 대형 공간을 갖추고 전시규모에 따라 3개로 분할 사용할 수 있는 다목적 공간으로 구성되어 있는데, 내외부 공간계획 특징은 첫 번째로 테마가 있는 공간계획을 지향하여 재미와 놀람, 편안함 등 장터의 분위기 연출에 있다. 두 번째로 관람객 중심의 공간계획 수립으로 다향한 문화 욕구를 수용하는 복합문화공간과 개방성과 접근성이 뛰어난 관람객 중심의 공간을 구성하였다.

건축에서는 특히 주변과의 연계를 고려하여 인접 주거환경을 고려한 세로 녹지축을 형성하였으며, 주변 주거공간과의 연계를 도모하는 보행공간 확보하였다. 두 번째는 명쾌한 축을 설정하여 대지의 선적 흐름에 대응하는 역동적 이미지를 추구하고 도시 가로의 랜드마크적인 이미지를 설정하였다. 세 번째는 지하철이용객 70%, 시내버스 이용객 20%, 기타 보행자 등으로 이용객 동선을 예상하여 진입성을 도시 얼개에 따라 출입구를 계획하였으며, 접근성을 높이기 위해 건물을 세로로 배치한 점이 특징이다.

2011년 현재 김대중컨벤션센터의 가동률이 70%를 넘어 전국 1위를 기록하고 있지만 회의공간이 부족해 국제행사 등에 대비해 제2컨벤션센터를 이 센터와 연계해 건립하는 방안을 추진하고 있다.

(16) 광주 전천후게이트볼경기장

- 설 계 자 : 강필서
- 수상내용 : 2005년 제10회 동상

〈그림 259〉 광주 전천후게이트볼경기장

광주 전천후게이트볼경기장은 상무지구 내 서구 치평동 1154번지 일반주거지역 에 위치며, 전체 대지면적 31,777㎡ 중 계획면적은 8,264㎡로 건축면적 3,846㎡, 연면적 3,681㎡ 규모이다.

배치계획으로는 노인층의 운동시설로서 밝고 쾌적한 환경을 위하여 동서로 긴 배치를 하고 상무시민공원과 연계를 위하여 동측에 휴게공간을 확보하였으며, 서비스 차량을 포함하여 모든 차량은 북측의 진입구로 진입하게 하여 보행자와의 동선을 분리하였다.

형태개념으로는 광주의 공공건축물들에 빛고을의 이미지 전달을 위해 주로 사용되는 무지개 형상의 아치구조물을 주 형태 개념으로 적용하여 무지개 모양의 지붕과 수평의 창호프레임을 반복시켜 변화감과 안정감의 조화를 추구하고, 외벽의 전면창 계획으로 개방감 및 주변 환경과 상호교감을 이루도록 하였다. 그리고 단면 계획으로는 과도한 남측의 태양에너지를 조절하기 위하여 남측으로 경사진 지붕을 채택하고 천창을 도입하여 밝은 실내분위기를 연출하고 지붕하부의 갤러리 창을 통한 자연환기를 통해 실내공기의 자연 순환을 계획하였다.

(17) 광주디자인센터

- 설 계 자 : 한남수
- 준공연도 : 2006년

광주디자인센터는 2006년 국회 공공디자인포럼에서 수여한 공공디자인 대상에서 우수상을 수상한 작품으로 북구 오룡동 첨단과기로에 인접하고 있으며, 연면적 17,384㎡, 지상7층 지하1층 규모이다. 이 건물의 건축적 프로그램과 각종 디자인 매체인 빛, 정보, 녹지광장, 이벤트, 물 등을 총체적으로 포함한 랜드스케이프 개념을 제안하기 위해 전체 마스터플랜이 건물 내부 데크로 연장되어 총체적이고 입체적인 대지를 구성하였으며, 실내광장 도입

〈그림 260〉 광주디자인센터

으로 다양한 디자인 체험을 의도하였고 각각의 기능이 서로 교류하는 3차원 공간 구성을 계획하였다.

실내에는 2층과 3층에 디자인체험관, 디자인전시장을 갖추고 있으며, 디자인전시장은 커튼월 외벽마감으로 채광이 좋고 높은 층고를 이용하여 다양한 전시가 가능하도록 2개층을 연결한 유기적인 동선과 계단식 전시장이 설치되어 있다.

이 건물의 느낌은 획일적인 형태의 공공건축물이 아니라 도시의 랜드마크 역할이 가능한 독특한 건물 외관과 외부공간과 내부공간의 연속성을 강조하여 내외부공간을 시민과 함께하는 열린 공간으로 제공하고자 다양한 건축적 장치가 마련되어 있으며, 시민들이 도시의 일상에서 벗어나 디자인이 가미된 공간에서 휴식이 가능하도록 하였다.

(18) 미르치과병원

- 설 계 자 : 박성칠
- 준공연도 : 2006년

첨단미르치과병원은 광주시 광산구 쌍암동 694-11번지 상업지역에 위치하고 있으며 대지면적 1,727㎡, 건축면적 989㎡, 연면적 1,803㎡, 지상 3층 규모로 일반철골구조이다.

병원설계에 있어서 건축가들이 공통적으로 고민하는 것은 병원이 갖는 절대적 이미지에서 탈피하는 것일 것이다. 병원의 기능을 갖되 마치 병원이 아닌 것처럼 느껴지는 편안한 공간 만들기. 외관상에서부터 이것이 병원인지, 기념관인지 알 수 없는 건물이 광주에 생겨났다. 광주에 본원을 둔 광주 미르치과병원은 광주 서구 상무미르와 동구 금남로 금남미르에 이어 첨단지구 쌍암동에 첨단미르치과 병원을 개원했다.

이 건물이 지양하는 이미지는 하이테크(High-tech)이다. 이 건물은 삼성 물류센터가 있는 광주 첨단지구 내에 위치해 장방형의 동서축을 갖고 선에 의한 강한 힘과 운동성으로 시선을 압도하고 있다. 건축가 박성칠은 우선적으로 주어진 대지가 첨단지구라는 점에 주목했다고 한다. 첨단미르치과 병원은 사실 상무와 금남 미르치과에 이어 세 번째로 맡은 미르치과 프로젝트로서 이전과의 차별성이 요구되고 있었다. 이때 첨단지구는 그에게 차별화된 아이템을 만드는 주요한 요소로 작용한 것이다. 첨단이 주는 이미지는 '미래지향적'인 것으로 그는 벡터(Vector)의 개념을 이용해 날렵한 선으로 방향성을 건물에 표현했다. 그러한 선은 티타늄 징크소재로 표현된 건축의 매스와 더불어 지상 필로티 형식의 주차장 내 강한 사선의 조명라인 계획으로로도 반영된다. 첨단은 또 입면의 기하학적인 창의 형태에서도 드러나는데, 이는 PCV 전자 회로 기판의 모양을 본떠 첨단의 이미지를 응용하고 있는 모습이다.

〈그림 261〉 상무미르치과

〈그림 262〉 첨단미르치과

이 건물의 설계 컨셉은 레이어(layer)이다. 레이어는 모든 건축이 담고 있지만, 이 건물에서 레이어는 지층의 특이성을 나타내는 의미이다. 건축가는 일반적인 건물 입면에 보여지는 각층의 수평성을 깨고자 레이어를 통해 건물에 표현했고, 이는 이 건물의 가장 큰 특징이다.

마치 지진으로 인한 지층의 변화가 있었던 것처럼, 첨단광주치과 병원은 오랜 지층 작용에 의해서 기울어진 변화처럼 자연스런 켜 만들어 놓고 있다. 이와 함께 동측의 부속건물은 지층에 남겨진 지각변동의 증거처럼 솟아올라 또 다른 지층으로 표현되고 있다. 이때 1층 부속건물인 다실에 사용된 재료는 조선후기의 엔틱 고(古)기와로 티타늄징크 소재가 사용된 2, 3 층과는 다른 재질의 느낌으로 비교되며, 황토 흙전통 방식으로 시공되어 현대시공법에 따른 2, 3층과는 과거와 미래, 전통과 현대, 동양과 서양, 어둠과 밝음 등의 대비를 보여주기도 한다.

공간은 1층의 주차장과, 다실, 2층의 일반 진료실, 3층의 어린이 진료실로 구분되며, 각 공간은 오브제를 통해 예술적이고 여유롭게 배치되고 있다. 각각의 특징을 살펴보면, 주차장의 경우는 천장과 기둥에서 볼 수 있는 강한 사선의 조명이 흥미를 부여하며, 다실은 부속건물의 독특한 스케일과 건축가의 정신적 오브제가 되는 반가사유상을 통해 고요한 공간의 힘을 표현하고 있다.

(19) GS빌딩

- 설 계 자 : 조성호
- 수상내용 : 2007년 제11회 금상

〈그림 263〉 GS빌딩

GS빌딩은 광주시 서구 치평동 1278-7번지, 김대중컨벤션센터 주변에 세워진 지상8층, 옥탑2층, 연면적 1,470㎡ 규모의 근린생활시설이다. 계획개념으로는 3 low planning 개념을 도입, 경제성과 분양성을 고려하여 여타 근린생활시설의 공사비와 동등한 비용으로 계획되었으며, 두 번째는 저에너지 소비형 건물 구현을 위해 벽면녹화와 태양광발전시스템을 갖춘 친환경 계획이다. 그리고 세 번째는 기둥의 최소화를 통한 합리적 구조계획으로 무지주 공간계획이다.

옥탑에는 옥상정원과 옥탑 벽면을 이용한 태양광 발전시스템(BIPV System)을 설치하였으며, 외관은 노출콘크리트 마감에 계단실을 친환경 목재루버로 마감하여 비용절감과 친환경성을 높이고자 하였고, 야간경관을 고려하여 변화하는 광고판을 설치하여 건물의 인지성을 높이는 등 일반적인 근린생활시설에서는 보기 드물게 여러 가지 건축적 아이디어를 적용한 사례이나 노출콘크리트 마감이 주는 건물의 무표정한 인상이 주변과 잘 어울릴 수 있을지는 주변건물이 모두 들어선 후 다시한번 돌이켜 판단해볼 문제이다.

(20) LH 광주전남지역본부

- 설 계 자 : 한남수
- 수상내용 : 2007년 제11회 은상

이 빌딩은 광주시 서구 치평동 상무지구 평화공원과 인접한 대지에 연면적 29,519㎡, 지상15층, 지하3층 규모이다. 원래는 대한주택공사 광주전남지역본부로 건립되었으나 대한주택공사와 한국토지공사가 합병되어 2009년에 LH로 사명을 변경하였다.

〈그림 264〉 LH 광주전남지역본부

이 건물은 시민들에게 봉사하는 공간이라는 테마를 기본개념으로 하였으며, 이 개념은 양측도로에서 쉽게 접근할 수 있는 주택전시관이라는 문화공간에 의해 잘 구현되고 있었다. 외관은 강재와 유리의 접합으로 하이테크 이미지와 돌출된 알루미늄 바가 수직성을 강조하고 있으며, 이러한 수직성은 공공시설의 엄정함과 권위를 표현하는데 도움을 줄 수 있을 것이다. 그리고 주택전시관과 광장을 중심으로 이루어진 시민과의 커뮤니케이션 공간은 상무신도시 내에 활력을 부여하고 있었다.

투명하면서도 내부의 기능성이 부각되는 이 건물은 이용자로 하여금 깔끔한 이미지를 주고 있으며, 건물의 상징성을 두드러지게 하기 위해 옥탑층에 가벽을 더 높이 세워 스카이라인을 강조하였다.

(21) 광주시립미술관

- 설 계 자 : 오금렬
- 수상내용 : 2007년 제11회 동상

시립미술관은 광주시 북구 중외공원 내 자연녹지지역에 건축면적 11,058㎡, 연면적 28,132㎡, 지하1층, 지상3층 규모로 지었다.

〈그림 265〉 광주시립미술관

이 미술관은 도시적인 선과 랜드스케이프적인 선을 선형의 브릿지 형태로 배치하였다. 중외공원을 가로지르는 고속도로의 속도와 소음을 극복하고 박물관과 문화예술회관을 잇는 브릿지는 중외공원의 문화벨트를 형성하며, 선형의 브릿지 형태 사이로 전시관의 매스가 삽입되어 DNA의 이중 나선구조와 같이 얽혀진다. 따라서 전시관 매스는 두 개의 동선축(계단홀과 데크, 연결계단) 사이에 삽입되어 관객과 예술을 더욱 밀접하게 얽힐 수 있도록 하였다.

배치는 조형적으로 강한 상징성을 지니면서도 평면 및 동선체계와 외부공간 계획이 유기적으로 이루어지고, 향후 전시장 확장에 가장 유리하게 계획되어 있다. 중외공원을 관통하는 고속도로의 속도감과 소음에 대응하여, 선형의 Layer와 이를 관통하는 전시관의 매스들이 버퍼의 역할을 한다. 비엔날레가 지향하는 '관객참여(inter-creativity)'의 개념과 맞물려 외부와 시각적으로 연결된다.

평면은 1층에 전시실, 시민갤러리, 어린이 미술관을 연계시켜 관람자의 참여를 유도하였으며, 로비와 뮤지엄샵 사이에 중정을 배치하여 자연을 관입시켰다. 2층에는 내부 전시실 외에 옥외 조각전시장과 옥상정원을 연계하였으며, 3층 전시장은 2층과는 달리 빛의 막 속에서 인공조명과 자연광의 혼합과 확산의 유희를 느낄 수 있도록 계획하였다.

(22) 5·18추모관

- 설 계 자 : 이창율, 김인호
- 수상내용 : 2007년 제11회 동상

〈그림 266〉 5·18추모관

이 추모관은 광주광역시 북구 운정동 국립 5·18 묘역 내에 지어진 문화 및 집회시설로 전시장을 갖추고 있으며 건축면적 904㎡, 연면적 1,635㎡, 지하1층, 지상3층 규모이다. 외부마감은 노출콘크리트, ZINC PANEL, 투명강화유리를 사용하였다.

국립 5·18 묘역 내의 기존에 형성된 전통 한옥식 건축구조와의 상호연관 관계 속에서 한국 전통건축이 가지고 있는 조형적 요소를 적극적으로 도입하여, 현대적 의미로 재해석하고 전체적인 조형 형태를 완성한 건축물로 전통건축안의 지붕의 처마선을 전면 광장에 면하는 지붕의 처마선으로 도입하였고, 기와지붕의 경사와 검은색 기와의 느낌을 배면 지붕의 경사에 검은색 ZINC PANEL

을 사용하여 표현하였으며, 전통사당 건축에서 흔히 접하는 측면의 풍판 이미지를 추모의 성격으로 우측면에 표현하였다.

내부 공간과 동선은 전시기능을 고려하여 입구와 출구를 분리하여 내부 공간 양쪽 끝에 두 개의 각기 다른 기능의 계단을 설치함으로서 전시공간과 동선을 명쾌하게 처리하고 이러한 기능을 그대로 외관형태에 반영하였다. 이 건축물은 5·18기념관으로서 상징성을 어떻게 표현하였는지, 그리고 전통을 재해석한 현대건축 디자인으로서 우리가 관심 있게 지켜보아야 할 작품이다.

(23) Lee's House

- 설 계 자 : 강연심
- 수상내용 : 2007년 제11회 동상

이 주택은 북구 망월동 354-1번지 자연녹지지역에 지어진 건물로 대지면적 763㎡, 건축면적 152㎡, 연면적 245㎡, 철근콘크리트 2층 주택이다.

〈그림 267〉 Lee's House

이 주택은 극히 사석인 용도이나 연속적이고 순환적인 동선계획으로 내, 외부로 열려있어 공공성을 부여하였다. 배치는 동사택(東舍宅)의 전형으로 갑향(甲向)에 주인방과 부엌을 배치하였다. 입면도 닫힌면과 열린면이 공존한다. 배산이 충분히 되어주지 못하는 대지 주변 환경 특성상 동절기 북풍에 대항하는 최소한의 개구부를 갖추고 있으며, 일방향 투시 및 전망과 채광을 목적으로 하는 반투명유리와 루버는 열린면으로 인식된다.

남평문씨 집성촌 마을에 위치한 이 주택은 프라이버시와 방범을 중시하는 건축주의 요구 때문에 낯선 이방인의 성벽으로 인식될 수 있으나 담장 블록에 구멍을 내어 소리와 빛과 바람이 흘러들어 조금이라도 주변 환경과 소통하게 해주고 싶은 건축가의 배려를 읽을 수 있다.

### (24) 남도향토음식박물관

- 설 계 자 : 박동준
- 준공연도 : 2007년

〈그림 268〉 남도향토음식박물관

이 빌딩은 광주시 북구 삼각동 779-2번지 문화시설용지에 위치하고 있으며, 대지면적 3,300㎡, 건축면적 1,006㎡, 연면적 2,358㎡, 지하1층, 지상3층 규모이다.

외부마감은 압출성형시멘트판넬, 알루미늄시트, 화강석버너구이, 라임스톤으로 다양한 재료와 색으로 이루어져 있는데, 이는 설계개념을 전통음식박물관임을 고려하여 오방색을 기조로 하였기 때문이다. 우리나라는 고대로부터 음양오행 사상에 근거한 오방색이라는 색채문화를 지녀왔으며, 오방색은 생활 속에서 아름다움을 추구하는 요소로 사용되었을 뿐만 아니라, 음식의 맛을 표현하는 수단으로도 이용되어왔다. 그리고 오방색을 오행의 개념으로 색과 맛으로 구분하면 노란색은 단맛(土), 푸른색은 신맛(木), 붉은색은 쓴맛(火), 흰색은 매운맛(金), 검은색은 짠맛(水)을 상징한다.

그 외에도 디자인 모티브를 남도의 상징인 무등산 입석대와 전통건축인 소쇄원, 그리고 음식문화를 나타내는 다식판(다식을 찍어내는 판)에서 가져왔다. 자연의 모습 그대로의 분절성을 상징화하면서 입면의 켜를 살려내며 함축적 의미를 부여하였으며, 소쇄원의 공간구성과 그 흔적을 담고, 각판 튀어나온 분분에 수(壽), 복(福), 강(康), 녕(寧) 같은 길상문자를 새겨 넣거나 완자무늬나 꽃무늬 또는 물고기 따위를 아로새겼다. 다식판의 패턴을 단순화하여 디자인 패턴으로 상징한 것이다.

### (25) 노블모터스 전시장

- 설 계 자 : 이창률
- 수상내용 : 2008년 제12회 동상

이 빌딩은 광주시 서구 쌍촌동 956-5번지에 위치하며, INFINITI 자동차 전시판매장 용도의 근린생활시설이다. 대지면적 1,083㎡, 건축면적 645㎡, 연면적 1,908㎡, 지상3층의 SRC구조로 마감은 인도사암, 알루미늄판넬, 패턴유리로 이루어져 있다.

이 건물의 특징은 먼저 리모델링이다. 공동주택 전시장으로 쓰이던 건물을 수준있는 디자인으로 Remodeling한 작품으로서 기존건축물의 구조적인 문제점을 보완하여 자동차 전시공간으로 연출한 점에 있으며, 견본주택의 층고가 비교적 높기 때문에 다양한 용도의 건축물로 활용이 가능하였으며, 공사기간을 단축하여 경제성을 도모하였다.

〈그림 269〉 노블모터스 전시장

두 번째는 건물의 파사드이다. 판매하는 자동차의 고품질과 명차브랜드를 형상화하기 위해 패턴그라스를 이 지역에서 처음으로 디자인 개발하였으며, 각 층의 전시장이 들여다보이는 투명성으로 접근성, 친밀성을 강조하였다. 동일 단위의 반복과 연속적 배열로 단순성과 명료성을 키워드로 하는 미니멀리즘적인 개념표현을 하고 있으며, 그 외에도 자동차에 주로 사용하는 알루미늄 판넬과 색상을 건축물 내·외장에 사용하여 건물용도를 암시하는 기호학적 형태를 취하고 있다.

(26) 하이메디컬센터

- 설 계 자 : 강연심
- 수상내용 : 2008년 제12회 동상

이 건물은 지하1층, 지상6층, 건축면적 699㎡, 건폐율 45%로 광주시 광산구 신가동 327-12번지에 위치한 병원이다. 전체적인 계획방향은 다양한 분양조건을 고려한 무지주 공간, 그리고 건축물의 수명연장과 유지관리 편의성을 고려하여 외부재료 오염원인 제거를 위해 물끊기, 비오염 실리콘, 내진 및 균열방지 보강 외부벽돌 등을 사용하였으며, 환경친화 디자인을 위해 서측면 커튼월 루버를 설치하고, 재활용이 가능한 합성

〈그림 270〉 하이메디컬센터

목재를 사용하였다.

부지 주변의 순환도로와 메인도로의 차량 소음과 가로의 삭막한 환경 속에서 잠시 쉴만한 공간을 계획하였다. 정면성을 강조한 깊숙한 캐노피와 약간의 계단 상승은 내부공간과 전이되는 정치로 생각했으며, 재료와 매스의 분절로 가로환경과 휴먼스케일을 배려하였다. 분절된 매스, 보이드, 알코브는 이처럼 도시가로와 자연과 인간의 소통을 위한 건축적 배려인 것이다.

(27) 세계광엑스포 주제관

- 설 계 자 : 조성호
- 수상내용 : 2009년 제13회 금상

〈그림 271〉 세계광엑스포 주제관

〈그림 272〉 세계광엑스포 주제관 야경

광주시 서구 치평동 상무시민공원 내에서 2009년 개최된 세계광엑스포 행사장의 중심건물로서 빛의 근원인 우주와 행성의 이미지를 유추하여 독창적인 모습으로 그 幻影을 표현하고 야간의 별과 빛, 엑스포의 다양한 행사를 관찰할 수 있는 오브제로 설계되었으며, 급속하게 발전하는 광산업의 구심점으로서 광주의 새로운 시작과 발판을 제안하는 '빛나는'이라는 뜻의 라틴어 'Lumious'와 그릇을 뜻하는 영어 'Bowl'의 합성어인 광엑스포 주제 영상관 'LIMIBOWL'은 예로부터 아름다운 풍광으로 빛고을이라 불려온 광주를 도시와 사람, 빛이 어우러진 빛의 도시를 상징한다.

배치는 기존 상무공원의 경관을 해치지 않고 도로로 단절되어 있는 공원을 연결시킬 수 있는 구심점으로서의 건물계획과 주변 간선도로와 자연환경, 고층건물 등에서 광주의 랜드마크적 요소로 자리매김

할 수 있도록 고려되었다.

공원 속에 영구히 남게 될 주제영상관은 사후활용에 대비하여 시민들의 즐거운 휴식과 어린이를 위한 놀이터로 계획되며 보행 데크와 수직 동선, 옥상정원 등으로 입체적인 공간을 경험할 수 있도록 배려했다. 또한 7개의 빛 타워는 3층과 옥상의 진입, 장애자 및 피난동선을 고려한 엘리베이터와 계단, 키오스크, 안내소 기능을 가지며 광섬유, LED 등을 통해 다양한 조명연출이 가능하다.

### (28) 문화여성병원

- 설 계 자 : 박홍근
- 수상내용 : 2009년 제13회 은상

이 건물은 북구 운암동 486-7번지에 위치하며, 대지면적 2,173㎡, 건축면적 816㎡, 연면적 4,702㎡, 지하1층, 지상 7층 규모, 외부마감은 인도사암과 알루미늄 수평루버로 마감하였다.

이 건물은 주변으로 주택지와 학교, 문화예술회관 등이 위치하고, 정면은 광주의 관문인 북문로(35m 광로)에 인접하여 인지성을 부각시키기 좋은 위치이나 소음도 우려가 되는 곳이다. 기능상으로는 여성의 임신부터 소아의 건강관리까지 모든 행위가 한 곳에서 가능하도록 one-stop service 체제로 구축하였다.

〈그림 273〉 문화여성병원

건물 형태는 여성을 위한 전문병원인 만큼 새로운 생명을 잉태하고 있는 산모의 모습을 형상화하였고, 광주 무등산 입석대의 장엄한 기상을 표현하였다. 그래서 매스를 분절하고 끼워 넣거나 비틀기를 하게 된 것이다. 또한 주거지에 위치한 이점을 활용하여 건축물과 도시 사이의 경계를 허물고 지역주민에게 열려 있으면서 병원이라기보다는 휴식처나 문화공간으로서 자리하는 여러 가지 공간을 제공하기 위해 다양한 건축적 장치를 사용하였다. 내부에 산입된 정원과 건물 여러 곳에 자리한 창으로 인해 외부로의 시각을 열어두려고 하였다.

### (29) 북구청소년수련관 별관

- 설 계 자 : 이순미
- 수상내용 : 2009년 제13회 동상

〈그림 274〉 북구청소년수련관 별관

이 건물은 광주시 북구 문흥동 문화공원 내에 있는 지연녹지지역에 북구청소년수련관을 증축하여 문화의 집으로 사용하기 위한 건물로 건축면적 543㎡, 연면적 732㎡, 지상 2층 규모이다. 1층에는 자원봉사센터 사무실과 교육실이 2층에는 문화의집이 들어서 문화관람실과 문화창작실, 문화사랑방, 북카페, 인터넷부스 등을 운영하고 있다.

건물의 특징은 건물옥상을 개방형 옥상정원으로 하여 공원에 순응하도록 하였으며, 건물 주위에서 접근이 용이하다. 주민들에게 쉼터이자 좋은 야외 공연장으로 활용될 수 있다는 점이다. 주민이 생활권 내에서 문화 · 예술을 이해하고 체험할 수 있는 복합 문화공간의 역할을 수행하고 자발적인 나눔과 참여의 자원봉사활동을 펼침으로써 지역공동체 실현에 기여할 것으로 기대된다.

### (30) 과학기술교류협력센터

- 설 계 자 : 이주경
- 수상내용 : 2009년 제13회 동상

광주시 북구 대촌동 958-3번지에 있는 일반공업지역에 위치한 이 건물은 문화 및 집회시설, 숙박시설, 공동주택(아파트)로 사용되며, 대지면적 33,058㎡, 건축면적 2,7075㎡, 연면적 10,191㎡, 지하1층, 지상12층 규모이다.

배치는 광주테크노파크 단지 내의 중심센터로서 본부동과 함께 중심공간으로 형성하고, 기존 오브제인 각 건축물 영역을 시각적, 물리적으로 긴밀한 관계를 맺도록 배치하였다. 또한 본부동과 공유할 수 있는 동선체계와 외부공간을 조성하여, 단지 중심에 중심가로를 형성하여 보행동선을 확장하였다.

평면은 로비를 중심으로 한 각 시설의 자연스런 진입계획을 수립하였고, 1층에 근린생활시설을 배치하여 외부에서 바로 이용하도록 계획하였다. 회의영역을 3층에 집중 배치하여 회의실의 독립, 분리에 용이하도록 계획하였고, 고층부에 공동주택영역을 배치하여 거주 쾌적성과 독립성을 확보하였다.

〈그림 275〉 과학기술교류협력센터

조형은 테크노파크, 첨단R&D특구의 게이트로서 빛 위로 부유하는 MASS를 형성하고, 랜드마크적이면서 기능에 충실한 매스 분할을 하였으며, 유리재질을 통한 빛의 확산으로 하이테크 경관 이미지를 창출하였다.

(31) 빛고을노인건강타운

- 설 계 자 : 양병범
- 준공연도 : 2009년

빛고을노인건강타운은 광주시 남구 노대동 592번지 일원 자연녹지지역에 부지면적 117,300㎡, 연면적 15,838㎡, 지하1층, 지상2층 규모로 복지회관, 문화센터, 종합체육관 등이 들어서 있다.

〈그림 276〉 빛고을노인건강타운

광주시의 대표적 노인을 위한 사회복지시설로 새로운 노인문화를 지향하는 시설을 운영하고 있다. 60세 이상 광주시민이면 자유롭게 이용할 수 있으며 저렴한 비용으로 수준 높은 여가문화를 즐길 수 있는 노인 복지의 현대화된 시설을 운영 중이다. 광주광역시에서는 급속한 고령화 사회에서 고령사회로 진입하는 노인복지 환경을 한 발 앞서 대응하고 노인인구의 다양한 욕구를 해소해 주기위한 노인복지를 위한 대책의 일환이다.

배치는 자연의 흐름에 순응하면서도 한국의 전통적인 마을 구조에서 마을과 길과 기능배치의 개념을 차용하였으며, 평면은 프로그램 교류와 공간 구성을 강화하는 3차원 공간을 퍼블릭, 공연 및 전시, 교육, 체육활동 등 기능별로 구분하여 내외부 재료마감을 달리하였다. 외부공간의 흐름을 수용하여 휴양문화를 경험할 수 있는 유동적 체험이 가능하도록 한 것이다.

외관의 이미지에서도 전통적인 처마형 지붕을 기하학적으로 변형하여 도입하였고, 문화센터는 마당이 가지는 형태 및 기능을 적극 수용하였으며, 진입축을 테크와 자연축으로 이어질 수 있도록 하여 동선을 자연스럽게 유도하였다.

(32) 광주영상복합문화관

- 설 계 자 : 한대진
- 수상내용 : 2010년 제14회 금상

〈그림 277〉 광주영상복합문화관

광주시 동구 서석동 47-1번지 아시아문화전당에 인접한 부지에 연면적 6,289㎡, 지하2층, 지상6층 규모로, 청소년 등 일반 시민들에게 문화콘텐츠에 대한 체험과 학습 기회를 자공하고 문화상품의 전시·홍보 및 마케팅지원 등을 통해 지역 문화산업의 활성화를 도모하자는 취지로 건립되었다.

이 건물은 광주의 역사와 문화를 투영시켜 담아내고, 투명한 외피구조를 구성하여 내외부 경계를 없애 활동성을 극대화 하는 등 외피에 대한 해석이 우수하고 순환동선과 내부공간계획이 다이나믹하게 전개 되도록 한 점이 특징이며, 6층에는 3D입체디지털 상영관인 G시네마, 5층에는 콘텐츠 홍보물을 홍보할 수 있는 상설홍보홀, 1층에는 기획전시 및 공연이 가능한 전시홀이 설치되어 있다.

광주시는 광주의 문화산업의 경쟁력을 높이기 위해서 이미 2010년 12월에 3개 권역(CGI센터권역, 문화전당권역, KDB생명빌딩) 모두 38만1458㎡를 투자진흥지구로 지정한바 있다, 이에 따라 이 건물은 전국 최초의 복합문화시설로서 의의가 크며, 광주시로서는 기존 컨텐츠산업지원센터, 콘텐츠산업보육센터와 함께 2011년 준공 예정으로 남구 송하동에 건설하고 있는 CGI제작센터, 그리고 2014년 준공 예정인 국립아시아문화전당이 완성되면 지역 문화컨텐츠산업 발전을 견인할 주요 시설이 될 수 있을 것이다.

(33) 빛고을 시민문화관

- 설 계 자 : 한남수
- 수상내용 : 2010년 제14회 은상

이 건물은 광주시 남구 구동 12번지에 위치하며, 부지 5,448㎡, 연면적 15,574㎡, 지하2층, 지상5층 규모로, 시설 노후화로 철거된 남구 구동체육관 부지에 문화수도 광주의 핵심 기반시설이 될 복합문화집회시설로 완공됐다.

〈그림 278〉 빛고을 시민문화관

건축적 특징은 다양한 프로그램의 수용과 외부공간을 최대한 확보하기 위해 단일 매스로 계획하였으며, 부정형의 대지에 적극 대응한 다이아몬드 형태로 도심을 향한 정면성을 강조하였으며, 접근이 용이한 입체적 공간 구성으로 지역에 열린 공간으로 계획하였다. 지상 1층에는 전시실, 홍보관, 공연장, 분장실 등이 들어서며, 2층은 연습실로 활용된다. 공연장은 1층 객석 540석과 2층 객석 175석 등 총 715석으로 콘서트, 국악, 소규모 뮤지컬, 무용 등 다양한 장르의 공연예술을 소화할 수 있다.

3층은 사무실과 휴게실로 꾸며지고 4층은 시민들을 대상으로 문화강좌 등 문화·예술 강의를 할 수 있는 문화교실(3개), 세미나와 워크숍 등이 가능한 다목적 회의실 등으로 구성하였다. 또 문화관과 인접한 옛 전남도 체육회관 건물(6,323㎡)은 리모델링을 통해 근린생활시설, 노인복지시설, 소극장(50석), 국악연습실, 판소리 체험장 등으로 탈바꿈하였다. 빛고을시민문화관 앞쪽의 아시아다문화커뮤니티공원, 그리고 광주공원과 함께 시민들이 도심 공원 속에서 다양하고 새로운 문화예술을 즐길 수 있을 것으로 기대된다.

(34) Turtle House

- 설 계 자 : 최경양
- 수상내용 : 2010년 제14회 동상

이 건물은 남구 노대동에 위치하며 대지면적 253㎡, 건축면적 100㎡, 연면적 247㎡, 지하1층, 지상3층, 철골 철근콘크리트 구조이다.

건물 형태는 복잡한 도시 생활 가운데에서 거북이와 같은 인내와 온순, 그리고 장수하는 삶을 닮고자 거북이를 설계 컨셉으로 하였으며, 주택의 새로운 이미지의 디자인을 창조하기 위해 평면과 입면의 변화를 통하여 기존의 주택 이미지를 탈피하였으며, 주변 주거지역과의 조화를 위하여 지형과 층고를 적절히 활용하여 실제로 4개층이지만 2개층으로 느껴지도록 계획하였다.

〈그림 279〉 Turtle House

〈그림 280〉 Turtle House 내부

이 건물의 최대 특징은 이러한 형태상의 특징뿐만 아니라 도심 속의 작은 문화공간을 지향하고 있으며, 친환경 주거를 지향하고 있다는 점에 있다. 문화의 도시 광주라는 지역적 특성을 반영하여 주거로서의 기능뿐만 아니라 지역 공동체 내에서 공유할 수 있는 나눔의 장으로 활용할 수 있도록 지하와 지상층에 소규모 연주 및 전시공간으로 조성하였으며, 또한 거주자와 방문자의 동선을 효율적으로 구분하여 주거로서의 원래의 기능을 지키도록 하였다.

그리고 친환경 에너지의 활용을 위해 지붕에 태양열 집열판을 설치하여 자연에너지를 활용하고자 하였으며, 개구부를 통풍에 유리하도록 설치하였고, 3중구조 단열은 열손실을 최소화하도록 하였다. 이 외에도 우수 활용에도 적극적으로 빗물을 가두어 여름철 실내 온도를 낮출 수 있게 하면서 정원에 활용하였다. 전체적인 프로그램 설정이나 친환경 설계 등 도시 주거의 선례가 될 수 있을 정도의 수준 높은 주택 작품이다.

(35) 양동문화센터

- 설 계 자 : 이순미
- 준공연도 : 2010년

양동시장은 광주도심에 위치하며 올해로 꼭 100년이 되는 역사를 가진 재래시장이다.

제8회 광주비엔날레 행사(2010.9.3~11.7)는 중외공원의 비엔날레 전시관과 연계한 특별 프로젝트로 양동시장에서 함께 개최된다. 일상생활의 삶과 함께 하는 문화 행사로서 직접 시장 속 주민과 함께 하다는 주제와 중소기업청 시장경영진흥원에서 지원하는 사업으로 재래시장을 활성화 하는데 그 목적이 있다 할 수 있다.

이 건물은 광주광역시 서구 양동 5-101번지 양동시장 내에 위치하며, 금회 증축한 연면적은 520.67㎡, 기존 시장건물 2층에 2개층을 증축하였다. 입면계획은 방화지구로 내화판넬 위 골강판으로 마감하였으며 재료선택 또한 경제성, 구조적 하중 고려의 이유가 컸다. 구조는 철골조 및 철근콘크리트조이다.

기존 재래시장의 옥상에 다문화센터에서 운영하는 다문화 행복 장터와 시장 속 박물관이라는 전시관, 카페테리아 등 휴게공간이 연면적 약100평 규모의 건축물이 필요했다. 이를 위해서는 먼저 기존건물에 대한 건축법 및 구조검토가 선행되었고, 이후 증축에 따른 현행 법규를 체크하였다. 적은 공사비와 공사기간(약20일)은 이 프로젝트를 수행하는 데에 있어 가장 많은 어려움이 있었다. 건축을 한다는 것은 경제적, 시간적, 공간적, 사회적, 문화적 등을 모두 고려해야 하는 것으로 특히 건축사는 이러한 모든 분야를 배려하고 컨트롤하는 코디네이터 역할을 해야 하는 것이다. 이러함에 양동문화센터는 짧은 공기와 저예산으로 목적하는 바를 이룬 프로젝트라 할 수 있다.

배치계획은 기존 옥상위의 남은 여백에 다양한 문화 활동으로 이용자가 직접 재워 나갈 수 있도록 최대한의 열린 마당 공간을 두었고, 건물 배치는 이러한 열린마당에서 일어나는 행위를 가볍게 에워싸는 형태의 모양으로 배치하였다.

〈그림 281〉 양동문화센터

기존건물의 열악한 구조 때문에 증축부분은 구조적 보강이 필요하였으며, 기존 옥상바닥면보다 2층 바닥이 +850이 올라가야만 했다. 이러한 구조적 현실은 외부데크를 설치하여 자연스런 건물내부와 연계동선을 유도하였으며 계단은 관람석 역할까지 부여하였다. 건축물높이 또한 경제성, 휴먼스케일을 고려하여 적정 높이로 계획했다.

근래에는 재래시장 속의 문화공간이 많이 생겨나고 있다. 하지만 100년된 재래시장, 특히 도심 속의 재래시장 옥상에서의 문화공간은 흔치 않은 프로젝트로 생각된다.

(36) 광주유아교육진흥원

- 설 계 자 : 이주경
- 준공연도 : 2010년

〈그림 282〉 광주유아교육진흥원

광주유아교육진흥원은 광주시 광산구 장덕동 1307번지 수완지구 내 일반주거지역에 위치하는 교육연구시설로, 대지면적 7,836㎡, 건축면적 1,484㎡, 연면적 4,720㎡, 지하1층, 지상4층 규모이다.

이 건물은 광주에 유아교육의 허브 역할을 담당하기 위해 건립되었으며, 건강생활 · 사회발달 · 표현생활 · 탐구생활 · 언어생활 등 유아들의 발달수준에 맞춘 다양한 실내외 체험시설을 갖췄다. 특히 1, 2층의 유아체험실은 아이들의 흥미를 고려해 '별나라 왕자의 우주여행' 공룡의 숲, 입체영화관, 종합병원 등 유아들이 직접 체험할 수 있는 공간으로 꾸며졌다.

야외에는 경사지형인 지반을 최대한 활용하여 인접대지와 주거지역과의 관계를 설정하고, 공원과 접한 입지 특성을 활용하여 내부와 외부의 사잇공간을 유기적으로 결합시켜 전체를 아우를 수 있도록 계획하여, 사계절 썰매장, 교통공원, 바람개비 언덕, 자연농장 등 유아들이 부모와 함께 즐길 수 있는 자연체험 시설을 조성하였다.

평면은 외부환경을 자연스럽게 내부로 유입함과 동시에 매스를 분절시켜 각 기능별 독립성을 부여하고, 수직동선을 간결하게 계획한 중심부분 코어를 계획하였다. 명쾌한 동선체계를 통한 다양한 학습공간과 연계하고, 자연 탐구영역과 행정지원영역 및 연구시설영역의 각각을 그룹핑하여 독립적인 동선체계를 확보하였다.

입면은 주 진입도로에 대응하여 정면성을 확보하고, 사용자 특성에 맞춘 공간의 볼륨을 형성하여 다양한 입면을 구성하였다. 또한 영역별로 구분되는 매스계획을 통해 매스의 다양성을 확보하였다.

(37) 전남대학교 첨단강의동

- 설 계 자 : 박동준
- 준공연도 : 2010년

이 건물은 광주시 북구 용봉동 300번지 전남대학교 교내에 위치하며, 건축면적 1,354㎡, 연면적 8,200㎡, 지하1층, 지상7층 규모이다. 외부마감은 점토벽돌치장쌓기, T3 알루미늄시트, 방부목재널 등이 사용되었다.

〈그림 283〉 전남대학교 첨단강의동

이 건물은 디지털 문화의 단위에 해당하는 바이트(byte), 픽셀(pixel)이라는 개념을 계획에 반영하고자 하였다. 디지털 파일들의 용량을 가리키는 단위인 바이트나 이미지의 해상도를 가늠해볼 수 있는 작은 조각 픽셀은 "첨단"이라는 강의동의 최초성격과 부합되는 것이었다.

계획요소로는 점토벽돌과 알루미늄시트, 방부목재널을 이용하여 입면을 구성하였으며 디지털 문화의 기본단위인 바이트, 픽셀의 개념을 입면 패턴에 적용하였다. 잘게 나뉜 입면요소를 통해 반복 및 리듬감을 주고자 패턴을 구성하였다. 학교의 경계지역에 위치한 첨단강의동은 주변 컨텍스트에 맞추어 단정한 박스 형태로 계획되었다. 실내외에 선큰마당, 옥외테라스 등 다양한 외부휴게공간을 둠으로써 세상과 소통하는 커뮤니케이션 센터로서의 성격을 보여주고자 했다. 이는 쾌적한 학습환경을 조성하는 한 요소이다.

(38) 어비슨기념관

- 설 계 자 : 류연창
- 준공연도 : 2010년

〈그림 284〉 어비슨기념관

광주시 남구 양림동 93-24번지에 위치하고 있으며, 대지면적 875㎡, 건축면적 423㎡, 연면적 704㎡, 지상2층 규모이다. 외부마감은 적벽돌 치장쌓기 및 칼라알미늄 루버이다.

이 건물은 일제강점기에 광주YMCA를 기반으로 호남지역 농촌계몽과 농업혁명을 주도했던 '고든 어비슨(Goden W. Avison)' 선교사를 기념하기 위한 것이며, 광주양림교회에서 운영하고 있다. 어비슨 선교사는 현재 수피아여중 건너편에 어비슨 농업학교를 세우고 농촌에서 인재를 선발해 농사와 성경교육을 비롯한 실습교육을 함으로써 유능한 농촌 지도자를 배출했으며, 이 농업학교는 현재의 호남신학대학교가 되어 지역 복음화의 상징적 의미를 부여하고 있다.

설계 당시 지명현상설계로 당선된 작품으로서, 교회의 친교 · 교육관이라는 기능에 알맞도록 자유스럽고 화합적인 분위기의 공간을 만드는데 중점을 두었다. 2층의 커피숍은 양림교회가 잘 보이도록 유리를 사용하였고, 1층은 종교교육이 이루어지는 곳으로 벽돌을 사용하여 상반된 분위기를 입면에 보여 지도록 하였다. 또한 옥외 휴게공간을 두어 교육관을 이용하는 사람뿐만 아니라 주변 사람들이 쉽게 이용할 수 있도록 하였다. 규모는 크지 않는 기념관이지만 설계자 류연창의 이제까지의 경험과 설계 이념이 빛을 발하는 건물로 오래 기억될 것이다.

## 맺음말

본서는 지난 100여 년간 광주지방의 건축문화에 관하여 조사, 정리한 것이다.

이제까지 한국건축사의 연구범위가 되는 시기는 흔히 선사시대부터 1910년대 즉 한일합방 이전까지를 그 下限線으로 하여왔다. 이는 우리의 전통건축이 한국적 맥락을 유지하여 온 시기가 한일합방까지이고 그 이후에는 우리의 민족문화가 말살되고 외래의 문화에 의해 변질되어 우리다운 의미를 상실한 시기로 이해되기 때문일 것이다. 그러나 근자에 근대문화유산, 특히 일제강점기나 해방이후 근대화과정에서 이루어진 문화유산에 대한 평가와 가치인식이 새롭게 제기되고 있는 실정이다. 즉 건축이란 그 시대의 총체적인 사회현상을 나타내는 결과물이라고 볼 때 일제강점기의 건축이나 해방이후의 건축물 또한 결코 무가치한 것은 아니다.

그 동안 先學들에 의하여 일제강점기와 해방 이후의 건축에 대한 연구는 "開化期 建築", "韓國의 近代建築" 등이라는 논제로 이루어져 왔으나 이는 한국전체에 대한 총체적인 것에 국한되었고 지역건축, 특히 광주지방의 건축조영활동에 대한 연구가 전무한 실정이다. 광주를 중심으로 한 전남지방에도 일제강점기 이후부터 현재까지 이루어진 건축조영활동이 면면히 이어졌기 때문에 이들을 체계적으로 정리한 연구가 당연히 필요하며 무엇보다도 시급한 일이라 하겠다. 특히 원로 건축가들이 그들의 건축활동을 정리하지 못한 채 타계하고 있어 이들이 생존하고 있을 때 하루라도 빨리 증언을 통한 자료의 채득과 고찰이 이루어져야 할 것이다.

일제시대 건축교육을 받고 그 당시에 활동하였던 김순하씨 등은 전남지방을 대표하는 건축가였다. 이들에 대한 건축적업적과 행적을 발굴하여야 할 것이며 이들이 이루어놓은 작품들을 정밀하게 실측조사 하여 사료화하고 이를 기초로 하여 건축사적 고찰이 병행되어야 할 것이다.

건축의 역사는 사회의 변천과 함께 새로운 건축양식과 공법이 개발되면서 변화하는 것이다. 따라서 그 결과를 어떻게 평가하든 간에 해방이후의 변혁기 건축의 밑거름 없이는 현대건축문화는 성립되지 않는다. 그러나 안타깝게도 산업화되어가는 과정에서 수많은 도시건축들이 철거되었고, 사라져 버린 것을 이제야 아쉬워하는 우를 범하고 있다. 이들 중에서 귀중한 사료적 가치를 지닌 작품들도 많았으나 이들을 지키는데 건축인들까지도 방관하고 소홀하였음을 인정할 수밖에 없다.

우리의 것은 불편하다는 왜곡된 편견은 우리의 전통건축을 아주 빨리 없애 버렸다. 그러나 우리의 건축에 대체된 서양식건축은 또 산업화란 큰 물결로 더 쉽게 없어져 버렸다. 아마도 오래된 것만이 역사적 가치를 지니고 우리의 질곡이 담긴 근, 현대적인 유구는 오히려 빨리 지워버리고 싶은 슬픈 역사이기 때문이지도 모른다. 그러나 이젠 우리도 당당히 슬픈 역사를 우리 것으로 받아들이고 문화적 편협보다는 여유로움을 가져야 한다.

건축적 현상을 시기적으로나 지역적으로 명쾌하게 구분지어 서술한다는 것은 대단히 어려운 일이다. 건축이란 그 지방의 풍토에 따라 장구한 세월동안 이루어진 축적의 결과이기 때문에 짧은 기간 동안에 좁은 지역에서 건립된 건축물들에서 특수한 성격을 도출해내기란 어려운 일이다. 다만 건축사 연구에 있어 흔히 政治體制의 변화와 行政單位를 중심으로 특정시기에 특정지역에서 발생된 건축적 현상을 通時的이고 共時的인 관점에서 고찰할 수는 있다. 본서에서는 이러한 관점을 논거로 하여 소지역의 건축적 조영활동을 고찰하였다. 즉 개화기 이후에 조영된 광주지방의 건축물에 관하여 다소 인위적인 범위를 설정해 놓고 광주지역의 건축문화가 갖는 제반 현상을 살펴보고자 한 것이다.

서구의 열강들이 우리나라를 넘나들고 섬나라 일본이 대륙에 대한 열망을 지니면서 그동안 닫혀있던 조선제국은 반강제적으로 문호를 개방할 수밖에 없었고 앞선 그들의 건축기술이나 문화가 우리에게 소개되었다. 특히 일제강점기에는 우리의 전통건축이 왜곡되고 일본건축기술자에 의한 일본건축이 우리의 영토에 수 없이 나타나 맹목적으로 따를 수밖에 없었다.

일제강점과 해방, 동족간의 전쟁과 국토의 분단이라는 특수한 상황은 우리의 건축을 정상적으로 발전할 수 없게 하였다. 그러나 1960년대 이후에 급속한 경제개발과 이에 따른 건설산업의 놀라운 발전으로 새로운 발전의 전기를 마련하였음을 부정할 수 없다. 다만 이러한 해방이후 한국건축계의 양적인 발전과 그 성과에 대하여 질적으로는 어떠한 성과가 있었느냐에 대해서는 다양한 의견이 있을 수 있다. 이러한 한국전체에 대한 시대적 상황을 광주라는 좁은 지역으로 국한하여 살펴보는 것이 본서가 지니는 한계임을 아쉽게 생각한다.

한국의 현대건축에 있어서 가장 큰 전환점이 된 사건은 1945년의 解放과 1950년의 韓國戰爭이다. 그 이후로 근대화, 산업화라는 과정을 거치면서 많은 변화와 과도기를 경험하면서 급속도로 변모하였고, 現代에 이르기까지 여러 건축가들의 다양한 건축 실험과 시행착오가 수반되었다. 또한, 도시의 기본 골격이 바뀌어 감에 따라 건축물의 성격을 규정하는 많은 環境要素와 圈域의 변화를 가져오게 되었고, 도시적 맥락이 건축적 형태와 공간 특성에 많은 영향을 주었다. 이러한 흐름 속에서 한국현대건축형식의 모태가 되었던 많은 건축물과 거기에 반영된 건축어휘들이 자취를 잃기도 하고, 또는 새로운 모습으로 변형되어 그 자리를 대신하게 되었다. 급격한 정치적 격변을 거치면서 해방이후에 있었던 많은 건축들을 직접 볼 수 없게 된 경우가 많아진 것이다.

이와 같은 추이는 대도시일수록 그 정도가 크고, 새로운 건축의 도입이나 대규모의 도시 재개발이 빈번히 행해지는 근래에 들어서 더욱 뚜렷하게 느낄 수 있다. 광주 역시 이러한 양상을 더욱 쉽게 찾아볼 수 있다. 일제에 의한 광주읍성의 철거, 사라져 버린 태봉산과 경양방죽의 매립, 광주천 정비와 직강화, 성문흔적조차 없는 1500년 옛 도시, 광주인들의 애환이 서린 남광주역사의 철거, 대단위 주거단지가 되어버린 상무대 부지, 광주학생운동의 현장인 광주일고 공간의 변모를 비롯하여 이루 헤아릴 수 없다. 옛 것을 무조건 보존하는 것은 억지이다. 그러나 개발과 보존은 양립할 수 없는 반대개념이 아니라 얼마든지 보존을 전재로 한 개발이 있을 수 있다. 무조건 보존이 가져오는 방치나 파괴보다는 보존적 개발이 가능하다는 것을 알아야 한다.

현재 세계의 도시 중 문화를 화두로 내건 도시가 참 많다. 우리도 마찬가지지만 문화를 심볼로 내걸고 거대한 아트센터를 건립하는 도시가 늘어가고 있다. 그동안 우리나라에서도 지자체가 만들어 낸 아트센터의 수만도 전국적으로 120개가 넘었다.

홍콩과 싱가포르는 이미 아트센터를 건립하였고 중국도 지방정부가 중심이 되어 아트센터 건립 붐이 불고 있다. 지난해 말 저장성 항저우에 대형 오페라극장 등을 갖춘 복합문화공간이 문을 열었고, 상하이에 오리엔탈 아트센터(東方藝術中心)가 개관했으며, 베이징에는 국립대극원이 문을 열었다. 이들은 규모는 물론이고 외관의 조형미 등에서 빼어난 위용을 자랑하고 있다.

서울시에서도 강남북을 연결하는 접점에 세계에 자랑할 만한 오페라극장을 건설하겠다는 계획을 내 놓았다. 호주 시드니 오페라하우스가 모델이다. 아트센터를 서울의 랜드마크로 활용하겠다고 한다. 이제 아시아 문화중심도시 광주의 도심에도 아시아 문화전당이라는 대규모의 문화컴플렉스가 들어선다.

중국은 파리 드골공항을 설계한 프랑스 출신 세계적인 건축가 폴 앙드류에게 의뢰했었는데 세계적인 건축가의 건축물이란 사실 하나만으로 국제적인 화제가 되었다. 지난해 말 우리에게 문화적인 충격을 주었던 삼성미술관 리움도 그랬었다.

이제 광주는 아시아문화중심도시로서 거듭나기 위한 몸부림을 하고 있다. 국립아시아문화전당이라는 자그마치 7,200억원이 넘는 대역사를 우리는 2010년까지 현명하게 마쳐야 한다. 퐁피두센터와 빌바오 구겐하임미술관에서 교훈을 얻자고 주장하는 목소리가 크다. 너무 문화적이거나 문예적이지 말고 경제적 효과를 창출하는 실질적 프로그램이어야 한다는 주장도 많다. 전문가들만을 위한 공간이 되지 말고 모두를 위한 장이 되어야 한다고 주장한다.

그러나 걱정이 앞선다. 과연 광주에 문화중심다움이 있는가? 광주성을 어디에서 찾을 것인가? 문화를 향유할 수 있는 시민의식이나 다양한 목소리를 하나로 묶어 갈 큰 어른이 계시는가? 그래서 전문가들이 영입되고 그들에 의한 아이디어가 호화롭다. 광주사람들이 배제되고 있다고 불평도 많고, 주인이 없는 그들만의 잔치라고 하나 오히려 남이 열심히만 하면 훨씬 더 잘 할 수 있다. 우리가 보지 못한 것들을 그들이 잘 보아 쓴 소리를 해줄 수 있기 때문이다.

미래의 광주는 문화와 환경이 잘 어우러지는 도시이어야 한다. 전통문화가 가득하면 더욱 좋겠지만 없다면 앞으로 하나씩 만들어 가면 된다. 예향, 의향, 미향으로서 이미 누구나 아는 곳이다. 맑은 물이 흐르고 새소리가 나는 도시, 거리에 악사와 화가가 그들의 작품을 행복하게 만들어 가는 도시, 문화를 실천하는 사람이 대접받는 도시, 건축작품이 진열되는 도시, 역사의 상처가 문화브랜드가 되는 도시, 문화를 매체로 경쟁력이 있는 도시가 되어야 한다.

# 참고문헌


1. 윤일주, 韓國近代建築史硏究, 1988, 기문당.
2. 김수근 외 8인 編輯, 윤일주 · 강명구 執筆, 韓國現代美術史 (建築), 1978, 국립현대미술관.
3. 광주직할시, 光州都市計劃史硏究, 1992.
4. 금성종합설계공사, 建築家 金漢涉, 1984, 토탈디자인.
5. 광주시, 光州市史, 1985.
6. 전라남도, 全羅南道誌, 1983.
7. 전라남도, 文化遺蹟總覽, 1987.
8. 천득염, 광주지방의 일제강점기 건축, 안당 임영배교수 회갑기념논총, 1992.
9. 천득염, 신태양, 한승훈, 개항이후 해방까지 광주지역의 건축, 대한건축학회지, 통권 90호.
10. 천득염, 탁형수, 김진안, 광주광역시 근대건축물의 건축적 특성에 관한 조사연구, 대한건축학회지, 통권 181호.
11. 한국건축가협회, 한국의 현대건축, 1994.
12. 한국건축가협회, 한국건축가협회사, 1994.
13. 대한건축학회, 대한건축학회40년사, 1985.
14. 김정호, 광주동연혁지, 1991, 한국향토문화진흥원.
15. 광주광역시 동구청, 전남대학교 박물관, 광주읍성유허 지표조사보고서, 2002.
16. 최상현, 천득염, 광주교육시설 100년, 2002.
17. 박선홍, 광주 1백년, 1994.
18. 광주기독교여자청년회, 광주 YWCA 70년사, 1992.
19. 광주광역시, 광주 근대문화유산 목록화 및 조사보고서, 2003.
20. 광주직할시, 사진으로 본 광주 100년, 1989.
21. 광주제일교회, 광주제일교회 90년사, 1994.
22. 월간 이상건축, 2001년 11월호.
23. 최윤상, 광주60년사〈13회〉, 새전남, 전남공론사, 1972
24. 송인성, 김광우, 「광주도시계획사연구」, 광주직할시, 1992.
25. 천득염, 광주양림동의 근대도시공간적 의미, 호남문화연구 제44호, 2009.
26. 송인동, 광주이야기, 광주문화예술진흥위원회, 2006.

# 그림목차


| | | |
|---|---|---|
| 1편 간지 | (광주시립민속박물관 제공) | p.20 |
| 1924년 광주읍지 지도 | (001.寫眞으로본 광주100年-p.10) | p.22 |
| 광주의 상징인 무등산을 그린 무등산도 | (002.全南의 옛地圖-p.186) | p.25 |
| 대동여지도 광주목 | (003.全南의 옛地圖-p.167) | p.28 |
| 남구지역(1956년) | (004.광주근대문화유산목록화및조사보고서-p.373) | p.29 |
| 광산구지역(1956년) | (005.寫眞으로본 광주100年-p.78) | p.29 |
| 동구지역(1965년) | (006.寫眞으로본 광주100年-p.31) | p.30 |
| 서구지역(1965년) | (007.寫眞으로본 광주100年-p.55) | p.30 |
| 광주시전경(1968년) | (008.寫眞으로본 광주100年-p.14) | p.30 |
| 북구지역(1971년) | (009.寫眞으로본 광주100年-p.71) | p.30 |
| 금남로(1968년) | (010.寫眞으로본 광주100年-p.24) | p.30 |
| 광주천(1970년대) | (011.寫眞으로본 광주100年-p.85) | p.30 |
| 중앙대교 가설전 징검다리 | (012.寫眞으로본 광주100年-p.93) | p.30 |
| 경양방죽에서 스케이트(1940년대) | (013.寫眞으로본 광주100年) | p.31 |
| 현)광주광역시 행정지도 | (014.광주광역시 홈페이지) | p.32 |
| 「전라남북도 여지도」 중 광주지도 일부 | (015.전라남북도 여지도) | p.33 |
| 전라도지도 중 광주목지도(1872년) | (016.全南의 옛地圖-p.50) | p.35 |
| 무덕전(武德殿) | (017.寫眞으로본 광주100年-p.115) | p.37 |
| 금남로 확장공사 | (018.寫眞으로본 광주100年-p.27) | p.38 |
| 광주목지도의 광주읍성 부분 | (019.광주읍성유허지표조사보고서-p.108) | p.39 |
| 도청 뒤편 광주읍성 석축 흔적 | (020.광주읍성유허지표조사보고서-p.97) | p.40 |
| 신안동에 있었던 태봉산 | (021.寫眞으로본 광주100年-p.112) | p.41 |
| 광주목지도 중 3단과 향교의 위치 | (022.全南의 옛地圖-p.50) | p.41 |
| 광주향교 대성전 | (023.寫眞으로본 광주100年-p.220) | p.41 |
| 유동 일대의 유림수(1917년) | (024.寫眞으로본 광주100年-p.114) | p.42 |
| 메워지기 전의 경양방죽 | (025.寫眞으로본 광주100年-p.113) | p.43 |
| 구한말 광주천변의 시장 | (026.차종순 교수 사진) | p.43 |
| 광주경찰서(1947년) | (027.寫眞으로본 광주100年-p.121) | p.45 |

| | | |
|---|---|---|
| 광주읍성과 4방(坊) | (028.광주읍성유허지표조사보고서-p.71) | p.46 |
| 광주시가도(1917년) | (029.寫眞으로본 광주100年-p.10) | p.47 |
| 광주군도(1930년) | (030.寫眞으로본 광주100年-p.10) | p.47 |
| 철근콘크리트로 개량된 광주교(1935년) | (031.寫眞으로본 광주100年-p.94) | p.50 |
| 광주역사(1931년) | (032.寫眞으로본 광주100年-p.155) | p.51 |
| 물이 빠진 경양방죽 | (033.寫眞으로본 광주100年-p.155) | p.52 |
| 광주시가지계획평면도(1939년) | (034.寫眞으로본 광주100年-p.11) | p.53 |
| 2편 간지 | (寫眞으로본 광주100年-p.18) | p.54 |
| 광주시청사(해방이후) | (035.寫眞으로본 광주100年-p.114) | p.56 |
| 광주우체국(1920년대) | (036.寫眞으로본 광주100年-p.129) | p.58 |
| 광주제사공장 | (037.寫眞으로본 광주100年-p.103) | p.59 |
| 광주교 아래 모습(1951년) | (038.寫眞으로본 광주100年-p.95) | p.59 |
| 광주농공은행 | (039.寫眞으로본 광주100年-p.146) | p.60 |
| 제중병원(1911년 이후) | (040.필자사진) | p.60 |
| 광주신사 | (041.寫眞으로본 광주100年-p.114) | p.61 |
| 숭일학교의 초기교사 | (042.寫眞으로본 광주100年-p.135) | p.62 |
| 광주군청(1917년) | (043.寫眞으로본 광주100年-p.115) | p.63 |
| Owen 기념관 | (044.필자사신) | p.64 |
| 우일선 선교사 사택 | (045필자사진) | p.64 |
| Bell 기념관 | (046.필자사진) | p.65 |
| 이장우 가옥 안채 | (047.필자사진) | p.67 |
| 배유지 목사 초기 사택 | (048.광주양림교회 사진) | p.67 |
| 박선홍의 광주읍성 위치추정도 | (049.광주읍성유허지표조사보고서-p.102) | p.71 |
| 광주읍성 문 | (050.광주읍성유허지표조사보고서-p.99) | p.71 |
| 전라남도청(1910년경, 목조) | (051.寫眞으로본 광주100年-p.123) | p.74 |
| 충장로 2·3가(1930년대) | (052.寫眞으로본 광주100年-p.18) | p.74 |
| 전남도청 앞(1941년) | (053.寫眞으로본 광주100年-p.16) | p.75 |
| 五百餘戶 貧民 等에 更生地區의 理想村 | (054.동아일보 1936년 발췌) | p.80 |
| 전라남도청과 주변시설(1946년) | (055.寫眞으로본 광주100年-p.17) | p.82 |
| 학동 팔거리의 배치와 가로 구성 | (056.필자사진) | p.94 |
| 소광장과 커뮤니티 공간 요소 | (057.필자사진) | p.95 |
| 팔거리 중심 가로의 건축 입면 구성 | (058.필자사진) | p.96 |

| | | |
|---|---|---|
| 동광 정미소 | (059.필자사진) | p.97 |
| 신방규 가옥 | (060.필자사진) | p.98 |
| 강연순 가옥 | (061.필자사진) | p.98 |
| 임수아 가옥 | (062.필자사진) | p.99 |
| 김종호 가옥 | (063.필자사진) | p.100 |
| 주광태 가옥 | (064.필자사진) | p.100 |
| 고일웅 가옥 | (065.필자사진) | p.101 |
| 신경애 가옥 | (066.필자사진) | p.101 |
| 전라남도청 본관(2005년) | (067.필자사진) | p.103 |
| 전라남도청 민원실(2005년) | (068.필자사진) | p.104 |
| 전남지방경찰청 민원실(2005년) | (069.필자사진) | p.105 |
| 전남여고 (구)본관(2005년) | (070.필자사진) | p.106 |
| 중앙초등학교 본관(2005년) | (071.필자사진) | p.106 |
| 서석초등학교 서석당(체육관, 2005년) | (072.필자사진) | p.107 |
| 서석초등학교 본관(2005년) | (073.필자사진) | p.107 |
| 서석초등학교 본관 현관부 | (074.필자사진) | p.108 |
| 서석초등학교 본관 우측벽 원형채광창 | (075.필자사진) | p.108 |
| 서석초등학교 별관(2005년) | (076.필자사진) | p.109 |
| 수창초등학교 본관(2002년) | (077.필자사진) | p.109 |
| 광주교육대학 본관(2002년) | (078.필자사진) | p.110 |
| 수피아 홀(2002년) | (079.필자사진) | p.111 |
| 수피아여중 본관(2002년) | (080.필자사진) | p.111 |
| 지성고시원(2002년) | (081.필자사진) | p.112 |
| 수피아여고 소강당(2002년) | (082.필자사진) | p.113 |
| 원각사 대웅전(2002년) | (083.필자사진) | p.114 |
| 천주교북동성당(2002년) | (084.필자사진) | p.114 |
| 유진 벨 기념관(2002년) | (085.필자사진) | p.115 |
| 지영정밀(2002년) | (086.필자사진) | p.116 |
| 일신당(2002년) | (087.필자사진) | p.116 |
| 광주정밀(2002년) | (088.필자사진) | p.117 |
| 현대비철금속(2002년) | (089.필자사진) | p.117 |
| 미니스톱 송정역점(2002년) | (90.필자사진) | p.118 |

| | | |
|---|---|---|
| 광주극장(2002년) | (91.필자사진) | p.119 |
| 오웬기념관(2002년) | (92.필자사진) | p.120 |
| 종합유통(2002년) | (93.필자사진) | p.121 |
| 백동기가옥(2002년) | (94.필자사진) | p.122 |
| 김유성가옥(2002년) | (95.필자사진) | p.122 |
| 전영동가옥(2002년) | (96.필자사진) | p.122 |
| 정계숙가옥(2002년) | (97.필자사진) | p.123 |
| 김미나가옥(2002년) | (98.필자사진) | p.123 |
| 오용가옥(2002년) | (99.필자사진) | p.124 |
| 이국현가옥(2002년) | (100.필자사진) | p.124 |
| 이상근가옥(2002년) | (101.필자사진) | p.124 |
| 북동천주교회 사제관(2002년) | (102.필자사진) | p.125 |
| 김성수가옥(2002년) | (103.필자사진) | p.126 |
| 한금석가옥(2002년) | (104.필자사진) | p.126 |
| 최승남가옥(2002년) | (105.필자사진) | p.127 |
| 우일선선교사사택(2002년) | (106.필자사진) | p.127 |
| 최부자댁(2002년) | (107.필자사진) | p.128 |
| 광주기계(2002년) | (108.필자사진) | p.129 |
| 전라남도 도청회의실 신축설계도 | (109.필자사진) | p.137 |
| 3편 간지 | (광주시립민속박물관 제공) | p.138 |
| 사직공원에서 바라본 시가지(1949년) | (110.寫眞으로본 광주100年-p.46) | p.140 |
| 도청을 중심으로 한 시가지(1951년) | (111.寫眞으로본 광주100年-p.12) | p.141 |
| 서석로 일대(1965년) | (112.寫眞으로본 광주100年-p.42) | p.141 |
| 광주체신청(1956년 사진) | (113.광주시립민속박물관 제공) | p.142 |
| 전남방직 주식회사 전경 | (114.寫眞으로본 광주100年-p.104) | p.142 |
| 무등경기장 일대(1966년) | (115.寫眞으로본 광주100年-p.63) | p.143 |
| 광주역 광장(1971년) | (116.寫眞으로본 광주100年-p.64) | p.144 |
| 광주공원 일대(1975년) | (117.寫眞으로본 광주100年-p.51) | p.144 |
| 백운로타리에서 본 까치고개(1973년) | (118.寫眞으로본 광주100年-p.52) | p.144 |
| 백운로타리(1976년) | (119.寫眞으로본 광주100年-p.52) | p.144 |
| 5·18민주항쟁 당시 도청 앞 분수대 | (120.http://www.iam518.com) | p.145 |
| 하남공업단지(1989년) | (121.寫眞으로본 광주100年-p.107) | p.146 |

현)광주세무서(1950년대 사진) (122.광주시립민속박물관 제공) p.147
충장로 2가(1930년대) (123.寫眞으로본 광주100年-p.18) p.151
충장로 2가(1953년) (124.寫眞으로본 광주100年-p.19) p.152
전남대학교 의과대학 합동강의실 (125.건축가 김한섭-p.28) p.154
전남대학교 의과대학 합동강의실 내부 (126.건축가 김한섭-p.28) p.154
조선대학교 본관(2002년) (127.필자사진) p.156
대우전기(2002년) (128.필자사진) p.157
광주교육대학교 박물관(2002년) (129.필자사진) p.158
김현수가옥(2002년) (130.필자사진) p.158
전남대 인문대 1호관-(구)문리대 강당 (131.필자사진) p.160
전남대 의대 간호원 기숙사 (132.필자사진) p.160
용아빌딩 SKETCH (133.필자사진) p.161
Y · W · C · A 회관 (134.필자사진) p.161
광주 동부소방서(2002년) (135.필자사진) p.168
전남지방경찰청 장비계사무실(2002년) (136.필자사진) p.168
조선대학교 대학원(2002년) (137.필자사진) p.169
전남대학교 (구)의대본부(2002년) (138.필자사진) p.170
조선대학 부속고등학교 본관(2002년) (139.필자사진) p.170
지산초등학교 별관(2002년) (140.필자사진) p.171
춘태고시원(2002년) (141.필자사진) p.171
전남대학교 출판부(구 법대, 2002년) (142.필자사진) p.172
전남대학교 학군단(구 공대, 2002년) (143.필자사진) p.172
전남대학교 인문대 1호관(2005년) (144.필자사진) p.173
전남대학교 평생교육원(2002년) (145.필자사진) p.174
광주교육대학교 교육연수원(2002년) (146.필자사진) p.174
광주교육대학교 원형화장실(2002년) (147.필자사진) p.175
삼도초등학교 강당(2002년) (148.필자사진) p.175
천주교 남동성당(2002년) (149.필자사진) p.176
첨단 영락교회(2002년) (150.필자사진) p.177
양림교회(2002년) (151.필자사진) p.177
천주교 원동성당(2002년) (152.필자사진) p.178
천주교 비아동성당(2002년) (153.필자사진) p.178

| | | |
|---|---|---|
| 천주교 임곡동성당(2002년) | (154.필자사진) | p.179 |
| 천주교 원동본당 삼도공소(2002년) | (155.필자사진) | p.180 |
| BYC광주센타(2002년) | (156.필자사진) | p.180 |
| 수정안경원(2002년) | (157.필자사진) | p.181 |
| 임씨가구(2002년) | (158.필자사진) | p.181 |
| 경도상회(2002년)· | (159.필자사진) | p.182 |
| 스카우트 광주·전남 연맹(2002년) | (160.필자사진) | p.183 |
| 계림극장(2002년) | (161.필자사진) | p.183 |
| YMCA회관(2002년) | (162.필자사진) | p.184 |
| YMCA회관(1970년대) | (163.寫眞으로본 광주100年-p.27) | p.184 |
| YMCA회관(2005년) | (164.필자사진) | p.184 |
| 태평극장(2002년) | (165.필자사진) | p.185 |
| 송정극장(2002년) | (166.필자사진) | p.185 |
| 허백련의 춘설헌 | (167.필자사진) | p.186 |
| 극락강역(2002년) | (168.필자사진) | p.187 |
| 전남방직 광주공장 | (169.필자사진) | p.187 |
| 일신방직 | (170.필자사진) | p.188 |
| 전남대학교 농과대학 1호관(2002년) | (171.필자사진) | p.189 |
| 전남대학교 공과대학 2호관(2005년) | (172.필자사진) | p.190 |
| (구)상업은행(1989년) | (173.寫眞으로본 광주100年-p.147) | p.190 |
| (구)조흥은행 | (174.寫眞으로본 광주100年-p.148) | p.190 |
| 무등경기장 전경 | (175.寫眞으로본 광주100年-p.63) | p.196 |
| 무등경기장 야구장 신설 조감도(2011) | (176.필자사진) | p.196 |
| 아세아극장(2005년) | (177.필자사진) | p.197 |
| 제일극장(2005년) | (178.필자사진) | p.197 |
| 미도아파트(現 대지여관, 2002년) | (179.필자사진) | p.198 |
| 미도아파트 평면모습 | (180.필자사진) | p.198 |
| 광천동 시민아파트(2005년) | (181.필자사진) | p.199 |
| (구) 제일은행 광주지점 | (182.寫眞으로본 광주100年-p.146) | p.199 |
| 광주은행 남부지점(2002년) | (183.필자사진) | p.200 |
| 전일빌딩 | (184.필자사진) | p.201 |
| 광주학생회관 | (185.필자사진) | p.201 |

| | | |
|---|---|---|
| 전남대학교 학생회관(2002년) | (186.필자사진) | p.202 |
| 전남매일신문사 | (187.寫眞으로본 광주100年-p.153) | p.202 |
| 운암주공아파트(2002년) | (188.필자사진) | p.203 |
| 재건축된 운암주공아파트(2006년) | (189.필자사진) | p.203 |
| 광주시민회관 | (190.寫眞으로본 광주100年-p.211) | p.206 |
| 전남대학교 의과대학 부속병원 | (191.필자사진) | p.207 |
| 전일빌딩(1989년) | (192.寫眞으로본 광주100年-p.152) | p.208 |
| 광주고등법원(1950년대) | (193.寫眞으로본 광주100年-p.125) | p.209 |
| 카톨릭센터 | (194.필자사진) | p.209 |
| 전남대학교 대강당(2005년) | (195.필자사진) | p.209 |
| 금남맨션(2005년) | (196.필자사진) | p.210 |
| 국립광주박물관 | (197.寫眞으로본 광주100年-p.210) | p.210 |
| 광주은행 (구) 본점 | (198.寫眞으로본 광주100年-p.149) | p.211 |
| (구) KBS방송국 | (199.寫眞으로본 광주100年-p.153) | p.211 |
| (구)한일은행 광주지점(現 우리은행) | (200.寫眞으로본 광주100年-p.148) | p.212 |
| 광주고속터미널 | (201.필자사진) | p.213 |
| 삼성생명 사옥(2005년) | (202.필자사진) | p.214 |
| 신안동 삼익맨션(2005년) | (203.필자사진) | p.216 |
| 빛고을 시민문화회관(2010년) | (204.필자사진) | p.221 |
| 상록전시관(2010년) | (205.필자사진) | p.222 |
| 교보생명 빌딩(2005년) | (206.필자사진) | p.223 |
| 광주MBC사옥 | (207.寫眞으로본 광주100年-p.153) | p.223 |
| 도원빌딩 | (208.필자사진) | p.224 |
| 한국전력 전남지사 | (209.필자사진) | p.224 |
| 초원의 집(現 그랑비아또)(2005년) | (210.필자사진) | p.225 |
| 빛고을 국악전수관(2011년) | (211.필자사진) | p.226 |
| 중흥동 마니빌딩(2005년) | (212.필자사진) | p.226 |
| 제2회 디자인캠프 성과집 | (213.필자사진) | p.228 |
| 광주건축사회관 전경(2005년) | (214.필자사진) | p.231 |
| 장동 송암빌딩 | (215.한진수 제공) | p.232 |
| 오치동 천주교회 | (216.필자사진) | p.233 |
| 신안동 Y씨 주택 | (217.한진수 제공) | p.233 |

| | | |
|---|---|---|
| 소태동 K씨 주택 | (218.필자사진) | p.234 |
| 광주문화예술회관 | (219.寫眞으로본 광주100年-p.211) | p.235 |
| 문주회관(2005년) | (220.필자사진) | p.235 |
| 광주시 교원연수원 | (221.필자사진) | p.236 |
| 동강빌딩(2005년) | (222.필자사진) | p.236 |
| CBS방송국 | (223.필자사진) | p.237 |
| 금호유치원(2011년) | (224.필자사진) | p.238 |
| 광주은행 학동지점(2005년) | (225.필자사진) | p.238 |
| 신용협동조합 광주연합회관 | (226.필자사진) | p.249 |
| 광주 230 | (227.한진수 제공) | p.240 |
| ENTER테마빌딩 | (228.박홍근 제공) | p.240 |
| 광주 상무고등학교(2005년) | (229.필자사진) | p.241 |
| 4편 간지 | (광주시청 제공) | p.242 |
| 광주교육정보원 | (230.필자사진) | p.245 |
| 운림670-8빌딩 | (231.필자사진) | p.246 |
| 광주예술고 옹벽 개선사업 | (232.필자사진) | p.247 |
| 제8회 디자인캠프 성과집 | (233.필자사진) | p.251 |
| 폐선부지를 이용한 녹도(2005년) | (234.필자사진) | p.257 |
| 폐선부지에 들어선 소규모 광장(2005년) | (235.필자사진) | p.258 |
| 아시아문화전당 조감도1 | (236.필자사진) | p.259 |
| 아시아문화전당 조감도2 | (237.필자사진) | p.259 |
| 의재미술관(2005년) | (238.필자사진) | p.263 |
| 의재미술관 삼애원(2005년) | (239.필자사진) | p.263 |
| 등산로에서 올라오는 진입로(2005년) | (240.필자사진) | p.264 |
| 의재미술관 입구홀(2005년) | (241.필자사진) | p.264 |
| 의재미술관 전시실 통로(2005년) | (242.필자사진) | p.264 |
| 중소기업 제2연수원 | (243.손은채 제공) | p.265 |
| 전남대학교 용봉문화센터 | (244.손은채 제공) | p.266 |
| 엔젤산부인과 | (245.필자사진) | p.266 |
| 광주영락교회(2005년) | (246.필자사진) | p.267 |
| 북구 미래아동병원(2005년) | (247.필자사진) | p.268 |
| 구태림하우스(2010) | (248.필자사진) | p.269 |

| | | |
|---|---|---|
| 전남여고 교사 | (249.선재규 제공) | p.270 |
| 동구 벤처빌딩(2005년) | (250.필자사진) | p.271 |
| 남구 문화예술회관(2005년) | (251.필자사진) | p.271 |
| 광주광역시 치과의사회관 | (252.조두상 제공) | p.272 |
| 미래로 21병원 | (253.은철영 제공) | p.273 |
| 광주학생독립운동 기념역사관 | (254.임경희 제공) | p.274 |
| 광주학생운동 기념탑(2011) | (255.조성호 제공) | p.274 |
| 무지개 마당 | (256.조성호 제공) | p.275 |
| 김대중컨벤션센터(2010) | (257.필자사진) | p.276 |
| 김대중컨벤션센터 중앙홀(2010) | (258.필자사진) | p.276 |
| 광주 전천후 게이트볼 경기장 | (259.강필서 제공) | p.277 |
| 광주디자인센터 | (260.필자사진) | p.278 |
| 상무미르치과 | (261.필자사진) | p.279 |
| 첨단미르치과 | (262.필자사진) | p.279 |
| GS빌딩 | (263.조성호 제공) | p.280 |
| LH광주전남지역본부 | (264.필자사진) | p.281 |
| 광주시립미술관 | (265.필자사진) | p.281 |
| 5·18추모관 | (266.김인호 제공) | p.282 |
| Lee' House | (267.필자사진) | p.283 |
| 남도향토음식박물관 | (268.필자사진) | p.284 |
| 노블모터스 전시장 | (269.필자사진) | p.285 |
| 하이메디컬센터 | (270.필자사진) | p.285 |
| 세계광엑스포 주제관 | (271.필자사진) | p.286 |
| 세계광엑스포 주제관 야경 | (272.필자사진) | p.286 |
| 문화여성병원 | (273.박홍근 제공) | p.287 |
| 북구청소년수련관 별관 | (274.필자사진) | p.288 |
| 과학기술교류협력센터 | (275.필자사진) | p.289 |
| 빛고을노인건강타운 | (276.필자사진) | p.289 |
| 광주영상복합문화관 | (277.필자사진) | p.290 |
| 빛고을 시민문화관 | (278.필자사진) | p.291 |
| Turtle House | (279.필자사진) | p.292 |
| Turtle House 내부 | (280.필자사진) | p.292 |

| | | |
|---|---|---|
| 양동문화센터 | (281. 필자사진) | p.293 |
| 광주유아교육진흥원 | (282. 필자사진) | p.294 |
| 전남대학교 첨단강의동 | (283. 필자사진) | p.295 |
| 어비슨기념관 | (284. 필자사진) | p.296 |

# 저자약력

## __천득염(千得琰)

- 전남대학교 건축공학과 졸업
- 고려대학교 건축공학과 / 공학박사
- 미국 Harvard University. Dept. of Fine Art. Post-Doc.
- 일본 교토대학 객원교수
- 전) 문화재청 문화재위원 및 전문위원
- 전) 아시아문화중심도시 조성위원
- 현) 광주광역시, 전라남도 문화재위원
- 현) 광주시 문화예술진흥위원회 위원
- 현) 우리문화유산보존연대 공동대표
- 현) 문화특성화 사업 공간+일상 연구사업단장
- 현) 대인예술시장 프로젝트 추진위원장
- 현) 아시아문화연구소 소장
- 현) 아시아문화예술특구 활성화 사업단장
- 현) 전남대학교 공과대학 건축학부 교수

〈주요 저서〉

전남지방의 전통건축, 김향사, 1990.
운주사, 대원사, 1994.
전탑, 대원사, 1994.
한국의 명원 소쇄원, 발언, 1999.
백제계석탑 연구, 전남대학교출판부, 2000.
선암사, 대원사, 2000.
문화도시 만들기 이론과 구상, 경인문화사, 2001.
한국의 건축문화재 ⑨ 전남편, 기문당, 2002.
광주 교육시설 100년, 다지리, 2002.
남도전통주거론, 경인문화사, 2004.
해외 문화 도시 그리기, 전남대학교출판부, 2005.
광주건축 100년, 전남대학교출판부, 2006.
다산쯔 789과 문화공동체, 심미안, 2010.
아시아문화중심도시와 광주, 심미안, 2010.

## __신태양(申太洋)

- 전남대학교 건축공학과 졸업
- 일본 요코하마국립대학 대학원 수료 / 공학박사
- 서울대학교 건축학과 Post-Doc.
- 전) (사)한국공간디자인협회 회장
- 현) 광주광역시 문화재전문위원
- 현) 광주광역시 경관관리위원회 위원
- 현) 호남대학교 교수

〈주요 저서〉

건축미론, 도서출판국제, 1994.
건축 · 인테리어 용어 유래사전, 도서출판국제, 1995.
권력과 건축공간, Spacetime, 2006.
공간의 이해와 인간공학, 도서출판국제, 2007.

## __한승훈(韓承勳)

- 전남대학교 건축공학과 졸업
- Harvard University, Harvard Design School, Master in Design Studies
- University of Michigan, Taubman College of Architecture + Urban Planning, Ph.D.
- University of Michigan, Taubman College of Architecture + Urban Planning, Post-Doc
- 전) KT 컨버전스 연구소 선임연구원
- 현) 전남대학교 공과대학 건축학부 교수

Gwangju Architecture
광주 건축사

**인쇄 |** 2011년 10월 20일
**발행 |** 2011년 10월 28일

**공저 |** 천득염 · 신태양 · 한승훈
**발행인 |** 김윤수
**발행처 |** 전남대학교출판부

**등록 |** 1981. 5. 21. 제53호
**주소 |** 500-757 광주광역시 북구 용봉로 77
**전화 |** (062) 530-0571~3
**팩스 |** (062) 530-0579
**홈페이지 |** http://altair.chonnam.ac.kr/~cnup

값 15,000원

ISBN 978-89-7598-948-3 (93540)

이 도서의 국립중앙도서관 출판시도서목록(CIP)은 e-CIP홈페이지(http://www.nl.go.kr/ecip)와 국가자료공동목록시스템(http://www.nl.go.kr/kolisnet)에서 이용하실 수 있습니다.
(CIP제어번호 : CIP2011004502)